高等职业教育“十四五”规划教材
中国特色高水平高职专业建设计划成果
现代农业装备应用技术专业群系列教材

作业机械使用与维护

杜长征　孙念成　主编

中国农业大学出版社
·北京·

内 容 简 介

本书共 4 个项目，主要包括耕整地机械、播种栽植机械、田间管理机械和收获机械的检查调整、拆装、使用保养和故障排除等内容，涵盖其主要机构和系统的组成、构造、工作原理等基本知识；详细介绍作业机械使用与维护各项实践技能，实现了理论与实践的相互融合。本书可使学生掌握作业机械使用与维护的基本理论和操作技能，培养具有一定分析能力、能够正确处理和解决各种常见作业机械故障的实践型人才。

本书可作为高等职业院校现代农业装备应用技术及相关专业的教材，也可作为中等职业学校农机类专业课程的教材，还可作为农机维修企业的培训用书及农机维修技术人员的参考用书。

图书在版编目(CIP)数据

作业机械使用与维护 / 杜长征，孙念成主编. -- 北京 ：中国农业大学出版社，2025. 6.
ISBN 978-7-5655-3470-6

Ⅰ. S220.7

中国国家版本馆 CIP 数据核字第 2025MX8894 号

书　名　作业机械使用与维护
作　者　杜长征　孙念成　主编

策划编辑　郭建鑫　张秀环　　**责任编辑**　郭建鑫
封面设计　李尘工作室
出版发行　中国农业大学出版社
社　　址　北京市海淀区圆明园西路 2 号　　**邮政编码**　100193
电　　话　发行部 010-62733489，1190　　读者服务部 010-62732336
编辑部 010-62732617，2618　　出　版　部 010-62733440
网　　址　http://www.caupress.cn　　**E-mail** cbsszs@cau.edu.cn
经　　销　新华书店
印　　刷　北京溢漾印刷有限公司
版　　次　2025 年 6 月第 1 版　　2025 年 6 月第 1 次印刷
规　　格　185 mm×260 mm　　16 开本　　13 印张　　317 千字
定　　价　42.00 元

编 审 人 员

主　编　杜长征　黑龙江农业工程职业学院

孙念成　黑龙江农业工程职业学院

副主编　高　强　黑龙江农业工程职业学院

宋春晖　黑龙江农业工程职业学院

参　编　邹法毅　黑龙江农业工程职业学院

王志强　黑龙江农业工程职业学院

张志远　黑龙江农业工程职业学院

主　审　史仁成　黑龙江省农业机械试验鉴定站

前　言

党的二十大报告提出“统筹职业教育、高等教育、继续教育协同创新，推进职普融通、产教融合、科教融汇，优化职业教育类型定位”。近年来，职业教育得到了国家的高度重视和社会的普遍认可，业内也更加注重研究人才培养模式，而教材是人才培养的重要支撑，是“三教”改革的重要基础。为贯彻落实“职普融通、产教融合、科教融汇”，依据现代农业装备应用技术专业的专业核心课程“作业机械使用与维护”的教学要求，我们按照工作过程系统化课程教学模式编写了本书。

本书坚持以“理实一体化”为特色，按工作过程系统化要求重新设计和整合教学内容，由以支持“教”为主导的“教材”向以支持“学”为主导的“学材”和“导材”转化，教材不再是知识的“存储器”，而是知识的“超链接”。实践操作部分更加具体化和典型化，有利于设计真实或仿真的工作任务，使学生在完整的工作过程中培养职业素质和职业行动能力。

本书按作业机械的种类划分为4个学习项目，以耕整地机械、播种栽植机械、田间管理机械和收获机械的检查调整、拆装、使用保养和故障排除为任务载体，涵盖其主要机构和系统的组成、构造、工作原理等基本知识。每个项目以学习目标为引领，为学生提供基本的信息资料和资讯指导。在内容设计上，不是简单的陈述和罗列，而是通过大量形象生动的插图来展示原理性和操作性内容，达到“助学”的效果。本书不但适用于学习情境教学，也适用于以能力培养为本位的“理实一体化”教学模式，既可作为职业院校相关专业教材，也可作为农机维修企业的培训用书及农机维修人员的参考用书。

本书由杜长征、孙念成主编，并编写项目1、项目2；高强、宋春晖编写项目3；邹法毅、王志强、张志远编写项目4。全书由杜长征、孙念成统稿。史仁成主审。

由于编者的水平有限，书中难免有不足之处，敬请读者批评指正。

编　者

2025年2月

目　　录

项目 1　耕整地机械的使用与维护

知识目标

- 了解各种耕整地机械的结构及工作原理。

能力目标

- 会正确使用各种耕整地机械。
- 能够正确安装各种耕整地机械并能进行技术状态检查。
- 对耕整地机械使用中出现的故障能及时地排除。

素质目标

- 遵守耕整地作业的环境保护和节能减排要求。
- 提高耕整地作业效率和土地利用率。
- 养成良好的工作习惯，确保作业安全。

任务 1　概　述

一、耕整地的目的和农业技术要求

土壤耕作包括耕地和整地两部分。其中，耕地是农业生产的基本环节。

(一)耕地的目的及农业技术要求

1. 耕地的目的

耕地是恢复和提高土壤肥力的重要措施，其主要作用是疏松土壤、透气蓄水、覆盖杂草和残茬、防治病虫害，为作物生长发育创造良好的条件。

2. 耕地的农业技术要求

各地区自然条件和作物种类、耕作方式不尽相同，所以农业技术对耕地机械作业要求也不完全一样，主要有以下几个方面：

(1)适时作业，不误农时。

(2)耕深符合规定，深度均匀一致。

(3)翻垡良好，残茬和杂草覆盖严密。

(4)土壤松碎，地表平整，开闭垄尽量少。

(5)地头整齐，不重耕，不漏耕。

(二)整地的目的及农业技术要求

1. 整地的目的

旱田整地作业的主要目的在于进一步破碎土块、压实平整地表、消除土块间的过大空隙、减少水分蒸发，以利于保墒，为种子发芽、生长打下良好的基础。水田整地则要求土壤松、碎、软、平，便于插秧和灌水。

2. 整地的农业技术要求

旱田与水田整地作业的农业技术要求差别很大，应根据情况分别对待，其基本的要求如下：

(1)耙深耙透，深度均匀一致，无漏耙地，消除暗坷垃。一般旱地耙深为 10～20 cm，水田为 10～15 cm。

(2)地面平整，碎土良好。耙透耙碎垡片和草层，耙后表土平整、细碎、松软，但又需有适当的紧密度，因此，有些地区还需进行镇压作业，以减少土壤水分蒸发，增强抗旱保墒的能力。

(3)整好的苗床要求做到上暄下实，以利于作物幼苗扎根生长。

机械整地必须做到“时、深、透、碎、平、实”六字标准，以实现上述各项农业技术的要求。

二、耕整地机械的种类和耕地的基本方式

(一)耕整地机械的种类

耕地机械的种类很多，按耕作的基本原理分为铧式犁、圆盘犁、旋耕机和深松机等；按与拖拉机的挂接方式分为牵引式、悬挂式和半悬挂式；按不同用途分为旱地犁、水田犁、山地犁。

在耕地机械中，历史最悠久、使用最广的是铧式犁。它的翻土和覆盖性能为其他机械所不及。圆盘犁多用于铧式犁难以入土的土壤或黏湿土壤，这种机具在我国很少使用。近几年来，黑龙江省和吉林省在逐渐推广深松机具。一般来说，深松机具有较强的入土能力，可以破碎犁底层。

整地机械是用于耕地后、播种前整地的机械，包括各种耙、镇压器、平地机械及开沟作畦机械等。

(二)耕地的基本方式

耕地有耕翻(平翻、垄翻)、旋耕、深松等基本方式。

1. 平翻

平翻包括普通耕翻和复式耕翻。

(1)普通耕翻。用不带小铧的犁耕地，垡片翻转小于 180°，适用于熟地。

(2)复式耕翻。用带小铧的复式犁耕地。小铧将地表层土壤翻到沟底，主犁体再将土垡覆盖其上，因此耕后地表松碎平坦、覆盖严密，有利于消灭杂草和防治病虫害。

2. 垄翻

在原垄上进行耕翻，破旧垄、合新垄。其特点是把耕地和起垄合成一个过程，并可同时进行播种。

3. 旋耕

旋耕是一种新的耕作方式，用旋耕机进行。其工作部件是高速旋转的刀齿，按铣切原理切削土壤。其特点是耕后土壤松碎，可减少整地工作量。

4. 深松

用深松铲进行耕作，土壤松而不翻，有利于打破犁底层，深松耕作层，蓄水保墒，适用于干旱地区。

任务 2 悬挂犁的使用与维护

知识目标

- 了解悬挂犁各部件的构造、类型、作用以及工作原理。

能力目标

- 能够完成悬挂犁工作部件的拆解和装配。
- 能进行翻地作业过程中各部件的调整。
- 作业过程中能够排除常见的故障。

素质目标

- 培养团队协作意识、责任意识和爱岗敬业精神。
- 培养学生自主学习、归纳总结和语言表达能力。
- 培养学生对“三农”发展的信心。

一、悬挂犁的结构

悬挂犁主要是由工作部件和辅助部件组成的。工作部件由主犁体、小前犁、圆犁刀等组成,辅助部件由犁架、悬挂装置和限深轮组成。

(一)主犁体

主犁体是铧式犁的主要工作部件,在工作中起翻土和碎土的作用。

主犁体由犁铧、犁壁、犁侧板、犁柱和犁托等组成,如图 1-1 所示。有的犁体上装有延长板,以增强翻土效果。南方水田用的犁上装有滑草板,防止杂草、绿肥等缠在犁柱上,如图 1-2 所示。

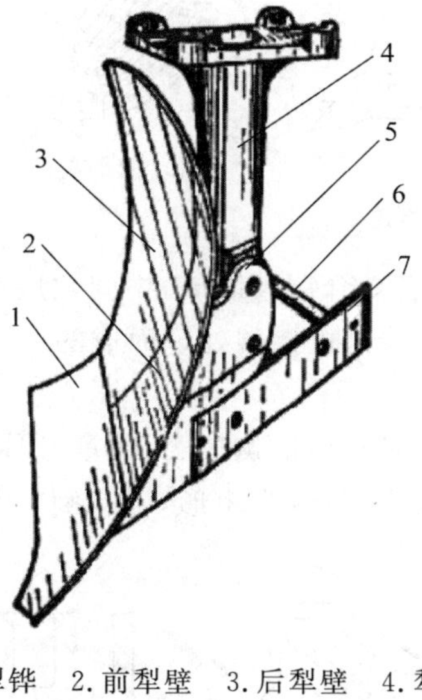

1.犁铧 2.前犁壁 3.后犁壁 4.犁柱 5.犁托 6.支承杆 7.犁侧板

图 1-1 北方铧式犁系列犁体之一

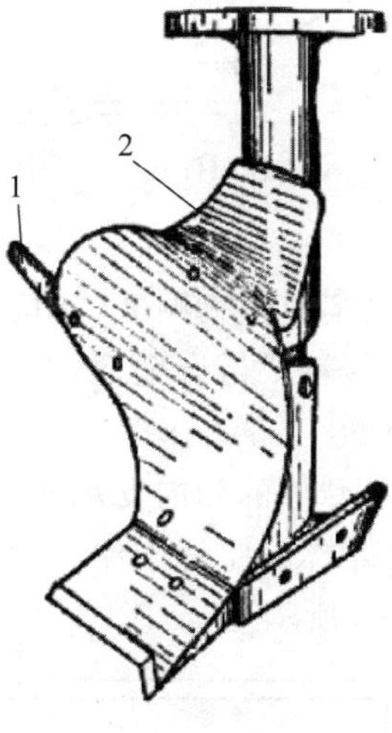

1.延长板 2.滑草板

图 1-2 南方铧式犁系列犁体之一

1. 犁铧

犁铧和犁壁构成犁体曲面，是犁体中最重要的零件之一。其主要作用是入土、切土和抬土，它承受的阻力占犁体总阻力的一半，是犁体上磨损最快的零件。

犁铧的形状有梯形、凿形和三角形 3 种，如图 1-3 所示，机力犁常用凿形犁铧。凿形犁铧的铧尖呈凿形，可向沟底伸入 10～15 mm，并向未耕地（沟壁）伸入约 5 mm，因而有较强的入土能力和较好的工作稳定性。梯形犁铧结构简单，可用型钢制造，但铧尖容易磨钝，入土性能差。三角犁铧一般呈等腰三角形，铧尖有尖头和圆头两种。

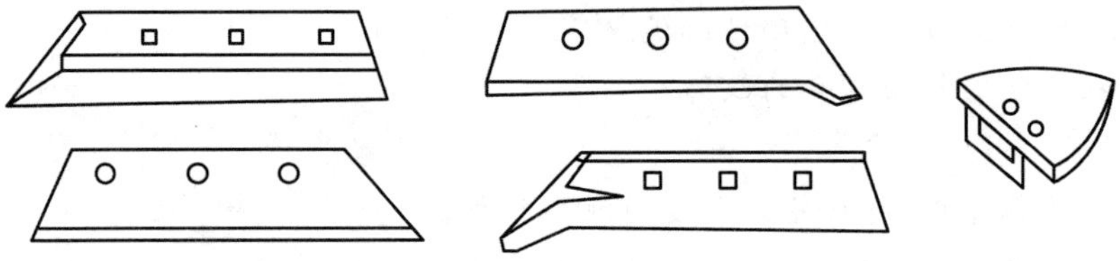

(a) 梯形　　(b) 凿形　　(c) 三角形

图 1-3　犁铧的形式

犁铧一般采用 65 号锰钢或稀土硅锰钢制造，刃口磨锐并淬硬。磨刃的方法有上磨刃和下磨刃两种，一般采用上磨刃，刃角为 25°～30°，刃口厚度为 0.5～1 mm。犁铧工作阻力大，磨损严重，因此使用中应及时磨锐。

2. 犁壁

犁壁是犁体工作面的主要部分，是一个复杂的曲面，其前部为犁胸，起碎土的作用；后部为犁翼，主要起翻土的作用。犁壁曲面的主要作用就是把犁铧送来的土垡加以破碎和翻转。

犁壁的形式如图 1-4 所示，主要有整体式、组合式和栅条式 3 种。

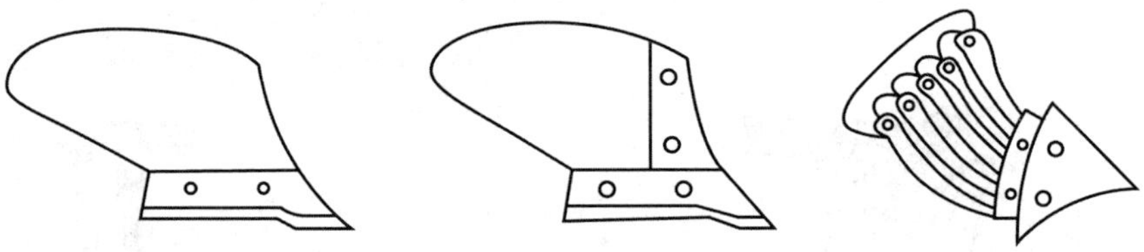

(a) 整体式　　(b) 组合式　　(c) 栅条式

图 1-4　犁壁的形式

犁壁的材料应坚韧耐磨，能抗冲击，因此常用三层复合钢板制成，中间软层为低碳钢，表面和背面为 45 号钢或低合金钢，也有用 4～6 mm 的低碳钢板掺碳处理而成的。

3. 犁侧板

犁侧板是犁体的侧向支承面，用来平衡犁体工作时产生的侧压力，保证犁体工作中的横向稳定性，支撑犁体稳定地工作。常用的犁侧板为平板式，断面为矩形，也有倒“T”形和“L”形等形式，如图 1-5 所示。

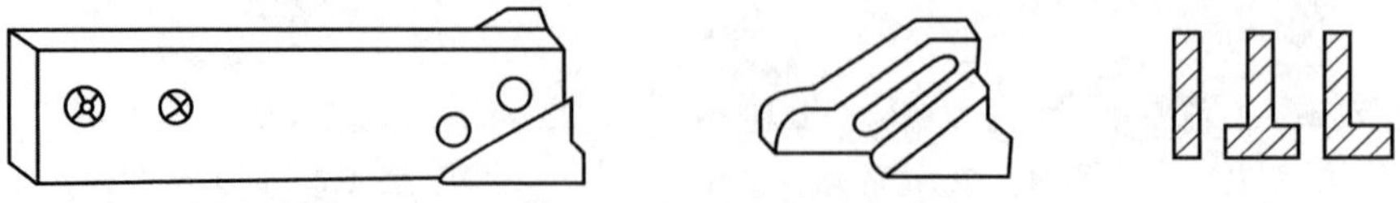

(a) 犁侧板　　(b) 犁踵　　(c) 侧板断面形式

图 1-5　犁侧板和犁踵

犁侧板多用扁钢制成；犁踵用白口铁或灰铁冷铸，以提高耐磨性能，下端磨损时可向下做补偿调节，磨损严重的可单独更换犁踵。

4. 犁托和犁柱

犁托是犁铧、犁壁和犁侧板的连接支撑件。其曲面部分与犁铧和犁壁的背面贴合，使它们构成一个完整的、具有足够强度和刚度的工作部件。犁托又通过犁柱固定在犁架上。犁托和犁柱还可制成一体，成为一个零件，成为组合犁柱或高犁柱。犁托常用钢板冲压，也有用铸钢或球铁铸成的。

犁柱上端用螺栓和犁架相连，下端固定犁托，是重要的连接件和传力件。犁柱的形式有高犁柱、钩形犁柱和直犁柱三种，如图 1-6 所示。钩形犁柱一般采用扁钢或型钢锻压而成，直犁柱多用稀土球铁或铸钢制成，多为空心管状；断面有三角形、圆形或椭圆形等形式。

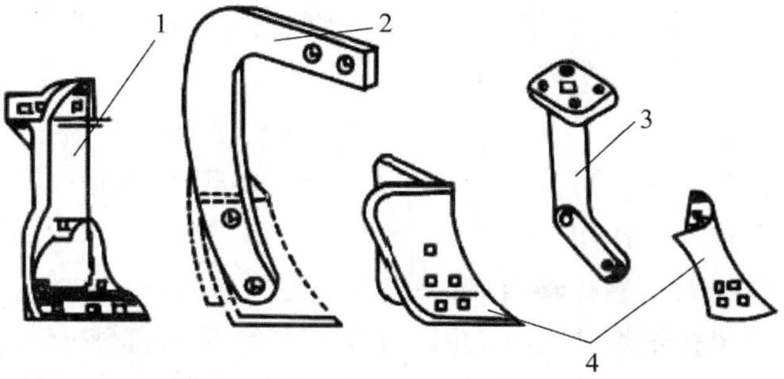

1. 高犁柱　2. 钩形犁柱　3. 直犁柱　4. 犁托

图 1-6　犁托和犁柱

(二)小前犁

为了提高犁体的覆盖质量，在主犁体前方安装小前犁，其作用是先将表层土垡翻到沟底，然后由主犁体耕起的土垡覆盖其上，改善了覆盖性能。小前犁的类型有铧式、切角式和圆盘式三种，现在悬挂犁应用较多的是铧式小前犁。

铧式小前犁结构与主犁体相似，由犁铧、犁壁和犁柱组成，安装在主犁体前，其耕宽为主犁体耕宽的 2/3，耕深一般为 8～10 cm，由于铧式小前犁耕宽和耕深较小，故无犁侧板。

(三)犁刀

犁刀安装在主犁体前方，其作用是垂直切开土垡，保持沟壁整齐，减少主犁体阻力，减轻胫刃的磨损，并有切断杂草残根和改善覆盖质量的作用。

犁刀有圆犁刀和直犁刀，目前铧式犁犁刀为圆犁刀。圆犁刀滚动切土，阻力较小，工作质量好，不易挂草和堵塞，在机力犁上得到普遍应用。圆犁刀的刀盘有普通刀盘、波纹刀盘和缺口刀盘等形式，如图 1-7 所示。普通刀盘为平面圆盘，容易制造，应用最广，主要由刀盘、刀轴、刀毂、刀柄等组成。

(四)犁架

犁架是犁的骨架，用来安装工作部件和其他辅助部件，并传递动力，因此犁架应有足够的强度和刚度。

犁架的结构形式有平面组合犁架、梯形和三角形整体犁架三种。平面组合犁架多用在牵引犁上，三角整体犁架用在北方系列悬挂犁上。北方系列悬挂犁的结构是由主梁(斜梁)、纵梁

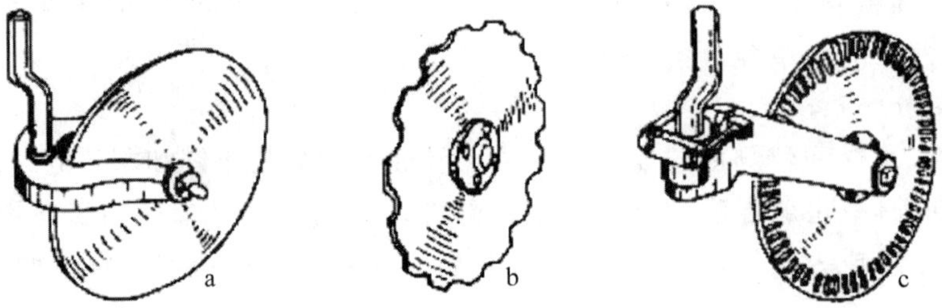

(a) 普通刀盘　　(b) 波纹刀盘　　(c) 缺口刀盘

图 1-7　犁刀

和横梁组成稳定的封闭式三脚架。犁体安装在斜梁上，犁架前上方安装悬挂架，通过支杆和梁架后端相连，形成固定的人字架。犁架多用矩形管钢焊接而成，质量轻，抗弯性能好。北方系列悬挂犁犁架及悬挂装置如图 1-8 所示。

(五)悬挂装置

悬挂犁通过悬挂装置与拖拉机液压悬挂机构相连，实现犁和拖拉机的挂接，并传递动力，同时能起到调整犁工作状态的作用。

悬挂装置主要由悬挂架和悬挂轴组成。

悬挂架的人字架安装在犁架前上方，并通过支杆与犁架后部相连；人字架上端有 2～3 个悬挂孔，与拖拉机悬挂机构上的上调节杆相连；悬挂轴左右端的销轴则与拖拉机悬挂机构中间的下拉杆相接，从而构成了悬挂犁的三点悬挂状态。

悬挂轴的结构形式有整轴式和销轴式两种。整轴式悬挂轴一般为曲拐式，如图 1-9 所示，轴的两端具有方向相反的曲拐，是犁的两个悬挂点。悬挂轴在犁架上安装的高低位置和横向左右位置可根据需要进行调整，从而调整犁的耕宽。

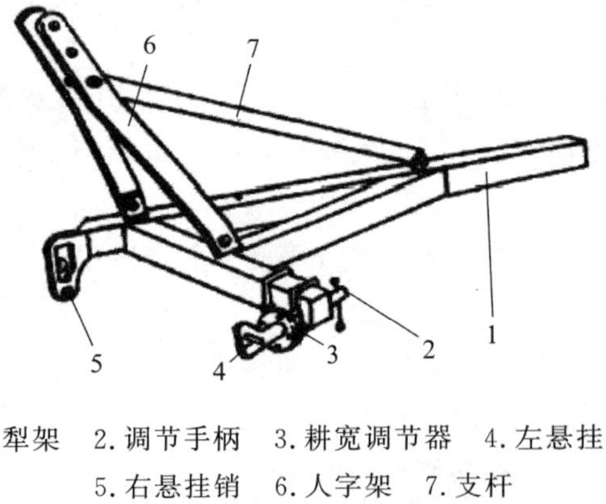

1. 犁架　2. 调节手柄　3. 耕宽调节器　4. 左悬挂销
5. 右悬挂销　6. 人字架　7. 支杆

图 1-8　北方系列悬挂犁犁架及悬挂装置

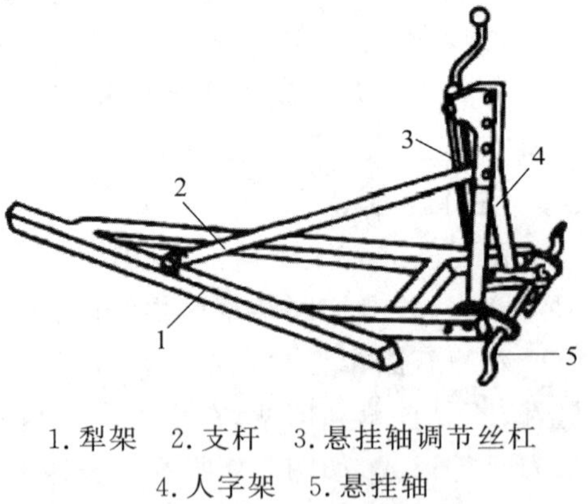

1. 犁架　2. 支杆　3. 悬挂轴调节丝杠
4. 人字架　5. 悬挂轴

图 1-9　南方系列悬挂犁犁架及悬挂装置

销轴式悬挂轴分为左、右悬挂销，分别安装在犁架前部左、右两端，结构简单，调整方便，如图 1-8 所示，右悬挂销用螺母安装在犁架右端销座上，有两个安装孔位可供选用。左悬挂销通过耕宽调节器安装在犁架左端。耕宽调节器在犁架上有上、下两个安装位置，左、右位置可根据需要进行调整。耕宽调节器在犁架上的安装如图 1-10 所示。

(六)限深轮

限深轮安装在犁架左侧纵梁上，主要由犁轮、犁轴、支架、支臂和调节丝杠等组成。工作时可调节犁轮与机架的相对高度，以适应不同耕深的要求。顺时针拧动丝杠，限深轮上移，犁的深度增大。限深轮通过套安装在轮轴上，其轴向间隙可通过轴头的花形挡圈进行调整。限深轮有开式和闭式两种形式，如图 1-11 所示，一般采用辐板式钢轮。

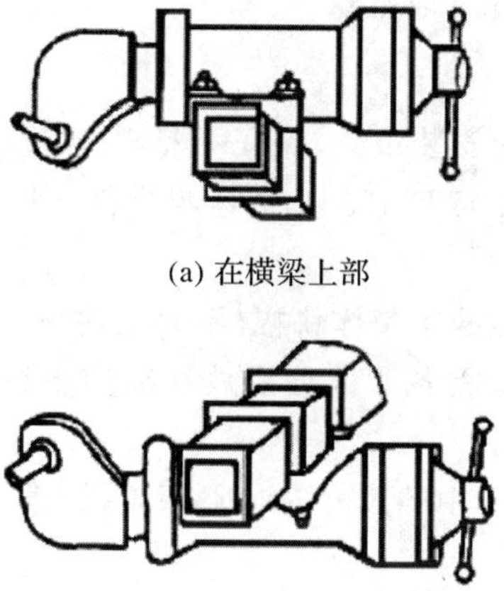

(a) 在横梁上部

(b) 在横梁下部

图 1-10　耕宽调节器的安装

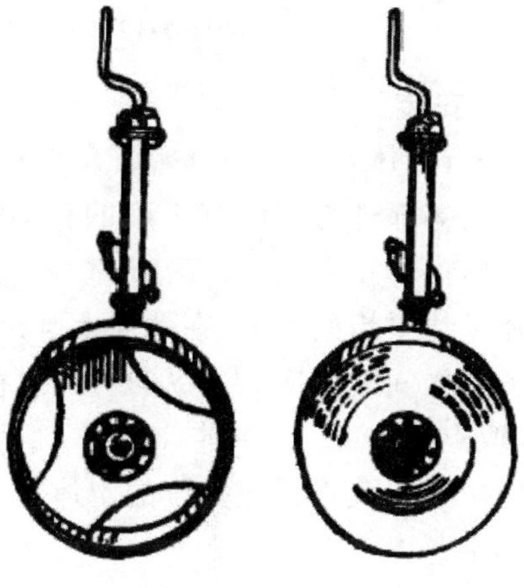

(a) 开式　(b) 闭式

图 1-11　限深轮

二、悬挂犁的安装

(一)主犁体的安装

正确安装主犁体，可以减小工作阻力，节省燃油消耗，保证耕地质量。主犁体安装应符合以下技术要求：

(1)犁铧与犁壁的连接处应紧密平齐，缝隙不能大于 1 mm，犁壁不能高出犁铧，犁铧高出犁壁不能超过 2 mm。

(2)所有的埋头螺钉应与表面平齐，不能凸出，下凹量也不能大于 1 mm。

(3)犁铧和犁壁的胫刃应位于同平面内，若有偏斜，只准犁铧胫刃凸出犁壁胫刃之外，但不能超过 5 mm。

(4)犁铧、犁壁和犁侧板在犁托上的安装应当紧密，螺栓连接处不能有间隙，局部有间隙也不能大于 3 mm。

(5)犁侧板不能凸出胫刃之外。

(6)犁体装好后的垂直间隙和水平间隙应符合要求，如图 1-12 所示。犁的垂直间隙是指犁侧板前端下边缘至沟底的垂直距离(δ_1)，见图 1-12(a)，其作用是保证犁体容易入土和保持耕深稳定性。犁体的水平间隙是指犁侧板前端至沟墙的水平距离(δ_2)，见图 1-12(b)，其作用是使犁体在工作时保持耕宽的稳定性。通常梯形犁铧的垂直间隙为 10～12 mm，水平间隙为 5～10 mm；凿形犁铧垂直间隙为 16～19 mm，水平间隙为 8～15 mm。当铧尖和犁侧板磨损后，间隙会变小，当垂直间隙小于 3 mm，水平间隙小于 1.5 mm 时，应更换或维修犁铧和犁侧板。

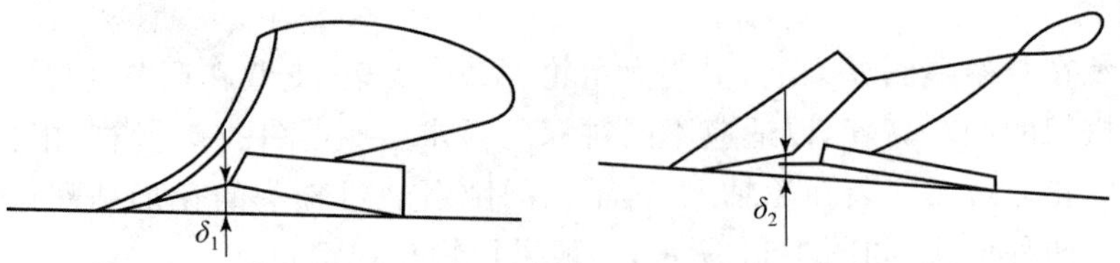

(a) 垂直间隙　　(b) 水平间隙

图 1-12　犁体的垂直间隙和水平间隙

(二)总体安装

在对犁进行总体安装时应确定各犁体在犁架上的安装位置,保证不漏耕、不重耕和耕深一致,并使限深轮等部件与犁体有正确的相对位置。以 1LD-435 型悬挂犁为例,其总体安装可按下列步骤进行。

(1)选择一块平坦的地面,在地面上画出横向间距的单犁体耕幅(不含重耕量)的纵向平行直线,以铧尖纵向间距依次在各纵向直线上截取各点,将各犁体分别放在纵向平行线上,使犁铧尖与各截取点重合。

(2)将犁架纵梁放在已经定位的犁体上。按表 1-1 中的尺寸安装限深轮,转动耕深调节丝杠,使犁架垫平。

(3)前后移动犁架,使第一铧犁柱中心线到犁前梁里侧的距离符合表 1-1 中的要求。

表 1-1　1LD-435 型悬挂犁的安装尺寸

项目	安装尺寸
第一铧犁柱中心线到犁前梁里侧的距离/mm	150
犁体耕幅/mm	350
犁体间的纵向间距/mm	800
限深轮中心线到犁架外侧的距离/mm	420 左右

(三)总体安装后的技术要求

(1)当犁放在平坦的地面上,犁架与地面平行时,各犁铧的铧刀(梯形铧)和后铧的犁侧板尾端与地面接触,处于同一平面内,其他的犁侧板末端可离开地面 5 mm 左右。各铧刃高低差不大于 10 mm,铧刃的前端不能高于后端,但允许后端高于前端且不超过 5 mm。凿形犁铧尖低于地面 10 mm。

(2)相邻两犁铧尖的纵向和横向间距应符合表 1-1 规定的尺寸要求。

(3)各犁柱的顶端配合平面应与犁架下平面靠紧,各固定螺栓应紧固可靠。

(4)犁轮和各部分调整应灵活有效。

三、悬挂犁的挂接与调整

(一)悬挂犁的挂接特点

悬挂犁一般以三点悬挂的方式与拖拉机相连,其牵引点为虚牵引点。

图 1-13 所示为悬挂犁在拖拉机上挂接的机构简图。在纵垂直面内,犁可看作是悬挂在 *abcd* 四杆机构上,工作中 *bc* 杆的运动就代表犁的运动,在某一瞬时,犁可绕 *ab* 与 *cd* 延长线的

交点 π_1 为中心做摆动，π_1 点称为犁在纵垂直面内的瞬间回转中心；在某一瞬时，犁可绕 c_1d_1 与 c_2d_2 杆延长线的交点 π_2 摆动，π_2 就是犁在水平面内的瞬时回转中心，也就是犁在该平面内的牵引点。

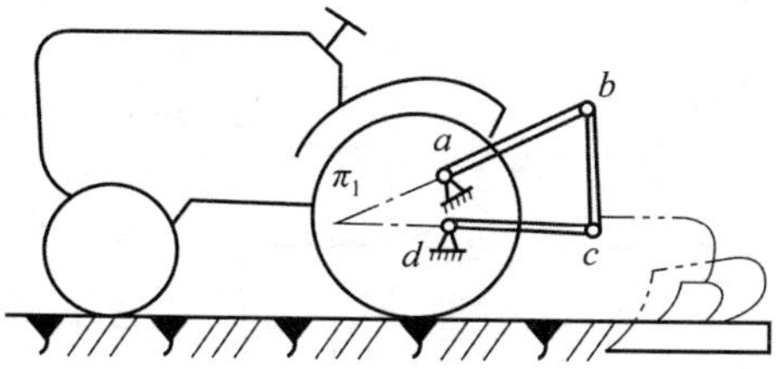

(a) 纵向平面

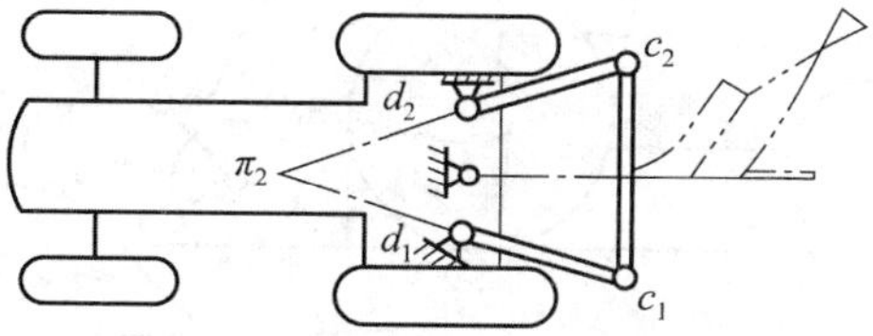

(b) 水平面

图 1-13　悬挂犁的瞬时中心

(二)悬挂犁的调整

悬挂犁的调整要在与拖拉机悬挂机构连接后，结合耕作进行。悬挂犁与拖拉机悬挂机构的连接顺序是先下后上、先左后右。连接前，先检查拖拉机的悬挂机构各杆件及限位链是否齐全，上下连杆的球接头及调节丝杠是否灵活，通过转动深浅调节丝杠调整限位轮高度，将犁架调平。然后，拖拉机缓慢倒车与犁靠近。通过液压操纵手柄调整下拉杆的高度，先将左侧下拉杆与犁左销轴连接，再前后移动拖拉机并调整右侧提升杆长度，使右侧下拉杆与犁右销轴连接。最后通过液压操作手柄或调整上拉杆长度，使上拉杆与犁的上悬挂点挂接。

犁的调整包括耕深调整、水平调整、正位调整、耕宽调整和偏牵引调整。

1. 耕深调整

悬挂犁的耕深调整，因拖拉机液压系统不同，有以下几种方法：

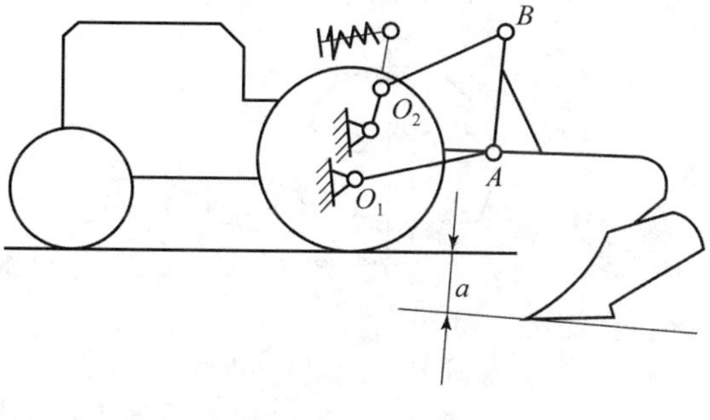

图 1-14　力调节法

(1)力调节法(图 1-14)。调节耕深时，改变拖拉机力调节手柄的位置，向加深的方向扳动角度越大，则耕深越大。耕地时，其耕深由液压系统自动控制，耕地阻力增加时，上调节杆受到的压力增加，耕深会自动变小，使阻力降低；反之，则自动下降加深，使犁耕地阻力不变，以减轻驾驶员劳动强度，又使拖拉机的功率充分发挥。

(2)高度调节法(图 1-15)。调节时，通过丝杠改变限深轮与机架间的相对位置。提高限深轮的高度，则耕深增加；反之，耕深减小。犁在预定的耕深时，限深轮对土壤的压力应适当，压力过大，滚动阻力增加；过小，则遇到坚硬土层，限深轮可能离开地面，使犁的耕深不稳。根据试验，先使犁达到预定耕深，将限深轮升离地面继续工作，测定最后一个犁体耕深比预定耕深大 3～4 cm，则限深轮对土壤的压力为合适。如超过 4 cm，说明限深轮对土壤压力过大；不足 3 cm，说明限深轮压力过小，应适当调节上、下悬挂点的位置，以获得适当的入土力矩。升犁时，先将拖拉机上的液压手柄向上扳，然后在“中立”位置固定；降犁时，把手柄向下压，并固定在“浮动”位置上。采用高度调节法耕地，工作部件对地表的仿形性较好，比较容易保持一致。

(3)位调节法(图1-16)。耕地时,犁和拖拉机的相对位置不变,当地表不平时,耕深会随拖拉机的起伏而变化,仅能在平坦的地块上工作,故较少采用。

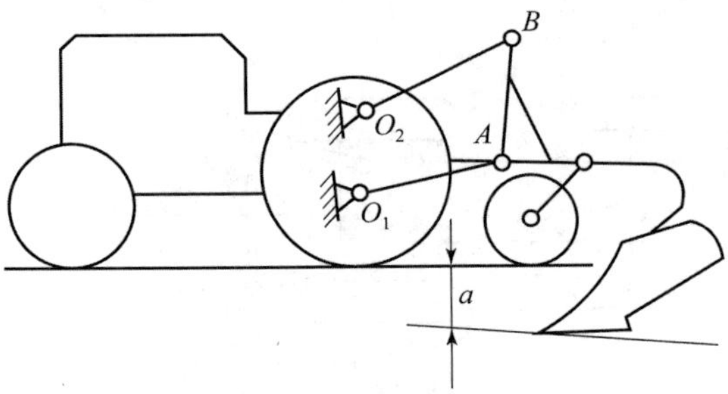

图 1-15 高度调节法

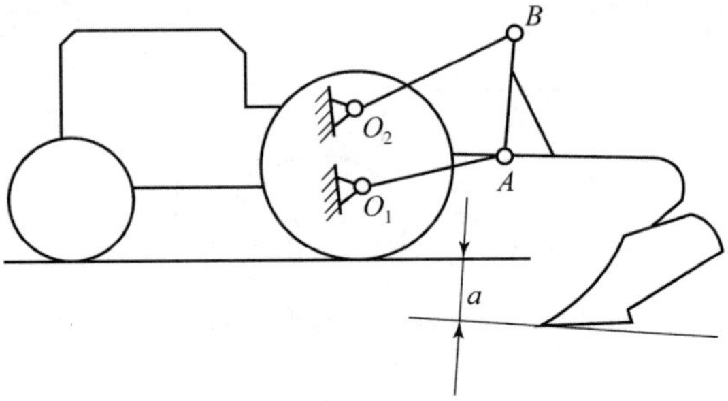

图 1-16 位调节法

2. 水平调整

为了使多个犁体的前后犁体耕深一致,保证犁耕质量,要求犁架纵向和横向都与地面平行,因此水平调整有纵向水平调整和横向水平调整。

(1)纵向水平调整。耕地时,犁架的前后应与地面平行,以保证前后犁体耕深一致。如图1-17(a)所示,犁在开始入土时,需要一个入土角,一般是5°～15°,达到要求的耕深后,犁架前后与地面平行,入土角消失。调整的部位是拖拉机悬挂机构上拉杆,缩短上拉杆,入土角就变大。若上拉杆调整过短,则会造成耕地时犁架不平,前低后高,前犁深,后犁浅;若上拉杆调整偏长,则犁入土困难,入土行程大,地头留得长,犁架前高后低,前犁浅,后犁深。若上拉杆调整过长,如图1-17(b)所示,则犁将不能入土。

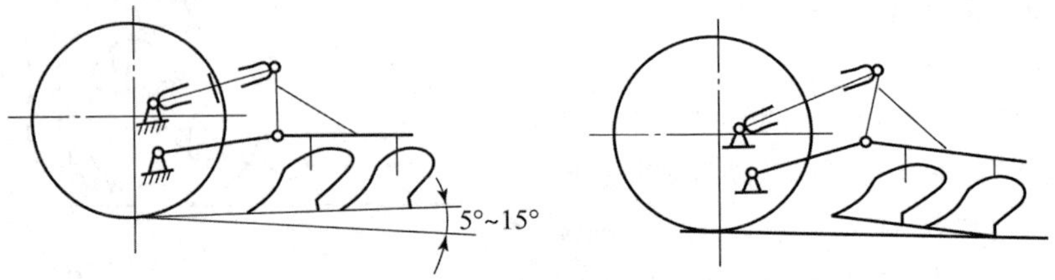

(a) 正确　　(b) 错误

图 1-17 纵向水平调整

(2)横向水平调整。耕地时,犁架的横向也应与地面平行,以保证左右犁体耕深一致。犁架的横向水平是通过伸长或缩短拖拉机悬挂机构和右提升杆进行调整的。当犁架出现右侧低、左侧高时,应缩短右提升杆;反之,应伸长右提升杆。拖拉机悬挂机构的左提升杆长度也是可以调整的,但为了保证犁的最大耕深和最小运输间隙,应先将左提升杆调整到一定长度,然后用上拉杆和右提升杆调整犁架的水平位置。

3. 正位调整

耕地时,要求犁的第一铧右侧及后面各铧之间不产生漏耕或重耕,使犁的实际总耕幅符合设计要求。为此,除各犁体在犁架上有正确的安装位置外,还要进行犁的纵向正位调整,也就是调整犁对拖拉机的左右相对位置,使犁架纵梁与拖拉机的前进方向平行。

犁的正位调整应根据造成犁体偏斜的原因来进行。如果牵引线过于偏斜,应在不造成明显偏牵引的情况下,通过转动悬挂轴和改变悬挂销前后伸出量等方法,适当调整牵引线,使犁架纵梁与前进方向保持平行。如果因为土壤过于松软，犁侧板压入沟壁过深而造成偏斜，就应从改善犁体本身的平衡着手，如加长犁侧板来增加与沟壁的接触面积，或在犁侧板与犁托间放置垫片，增大犁侧板与前进方向的偏角，使犁体走正。

4. 耕宽调整

多铧犁耕宽调整，就是改变第一铧的实际耕宽，使之符合规定要求。悬挂犁的耕宽调整是通过改变下悬挂点与犁架的相对位置，使犁侧板与机组前进方向成一倾角来实现的。当第一铧实际耕宽偏大，与前一趟犁沟出现漏耕时，可通过转动曲拐式悬挂轴或缩短耕宽调节器伸出长度的办法，使犁架及犁侧板相对于拖拉机顺时针摆转一个角度 α，如图 1-18 所示。这样，当犁入土耕作时，犁侧板在沟墙的反作用力（F）作用下，将犁向右摆正，消除漏耕。如果耕作中第一铧耕宽偏窄，有重耕现象时，应做相反方向的调整，如图 1-19 所示。

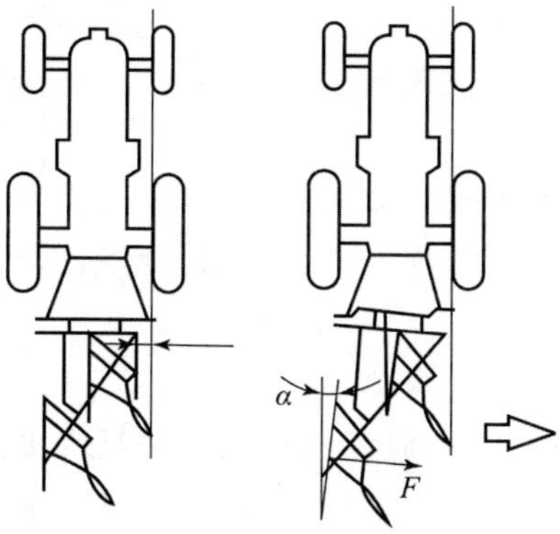

图 1-18　耕宽偏大时的调整

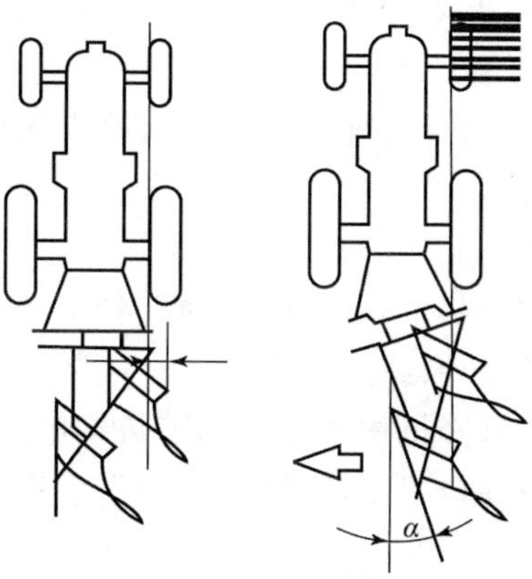

图 1-19　耕宽偏小时的调整

通过上述调整后，如仍不能满足要求，可再用横移悬挂轴或左悬挂点（耕宽调节器）的方法来调整。漏耕时左移悬挂轴或左悬挂点，重耕时则右移。

5. 偏牵引调整

偏牵引现象可通过调整牵引线来消除。

当工作中拖拉机向右偏摆时，说明瞬时中心 π_2 偏右，牵引线位于动力中心右侧，可通过右移悬挂轴或左悬挂点的方法，使瞬时中心左移，牵引线通过动力中心，偏牵引现象消除，如图 1-20 所示。若牵引线偏左时，应做相反方向的调整。

横移悬挂轴或左悬挂点不仅是调整耕宽的一种方法，也是调整偏牵引的方法。在工作中，一般先用转动曲拐轴或改变左悬挂点伸出长度的办法使耕宽合乎要求，若有偏牵引现象，再横移悬挂轴或左悬挂点，两者应配合进行，经反复调整达到耕宽合适又无偏牵引的状态。

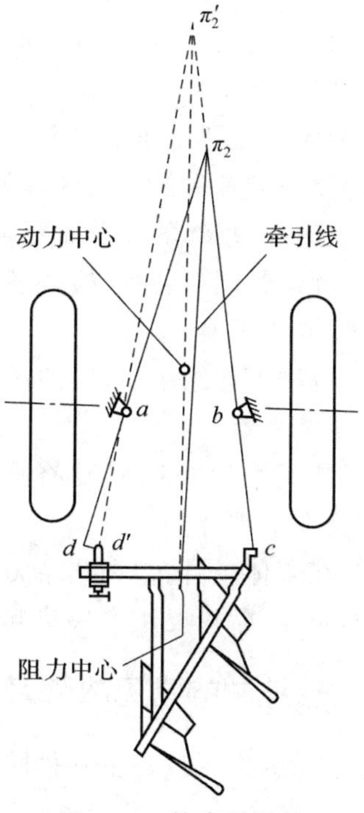

图 1-20　偏牵引调整

四、悬挂犁的维护保养

（一）使用注意事项

（1）机组开动前，须先发信号，起步要平稳，不能过猛。

（2）在运转过程中，不准进行润滑、调整和故障排除。

（3）在地头转弯时，应先将犁升起。

（4）犁耕时，犁上不得坐人。

（5）悬挂犁使用时，其梯形螺旋丝杠处不能缺油。

（6）在犁体工作表面及丝杠上涂抹废机油，可防锈蚀。

（二）维护保养

犁的技术保养大致可分为日常保养、定期保养和季节保养。

1. 日常保养

日常保养包括清理泥土、注油、检查各部件和犁架的固紧情况。具体来说，日常保养应做到以下几方面：

（1）每班作业后应及时清除犁体、犁刀和限深轮上的泥土和杂草。

（2）应按照部件总成拆下，检查各工作部件的技术状态是否符合说明书所给出的要求。

（3）拧紧松动的螺栓、螺母。

（4）检查升降机构和耕深调节机构的灵活性。

（5）检查并修复变形零件，如果发现有机器部件变形时，应该及时加以修复或更换，不能随便代用。

（6）向各转动部分加注润滑油，存放在干燥通风处，以防止潮湿、雨淋使机具生锈。

（7）检查安全销有无问题。

（8）查看油缸、油管是否漏油。

2. 定期保养

定期保养在犁工作 60～100 h（或耕熟地 47～67 hm^2）之后进行。

（1）除完成日常保养的内容外，还要检查犁体前后壁、犁侧板等易损件的磨损情况，检查犁体的磨损情况，损坏的要及时更换。

（2）拆洗各调节装置，检查各轮的间隙和犁铧刃口，必要时调整和磨锐。如果磨损严重，则应拆下修复或更换。

（3）每季工作结束后，应清洗干净，全面检查犁的技术状态，换修磨损或变形的零件。

3. 季节保养

（1）使用季节结束后，要将圆犁刀、限深轮、耕宽调节器丝杠及轴承等零部件拆下清洗，换修磨损及变形零件。

（2）在犁体、小前犁和圆犁刀等部件的工作表面及丝杠上涂防锈油。

（3）犁体、犁轮要用木块垫起，放松缓冲弹簧，停放在地势高且通风干燥的场所或室内。

五、悬挂犁的常见故障及其排除方法

悬挂犁的常见故障及其排除方法如表 1-2 所列。

表 1-2 悬挂犁的常见故障及其排除方法

故障现象	故障原因	排除方法
入土困难	1. 铧刃磨损； 2. 土质干硬； 3. 犁架前高后低； 4. 犁铧垂直间隙小	1. 更换犁铧或用锻压方法修复； 2. 适当加大入土角和入土力矩，或在犁架尾部加配重； 3. 调短上拉杆长度； 4. 更换犁侧板、检查犁壁等
耕后地不平	1. 犁架不平或犁架、犁铧变形； 2. 犁壁黏土、土垡翻转不好； 3. 犁体在犁架上安装位置不当或振动后移位	1. 调平犁架、校正犁柱(非铸件)； 2. 清除犁壁上的黏土，并保持犁壁光洁； 3. 调整犁体在犁架上的位置
立垡甚至回垡	1. 过深； 2. 速度过慢； 3. 各犁体间距过小，宽深比不当； 4. 犁壁不光滑	1. 调浅； 2. 加速； 3. 当耕深较大时，可适当减少铧数，拉开间距； 4. 清除犁壁上的黏土
耕宽不稳	1. 耕宽调节器"U"形卡松动； 2. 胫刃磨损或犁侧板对沟墙压力不足； 3. 水平间隙过小	1. 紧固，若"U"形卡变形则更换； 2. 增加犁刀或更换犁壁、侧板； 3. 检查水平间隙，调整或更换犁侧板
漏耕或重耕	1. 偏牵引、犁架歪斜； 2. 犁架或犁柱变形； 3. 犁体距离不当	1. 调整纵向正柱； 2. 校正(非铸件)或更换； 3. 重新安装并调整

六、拓展知识

(一)双向犁

双向犁是在耕地作业往返行程中可分别向左或向右交替耕翻土垡的铧式犁，其垡片始终向某一边翻转，倒向一致。耕后地表平坦，不留沟埂，适于坡地、小块地的耕作。

双向犁犁体可分为两类：

(1)带有两套翻垡方向不同的犁体，在双向犁往返行程中交替换用；

(2)只有一个犁体，但根据需要可将犁体转换成不同的翻垡方向。

只装一套犁体的双向犁，通常制成左右对称的形式，可绕水平轴或垂直轴旋转，如图 1-21 所示转换成为左翻或右翻状态。该犁可用机械、液压及人工来进行翻转，我国 20 世纪 50 年代研制

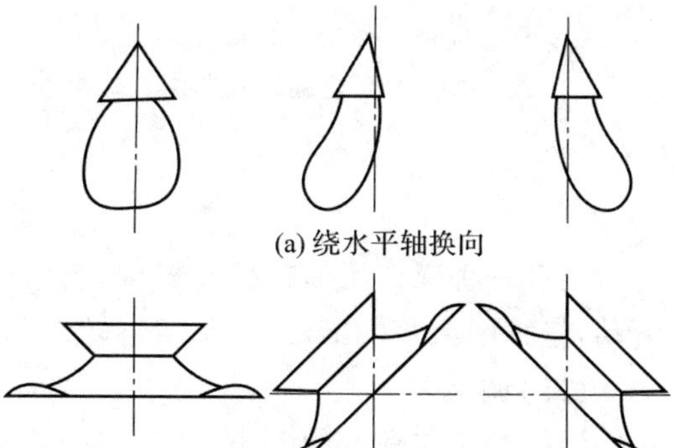

(a) 绕水平轴换向

(b) 绕垂直轴换向

图 1-21 犁体的换向

的畜力双向犁系由人工翻转。

带两套犁体的双向犁有翻转式和键式两种，如图 1-22 和图 1-23 所示。翻转式根据翻转角度不同，又分为全翻式和半翻式。

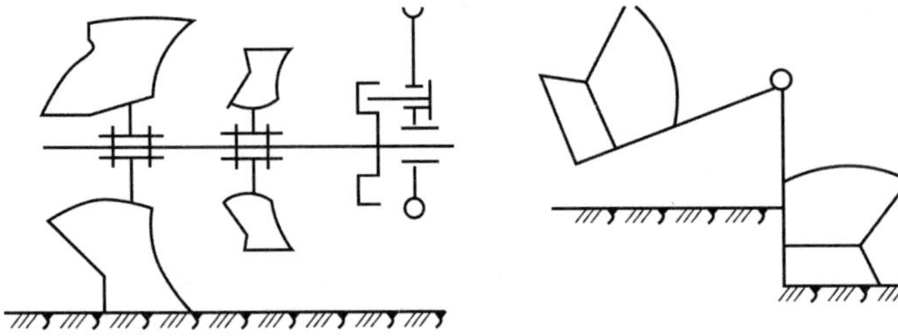

图 1-22 翻转式双向犁

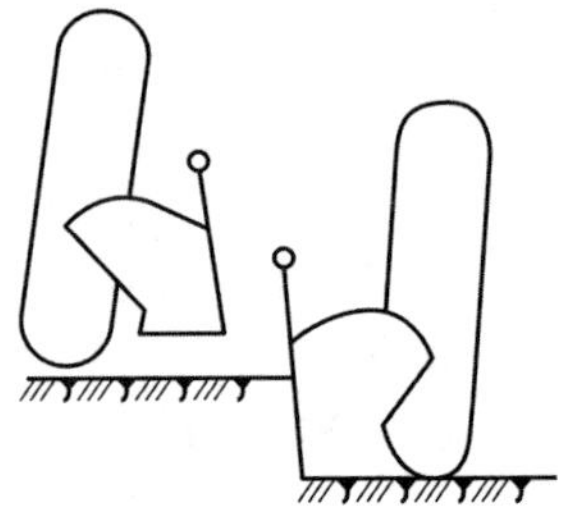

图 1-23 键式双向犁

悬挂式或半悬挂式翻转 180°的全翻双向犁如图 1-24 所示。左翻、右翻两套犁体分别配置在梁架的上方和下方，换向时绕纵向水平轴做 180°翻转，以机械或液压进行换向。

机械式换向机构以悬挂犁在悬空时犁的重力对悬挂销产生的力矩为翻转动力。犁架在换向机构作用下，绕纵向水平轴转动。单油缸翻转机构如图 1-25 所示，它利用拖拉机液压系统的压力，通过犁上的液压缸、换向阀等使犁架翻转。任何一组犁处于耕地位置时，油缸都处在最大伸长状态，当需翻转时，油缸收缩，使犁架翻转 90°，然后油缸再伸长，使犁架死点继续翻转 90°，此时另一组犁体达到工作位置。由于翻转 90°时，处在翻转死点位置，因此翻转犁都装有各种形式的越位机构，以使犁架翻转到位。

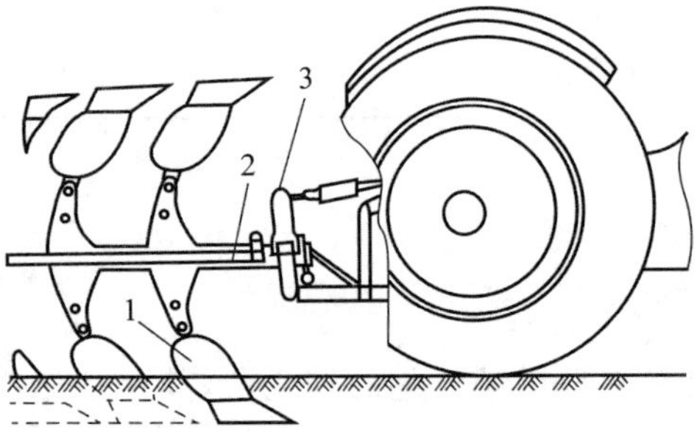

1. 犁体　2. 犁架　3. 悬挂架

图 1-24 180°全翻转双向犁

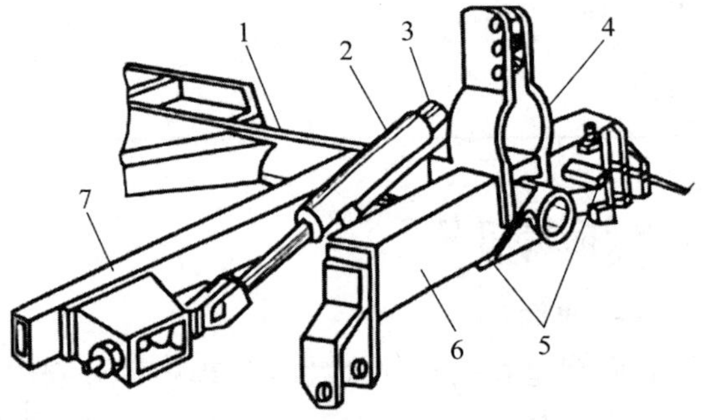

1. 转动轴　2. 油缸　3. "U"形卡（铰接点位于转动轴线正上方）　4. 悬挂架立柱　5. 限停臂　6. 悬挂架横梁　7. 型架横梁

图 1-25 单油缸翻转机构图

还有一种双作用油缸翻转机构，当犁处于越位过程中时，触动换向阀，使油缸中的油反向流动，将缸中活塞推出，推动犁架再转 90°，犁架到位后，油路处于封闭状态，犁被锁定。

(二)调幅犁

调幅犁工作幅宽的大小，在一定的范围内可以调节，而且不增减犁的工作部件，调幅犁通过调节主斜梁与前进方向的夹角来达到改变耕宽的目的，并保持犁的方向不变。犁铧的主斜梁与前进方向的夹角的大小，与犁体工作幅宽、相邻犁体前后距离有关。夹角增大，相邻两犁体距离增加，犁的工作总宽度增加；夹角减小，相邻两犁体距离和工作总幅宽也减小。在调幅过程中必须完成以下两个动作：

（1）当斜梁与前进方向夹角发生变化时，每个犁体各自对主梁转一个相应的角度，以保证正常工作状态，即犁侧板仍保持平行于前进的方向。

（2）改变拖拉机与犁的横向位置，使第一铧的工作幅宽和其他犁体相同。调幅犁的调幅机构目前有机械式和液压式两种。机械式调幅机构用销孔或螺杆来改变主斜梁与前进方向的夹角和犁体在主梁上的安装角度；液压式调幅机构利用拖拉机液压输出，驾驶员根据田间实际情况可随时进行调节，应变能力强，操作方便。

任务3 旋耕机的使用与维护

知识目标

- 了解旋耕机各部件的构造、类型、作用以及工作原理。

能力目标

- 能够完成旋耕机工作部件的拆解和装配。
- 旋耕作业过程中能对各部件进行调整，以及在作业过程中能够排除常见故障。

素质目标

- 培养团队协作意识、责任意识和爱岗敬业精神。
- 培养学生自主学习、归纳总结和语言表达能力。
- 培养学生对"三农"发展的信心。

旋耕机是用拖拉机动力输出轴驱动工作部件的一种耕作机具。其工作部件是通过旋转刀片对土壤进行铣削的原理进行工作的。

一、旋耕机的类型及性能特点

（一）旋耕机的类型（图1-26）

（1）按旋转刀轴的位置可分为横轴式和立轴式。

（2）按与拖拉机挂接的方式可分为牵引式、悬挂式和直接连接式。

（3）按刀轴传动方式可分为中间传动式和侧边传动式。

（4）按刀片旋转方向可分为正铣式和逆铣式。

（二）旋耕机的工作过程及性能特点

1. 旋耕机的工作过程

旋耕机的工作过程如图1-27所示。刀片一方面由拖拉机动力输出轴驱动做回转运动，另一方面随机组前进做等速直线运动。刀片在切土过程中首先将土垡切下，随即向后抛扔，土垡撞击罩盖与拖板而变得细碎，然后落到地面上，由于机组不断前进，刀片就连续地进行松土。

2. 旋耕机的性能特点

（1）碎土能力强，耕后土层松碎，地表平坦，一次作业可达到犁、耙几次的效果。

（2）刀片旋转产生向前推的力，减少了机组所需的牵引功率。旋耕机的防陷能力强，通过性能好，除用于水田和潮湿地耕作外，还可用于开荒地、菜地、草地和沼泽地等。

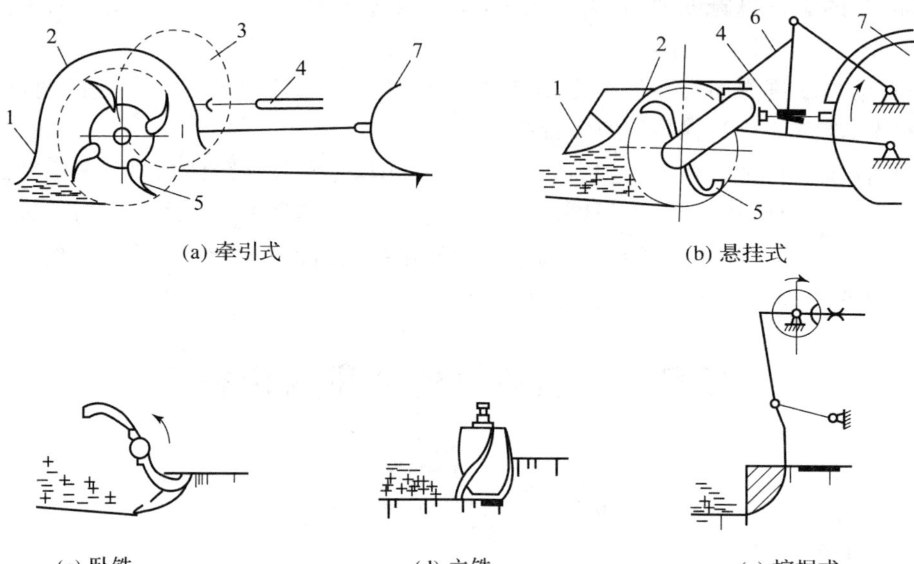

(a) 牵引式　(b) 悬挂式

(c) 卧铣　(d) 立铣　(e) 挖掘式

1. 平土拖板　2. 罩壳　3. 地轮　4. 万向节　5. 刀片　6. 悬挂架　7. 拖拉机

图 1-26　旋耕机的类型

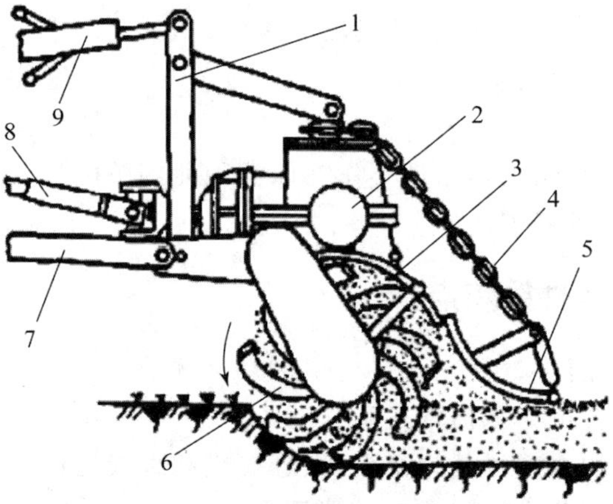

1. 悬挂架　2. 齿轮箱　3. 挡泥板　4. 链条　5. 拖板　6. 刀片

7. 下拉杆　8. 万向节轴　9. 上拉杆

图 1-27　旋耕机的工作过程

(3)土肥掺和好，用于秸秆还田时可以加快根茬和有机肥料的腐烂，提高肥效，促进作物生长。

(4)旋耕过程中，功率消耗大，覆盖能力较差，耕深受到限制。

二、旋耕机的构造

(一)旋耕机的组成

旋耕机由机架、传动部分、旋耕刀轴、刀片、耕深调节装置、罩壳和拖板等组成，如图 1-28 所示。

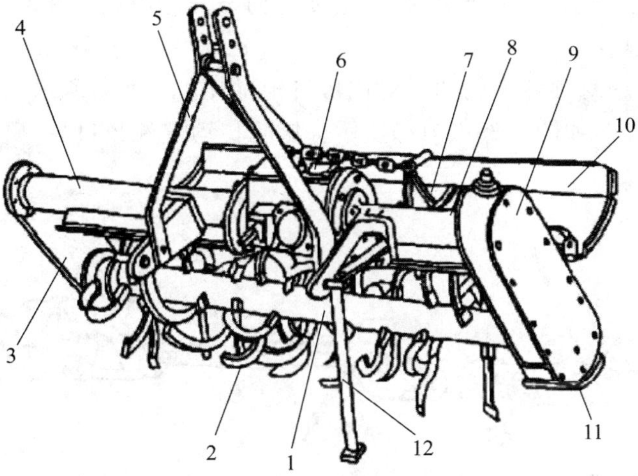

1.刀轴 2.刀片 3.右支臂 4.右主梁 5.悬挂架 6.齿轮箱 7.罩壳 8.左支梁 9.传动箱 10.平地拖板 11.防磨板支承杆 12.支承杆

图 1-28 旋耕机

(二)主要部件

1.机架

机架是由旋耕机的骨架、左右主梁、中间齿轮箱、侧边传动箱和侧板等组成的,主梁的中部前方装有悬挂架,下方安装刀轴,后部安装机罩和拖板。

2.传动部分

传动部分(图 1-29)是由万向节传动轴、中间齿轮箱和侧边齿轮箱组成的,拖拉机动力输出轴的动力经万向节传动轴传给中间齿轮箱,然后经侧边齿轮箱传往刀轴,驱动刀轴旋转。

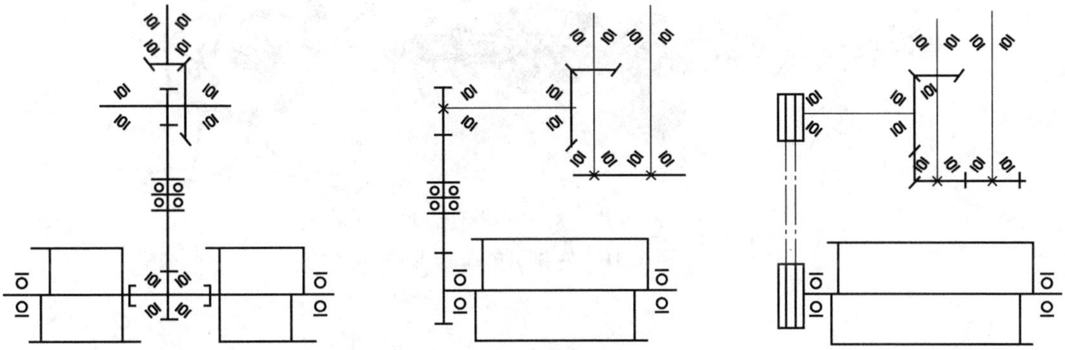

(a) 中间齿轮箱传动 (b) 侧边齿轮箱齿轮传动 (c) 侧边齿轮箱链轮传动

图 1-29 传动装置示意图

万向节传动轴将拖拉机动力传给旋耕机的传动件,它能适应旋耕机的升降及左右摆动的变化。万向节传动轴的构造如图 1-30 所示,主要由十字节、夹叉、方轴、轴套和插销等零件组成。万向节传动轴与轴头连接时,先拔出插销,然后将夹叉与花键轴头相连,再插上插销和开口销就可固定。

使用万向节时,要求万向节传动轴与旋耕机轴头的夹角在耕作时不大于 10°,地头转弯提升(动力不切断)时,不大于30°。夹角过大,会使万向节转动时阻力矩变大,转动不灵活,使用寿命缩短,应特别注意。

中间齿轮箱中有一对圆柱齿轮和一对锥形齿轮,如图1-29(a)所示。侧边齿轮箱有齿轮传动和链轮传动两种形式,如图1-29(b)(c)所示。链轮传动零件数目少,质量轻,结构简单,加工精度要求高,制造复杂。

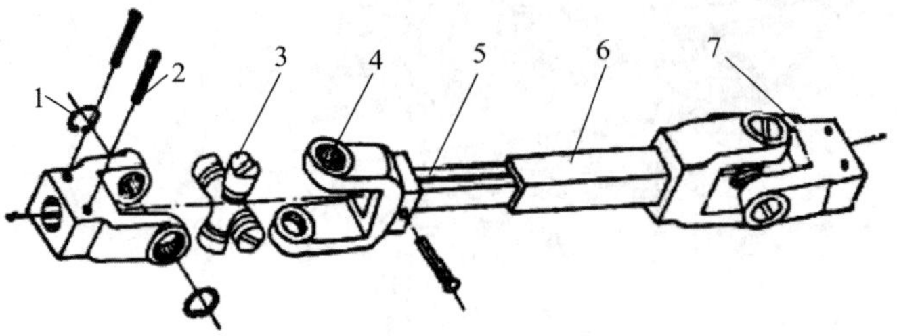

1.挡圈　2.插销　3.十字节　4.夹叉　5.方轴　6.轴套　7.夹叉

图1-30　万向节传动轴

3.工作部分

旋耕机的工作部分由刀轴、刀座和刀片等组成,如图1-31所示。刀轴用无缝钢管制成,两端焊有轴头,用来和左、右支臂相连接。刀轴上焊有刀座或刀盘,如图1-32所示。刀座按螺旋线排列焊在刀轴上,以供安装刀片。刀盘上沿外周有间距相等的孔位,根据农业技术要求安装刀片。刀片用65号锰钢锻造而成,要求刃口锋利,形状正确,刀片通过刀柄插在刀座中,再用螺钉等紧固,从而形成一个完整的刀辊。

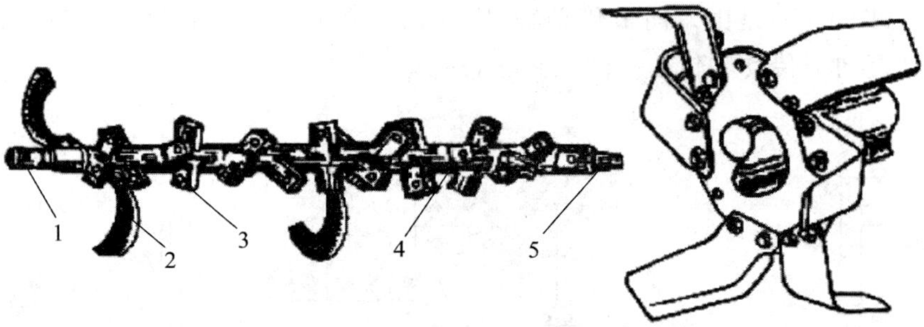

1.左轴头　2.刀片　3.刀座　4.刀轴　5.右轴头

图1-31　旋耕机的工作部件

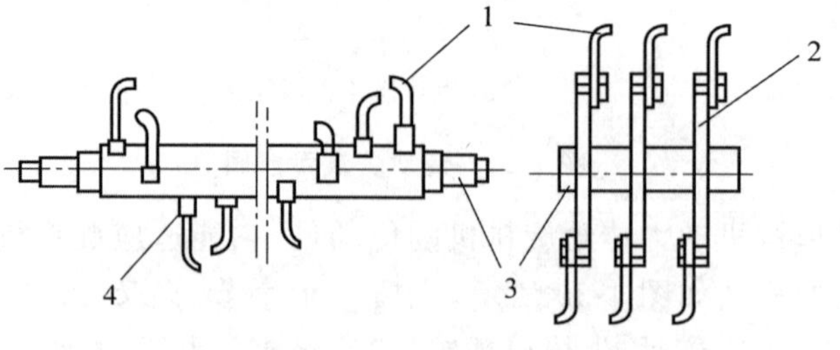

(a) 刀座式　　(b) 刀盘式

1.刀片　2.刀盘　3.刀轴　4.刀座

图1-32　刀轴

旋耕刀片是旋耕机的主要工作部件。刀片的形式有多种，常用的有凿形刀、弯刀和直角刀等，如图 1-33 所示。

(1)凿形刀。刀片的正面为较窄的凿形刃口，工作时主要靠凿形刃口冲击破土，对土壤进行凿切，入土和松土能力强。其功率消耗较少，但易缠草，适用于无杂草的熟地耕作。凿形刀有刚性和弹性两种，弹性的适用于土质较硬的土地，在潮湿黏重土壤中耕作时漏耕严重。

(2)弯刀。正面切削刃口较宽，正面刀刃和侧面刀刃都有切削作用，侧刃为弧形刀刃，有滑动作用，不易缠草，有较好的松土和抛翻能力。其功率消耗较大，适应性强，应用较广。弯刀有左、右之分，在刀轴上搭配安装。

(3)直角刀。刀刃平直，由侧切刃和正切刃组成。两刃相交约 90°，刀身较宽，刚性较好，具有较好的切削能力，适于在旱地和松软的熟地上作业。

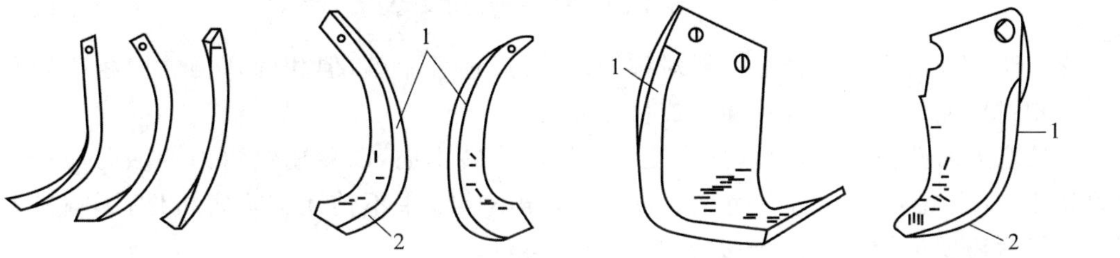

(a) 凿形刀　(b) 弯刀　(c) 直角刀　(d) 沼泽刀

1. 侧形刃　2. 正切刃

图 1-33　旋耕刀片

4. 辅助部件

旋耕机辅助部件由悬挂架、挡泥罩、拖板和支承杆等组成。悬挂架与悬挂犁上的悬挂架相似，挡泥罩制成弧形，固定在刀轴和刀片旋转部件的上方，挡住刀片抛起的土块，起到防护和进一步破碎土块的作用。拖板前端铰接在挡泥罩上，后端用链条挂在悬挂架上，拖板的高度可以用链条调节。

三、旋耕刀片的安装

使旋耕机在作业时避免漏耕和堵塞，刀轴受力均匀，刀片在刀轴上的配置应满足以下要求：

(1)各刀片之间的转角应相等(平均角＝360°÷刀片数)，做到有次序地入土，以保证工作稳定和刀轴负荷均匀。

(2)相继入土的刀片在轴上的轴向距离越大越好，以免夹土和缠草。

(3)左右弯刀要尽量做到相继交错入土，使刀辊上的轴向推力均匀，一般刀片按螺旋线规则排列。

(4)在同一回转平面内工作的两把刀片切土量应相等，这样碎土质量好，耕后沟底平整。

(5)弯刀在刀轴上的配置有三种形式，如图 1-34 所示。

内装法：所有弯刀的弯曲方向朝向中央，刀轴所受轴向力对称，耕后刀片间没有漏耕，但耕幅中间成垄，适用于拆畦作业。

外装法：所有弯刀的弯曲方向背向中央，刀轴所受轴向力也对称，耕后刀片间没有漏耕，但耕幅中间成沟，两端成垄，适用于拆畦耕作和旋耕开沟联合作业。

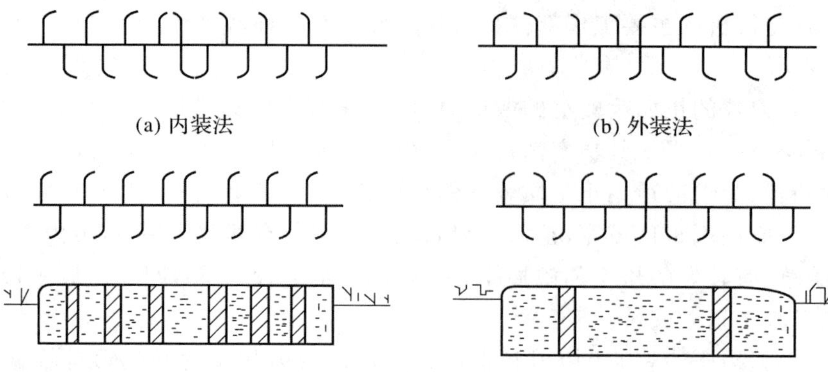

(a) 内装法　　(b) 外装法

(c) 交错法(一)　　(d) 交错法(二)

图 1-34　左、右弯刀的配置

交错法:左、右弯刀在轴上交错对称安装,耕后地表平整,但相邻弯刀方向相反处有漏耕。适用于犁耕后的旋耕作业或茬地的旋耕作业。

安装弯刀时要按顺序进行,并应注意刀轴的旋转方向,以免搞错弯刀的朝向,一定要做到用刃切土,要避免用刀背切土而受力过大,这样不但效果不佳还会损害机件,影响耕地质量。弯刀装好后还要进行全面检查,并拧紧所有的螺母。

四、旋耕机与拖拉机的配套连接

(一)旋耕机与拖拉机的配套

旋耕机的工作幅宽与拖拉机的轮距要相适应,一般要大于或等于拖拉机的轮距,以免工作时拖拉机的轮距压实已耕土地。如不符合要求则应调小拖拉机轮距。

由于旋耕机的功率消耗较大,对中小型拖拉机,旋耕机耕幅往往小于拖拉机最小轮距,这时旋耕机应采用偏悬挂方式,偏置于拖拉机的一侧,同时,在工作中要选用合适的行走方法,即可避免压实已耕土地。

(二)旋耕机与拖拉机的连接

旋耕机一般用三点悬挂方式与拖拉机连接,并通过万向节转动轴与拖拉机动力输出轴相连。万向节与拖拉机、旋耕机间的正确连接方法如下:

(1)方轴和方轴套间的配合长度要适当。在安装万向节传动轴时,应注意伸缩方轴的长度应和拖拉机型号相适应,选用不同型号的拖拉机,其方轴或方轴长度也不相同。

(2)方轴与方轴套的夹叉须在同一平面内,如图 1-35 所示。若装错,旋耕机的传动轴回旋就不均匀,并伴有响声和振动,使机件损坏。

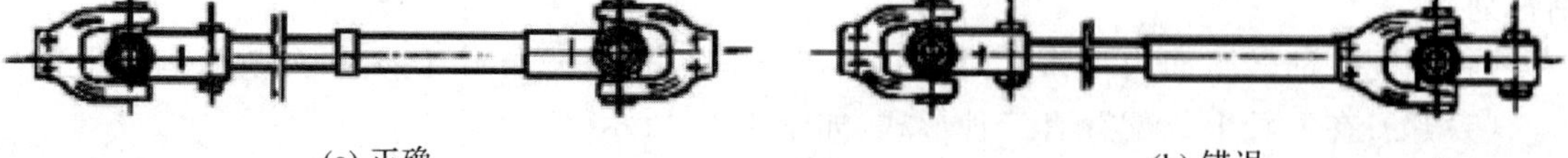

(a) 正确　　(b) 错误

图 1-35　万向节的正误安装

(3)当旋耕机降到工作位置,达到预定耕深时,要求旋耕机中间齿轮箱花键轴(即第一轴)与拖拉机输出轴平行,以便万向节与两轴头间的夹角相等,使转动平稳,延长万向节使用寿命。

如不符，则可通过改变拖拉机上调节杆的长度来调节。

五、旋耕机的调整

（一）耕深调整

轮式拖拉机配用的旋耕机，一般由拖拉机液压系统用位调节方式控制，或在旋耕机上安装限深轮控制。手扶拖拉机配套的旋耕机，耕深通过改变尾轮的高低位置来调整。

（二）水平调整

三点悬挂的旋耕机，其水平调整与悬挂犁相同，左右水平用拖拉机上拉杆来调节。改变上调整杆的长度，可在工作位置时调整拖拉机动力输出轴与旋耕机输入轴平行度，保证万向节轴转动的均匀性。

（三）提升高度调整

旋耕机在传动状态下的提升高度受万向轴允许的最大夹角限制，最大夹角一般不超过30°，有负荷时更不允许大夹角转动，以免损坏万向节。地头转弯时，需要防止旋耕机升得过高，而使万向节夹角过大，一般使刀片离开地面 20 cm 即可。在开始耕作前，应先将液压手柄限制在允许的高度上。

（四）碎土性能调整

碎土性能与机组的前进速度和刀轴的转速有关。当刀轴转速一定时，增大前进速度，则土块变大；减小前进速度，则土块变小。当机组前进速度一定时，增大刀轴转速，则土块变小；减小刀轴转速，则土块变大。选择拖拉机前进速度和刀轴转速的原则是：在保证碎土性能达到农艺要求的基础上，充分发挥拖拉机动力，以提高效率。

六、旋耕机的维护保养

（一）安全操作

（1）旋耕作业时，要遵守先转（刀轴）后降，边降边走，转速由低到高，入土由浅变深的操作方法，防止机件损坏；切忌猛降入土，禁止转弯耕作。

（2）旋耕机在检查、保养和故障排除时，必须切断动力，将旋耕机降至地面。当需要更换部件时，要把旋耕机垫牢，发动机熄火，确保安全。

（3）在地头转弯时，为提高效率，可在提升时不切断动力，但应减小油门，降低万向节传动轴转速，并注意保证万向节的倾斜度不超过 30°。

（4）万向节和刀片的安装要牢固，旋耕作业时，机后禁止站人，以保证人身安全。

（二）维护保养

正确进行旋耕机的维护保养是保证旋耕机正常运转、提高工作效率、保证性能良好、延长使用寿命的重要方法。“防重于治、养重于修”是旋耕机使用、保养的基本原则。旋耕机的保养分为日常保养、季度保养和长期保养与存放保管。

1. 日常保养

一般情况下，每班作业后应进行日常班次保养，保养内容如下：

（1）拧紧各连接部分的螺母、螺栓。

（2）检查万向节插销、开口销是否缺损。

（3）检查齿轮箱及链轮箱油面，必要时添加。

(4)万向节十字轴和刀轴左、右轴承应加注润滑脂。

(5)清除轴承座、刀轴和机罩上的油泥。

2. 季度保养

在日常班次作业进行一段时间(100 h)后应该进行一级保养,而耕作季节结束后,要进行二级保养。

(1)一级保养。

①执行日常保养规定项目。

②清除旋耕机上的黏土和刀轴上的缠草等。

③检查齿轮箱及链轮箱齿轮油的质量,如变质应更换。

④变速器及侧齿箱内的润滑油用脏后,应予以更换。各黄油嘴处应注足黄油,可以使用20号齿轮油。如果侧齿箱润滑油中有污泥,则应该拆检并更换刀轴密封件。

⑤检查刀轴两端轴承是否因油封失效而进泥水,必要时应拆开清洗,安装时应加足润滑脂。

⑥检查万向节十字轴是否因滚针磨损松动,或有泥土落入而转动不灵活,必要时应拆开清洗并重新加满润滑脂。

⑦检查刀片是否过度磨损,必要时应拆下重新锻打、磨刃或更换。

⑧用链传动的旋耕机还应检查链片与销子铆接是否松动,必要时应重铆或更换部分链片。

⑨检查链条张紧器的弹簧是否失效,必要时应进行更换或调整。

⑩检查各传动部分漏油是否严重,必要时应更换油封。

(2)二级保养。每个季度作业完成后除应进行一级保养外,还要做到:

①更换齿轮油。

②检查十字节总成磨损情况,清洗或更换。

③刀轴两端是否因油封失效而进泥水,应拆开清洗,加足黄油。

④检查锥齿轮啮合间隙,必要时应进行调整。

⑤拆下全部刀片检查校正,然后涂上黄油保存起来。

⑥检查各轴承有无磨损,并进行调整或更换。

(3)长期保养。旋耕机工作一年以后,还要进行如下的维护和保养:

①清除机件上的油泥。

②放掉传动箱内的齿轮油并清洗内部,拆卸检查,换掉磨损件,然后加入新齿轮油,重新装好。

③拆洗万向节部件,清洗十字轴滚针。

④检查及更换紧固零件及开口销等。

⑤检查刀片,损坏的要更换。

⑥修复罩壳拖板。

(4)存放保管。旋耕机长期不用时,应进行妥善的存放保管。

①全面检查机具的外观,补刷油漆,在弯刀、花键轴上涂油。

②旋耕机长期停放时应放在室内。轮式拖拉机配套旋耕机应置于水平地面,不得悬挂在拖拉机上。

③停放期间,要拆下万向节,放好。

④将旋耕机垫起，并用支承杆支牢。

⑤露天存放应选择地势较高的地方，避免积水将机器锈蚀，机上应加掩盖物以防雨雪，旋耕刀的刀尖一定要离地，刀片要进行防锈处理。

七、旋耕机的常见故障及其排除方法

旋耕机的常见故障及其排除方法如表 1-3 所列。

表 1-3　旋耕机的常见故障及其排除方法

故障现象	产生原因	排除方法
负荷过大拉不动	1. 耕深过大； 2. 土壤黏重、干硬	1. 减小耕深； 2. 降低工作速度和犁刀转速
旋耕机向后间断抛出大土块	1. 刀片弯曲、变形或切断； 2. 刀片丢失	1. 矫正或更换刀片； 2. 重新安装刀片
耕后地面不平	机组前进速度与刀轴转速不协调	调整两者速度的配合关系
旋耕刀轴转不动	1. 齿轮或轴承损坏后咬死； 2. 侧挡板变形后卡住； 3. 旋耕刀轴变形； 4. 旋耕刀轴被泥、草堵塞； 5. 传动链折断	1. 修理或更换； 2. 矫正修理； 3. 矫正修理； 4. 清除堵塞物； 5. 修理或更换
工作时有金属敲击声	1. 旋耕刀片固定螺丝松动； 2. 旋耕刀轴两端刀片变形后敲击侧板； 3. 传动链过松	1. 拧紧固定螺丝； 2. 矫正或更换； 3. 调整链条紧度，如过长可去掉一对
旋耕刀变速时有杂音	1. 安装时有异物落入； 2. 轴承损坏； 3. 齿轮轮齿损坏	1. 取出异物； 2. 更换轴承； 3. 修理或更换

任务 4　联合整地机的使用与维护

知识目标

• 了解联合整地机各部件的构造、类型、作用以及工作原理。

能力目标

• 能够完成联合整地机工作部件的拆解和装配。

• 能完成整地作业过程中各部件的调整。

• 作业过程中能够排除常见故障。

素质目标

• 培养团队协作意识、责任意识和爱岗敬业精神。

• 培养学生自主学习、归纳总结和语言表达能力。

• 培养学生对“三农”发展的信心。

联合整地机是与大中型拖拉机配套的复式作业机械，一次可完成灭茬、旋耕、深松、起垄、镇压等多项作业。主要特点是：①作业效率高；②费用低，与传统的翻、耙、压作业相比，可为农户节省整地费用50%左右。但联合整地机结构比较复杂，价格较为昂贵。

一、联合整地机的结构及工作原理

以1DSL-3600型深松碎土联合整地机为例，该机是黑龙江省农业机械工程科学研究院和哈尔滨沃尔科技有限公司联合研发的轻型整地机械。其主要用于我国北方旱田作物区的秋季整地作业，与132～191 kW拖拉机配套，一次进地即可对整个工作幅宽内的土壤进行深松、合墒、碎土作业，具有田间通过性能好、使用调整方便等优点。

1DSL-3600型深松碎土联合整地机的整体结构如图1-36所示，主要由机架、支承轮、深松铲和圆盘部件等组成。

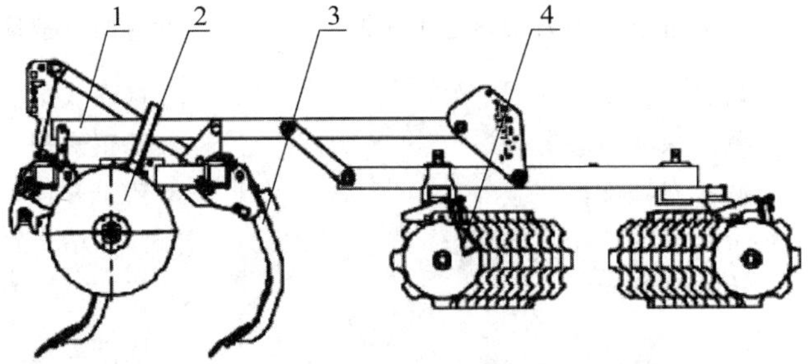

1. 机架　2. 支承轮　3. 深松铲　4. 圆盘部件

图1-36　1DSL-3600型深松碎土联合整地机的整体结构

(一)机架装配

机架是连接配套动力和各主要工作部件的主体部件。机架由机架焊合、下悬挂销总成、上悬挂臂拉杆、上悬挂臂焊合、合墒顺梁、合墒下顺梁焊合等零件组成。

(二)支承轮装配

支承轮分为左右两组，其功能是支承整机和调整作业深度。支承轮由卡板焊合、支承轮支臂、轮胎、支承轮轮毂等零件组成。

(三)深松铲装配

深松铲是重要的工作部件，由“V”形座板、深松铲固定座焊合、深松铲柄、深松铲尖等零件组成。

(四)圆盘部件装配

圆盘部件也是重要的工作部件，其功能是合墒碎土。两组圆盘部件偏置安装，以提高碎土效果。圆盘部件由连接横梁、刮泥固定板、缺口圆盘、间管、刮泥板、轴承座等零件组成。

二、联合整地机的安装

按照整机装配俯视图进行机具安装(图1-37)。

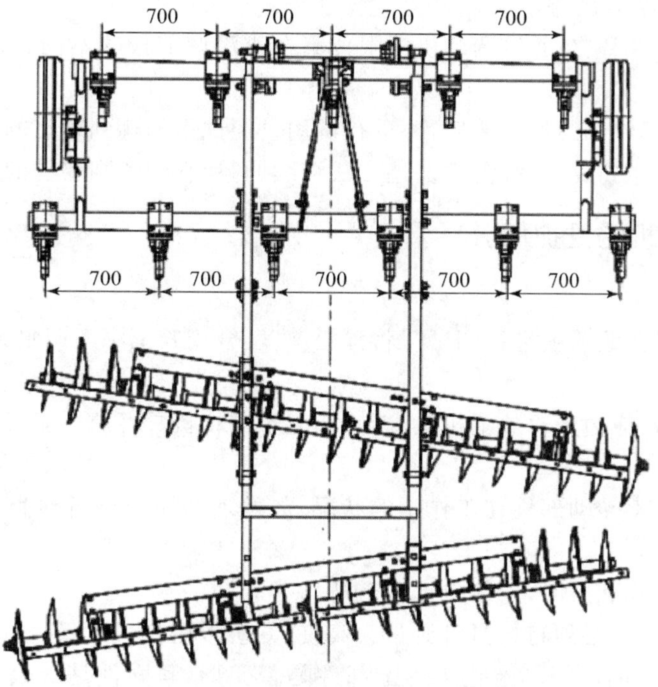

图 1-37　整机装配俯视图(单位:mm)

(1)将机架装配两端垫起,使梁架下平面距地面约 100 cm。

(2)将深松铲装配用螺栓安装在机架装配横梁上,机架前横梁安装 5 组(机架中心安装 1 组,左右对称各安装 2 组),每两组之间的距离为 700 mm;后横梁安装 6 组(以机架中心为基准,左右各安装 3 组),每两组之间的距离为 700 mm,其中两组耕深较浅的分别安装在后梁左右两侧。

(3)将左右支承轮用"U"形卡固定在机架装配两端的顺梁上,使支承轮向前倾斜。

(4)将左右圆盘部件装配用螺栓固定在合墒下顺梁焊合上,偏置装配。

三、联合整地机的调整

要保证作业质量,就要使机具处于良好的作业状态,因此在使用前必须根据作业条件和农艺要求对机具进行必要的调整。

(一)机架水平调整

将机具与拖拉机挂接,首先调整悬挂机构左、右张紧链,使机具中心与拖拉机中心对正;然后调节左、右吊杆长度,使机架左右水平(用吊杆长孔与下连杆连接);最后调节悬挂机构的中央拉杆长度,使机架前后水平。

(二)上、下悬挂点位置调整

联合整地机的上悬挂点设有 5 个位置,可与不同类型的拖拉机配套使用。

(三)耕深调整

深松深度的调整是通过改变支承轮高度调节臂在立梁中的位置来实现的。支承轮的调整是通过将调节销插入地轮支臂上的不同高度的孔来实现的,向上移动深松深度加大,反之则减小。

(四)合墒碎土深度调整

合墒碎土深度的调整是通过调节耕深限位销在耕深调节板的不同孔位,从而限制四杆机构向下浮动的位置来实现的。

在机具所有零部件都调整完成后,要进行试用。经试用如达到理想的整地状态,则可以开始正常作业;如没有达到要求,则需按上述方法继续调整,直到达到要求的工作状态。

四、联合整地机的维护保养

(一)安全操作

(1)在机具正式作业前须进行调试。将深松深度、合墒碎土深度调整到满足作业要求方能进行生产作业。

(2)机组起步时,应边走边放下机具;禁止在起步前将机具猛放入土,以免各部件受到冲击负荷,造成损坏。

(3)经常注意观察转动部件在工作中的状况,如发现问题应停机检查故障原因,排除故障后再工作。

(4)机具处于工作状态时,不能倒退或转弯。

(5)在地头转弯时,必须将机具升到最大高度,并缓慢运行,禁止急转弯。

(6)每工作 3～4 h,应停车检查各入土部件是否变形,紧固件是否松动,转动部件转动是否灵活。

(7)运输中需将后面的四杆机构耕深限位销插入耕深调节板的孔内,以免耙组摆动损坏部件。

(二)机具的维护、保养与保管方法

(1)每班工作结束后,应清除圆盘耙片及深松铲上的泥土;拧紧所有松动的螺母、螺钉;检查各转动部件的转动情况。

(2)工作一个作业季节后,需进行全面的技术状态检查,更换、修复磨损或变形的零部件;检查各部轴承的转动情况,必要时进行调整或更换。

(3)长期存放时,应对整机进行彻底清理,检查各零部件,对有损坏和磨损而不能继续使用的零件应进行修理或更换,凡有油污的地方必须清洗干净,各润滑部分须拆开进行清洗后再涂上黄油。对土壤工作部件如圆盘耙片、深松铲等,应擦净并涂机油,以防锈蚀。

(4)机具须存放于干燥、有屋顶的库房内,并用木块垫起。

五、联合整地机的常见故障及其排除方法

联合整地机的常见故障及其排除方法如表 1-4 所列。

表 1-4　联合整地机的常见故障及其排除方法

故障现象	产生原因	排除方法
耙片不入土	1.偏角太小; 2.耙片磨损; 3.耙片间堵塞; 4.速度太快	1.增加耙组偏角; 2.重新磨刃或更换耙片; 3.清除堵塞物; 4.减速作业

续表1-4

故障现象	产生原因	排除方法
耙片堵塞	1.土壤过于黏重或太湿； 2.杂草残茬太多，刮土板不起作用； 3.偏角过大； 4.速度太慢	1.选择土壤湿度适宜时作业； 2.正确调整刮土板位置和间隙； 3.调小耙组偏角； 4.加快速度
深松不够	1.松土部件和升降装置状态不良； 2.松土装置安装不正确或调节不当； 3.土层过于坚硬，松土铲刃口秃钝或挂结杂草，不易入土； 4.土壤阻力过大，拉不动； 5.拖拉机超负荷作业，或有意将松土部件调浅	1.检修松土装置，正确安装松土铲.检查其控制升降的情况，保证松土铲的入土角均不改变； 2.正确安装或调节松土装置； 3.更换或修复松土铲，清除杂草； 4.根据深层松土的阻力，正确设置松土铲个数； 5.切实掌握松土深度，不能因拖拉机功率小而减少松土深度
深松不均	1.个别松土部件变形或安装不标准； 2.松土铲铲尖倾斜，入土角度过大； 3.深松机架和松土装置升降机构变形或牵引架垂直调整不当； 4.深松部件的深浅和水平调整不当	1.修复松土部件，正确安装； 2.调小入土角； 3.正确调整； 4.正确调整
土层搅乱	1.松土铲入土倾角过大或松土铲安装过近； 2.松土铲柄上挂接杂草； 3.土壤干涸使上翻土层和下松土层土块过大； 4.松土铲堵塞后未及时清理	1.调小倾斜角，正确安装松土铲； 2.清理杂草； 3.在土壤干涸的地块内，不应采用无壁犁进行深松土作业； 4.及时清理

任务5 圆盘耙的使用与维护

知识目标

• 熟知耙地机械各部件的名称。
• 掌握耙地机械的构造、类型、作用以及工作原理。

能力目标

• 能够完成耙地机械工作部件的拆解和装配。
• 能够完成耙地作业过程中各部件的调整。
• 能够在作业过程中排除故障。

素质目标

• 积极探索新的耙地机械技术和方法。
• 勇于创新，提高机械的作业效率和性能。

• 培养团队协作意识、责任意识和爱岗敬业精神。

旱田耕翻后，翻起的土垡形成了大量的垡条和大土块，垡条和土块本身因有铧式犁的挤压作用而紧实，垡条或土块之间又存在着很多大孔隙，此时的土壤松碎程度与地面的平整度还不能满足播种和栽植的要求，所以必须进行整地，以达到上松下实、地表平整，为作物的发芽和生长创造良好的条件。耙地是最重要的整地作业方式之一。

一、圆盘耙的功用及种类

圆盘耙主要用于耕后播前的碎土、耕平和覆盖肥料。由于圆盘耙工作过程中有搅动和翻转表土的作用，能切断草根和残株，故也可用于收获后的浅耕灭茬作业。

(1)圆盘耙按适用的土壤类型和耙深不同，可分为重型、中型和轻型圆盘耙 3 种。

(2)圆盘耙按耙组的排列可分为单列耙和双列耙。

(3)按结构类型可分为对置式和偏置式，对置式耙组对称地配置在拖拉机中心线后两侧。偏置式圆盘耙的耙组则偏置在拖拉机后的右侧，如图 1-38 所示。

(4)按挂接方式可分为牵引式、悬挂式和半悬挂式。

(a) 双列对置式　　(b) 双列偏置式

图 1-38　耙组排列方式

二、双列偏置圆盘耙的结构

悬挂式双列偏置圆盘耙主要由耙组、耙架、牵引(悬挂)架、偏角调节装置等组成。两套耙组采用前缺口耙片、后全缘耙片的组合形式，缺口耙片在耙片外缘有 6～12 个三角形、梯形或半圆形缺口。耙片凸面周边磨刃，缺口耙的缺口部位也磨刃。耙组中耙片通过间管而保持一定间隔，耙片组通过轴承和轴承支板而与耙组横梁相连接。为了清除耙片上黏附的泥土，在横梁上装有刮土铲。

耙架用来安装圆盘耙组、调节机构和牵引架(或悬挂架)等部件。有铰接耙架和刚性耙架两种。有的耙架上还装有载重箱，以便必要时加配重，以增加和保持耙的深度。

偏角调节器用于调节圆盘耙的偏角，以适应不同耙深的需要。偏角调节器的形式有丝杠式、齿板式、液压式、插销式等。丝杠适用于部分重型耙，这种形式结构复杂，但工作可靠。齿板式多在轻型耙上使用，调节比较方便，但杆体容易变形，影响角度调节。插销式结构简单，工作可靠，调整时，将耙升起，拨出锁定销，推动耙组横梁使其绕转轴旋转，到合适的位置时，把锁定销插入定位孔定位，一般在中型耙与轻型耙上采用。液压式用于系列重型耙，虽然其结构复杂，但工作可靠，操作容易。

牵引或挂接装置是负责将耙与动力系统连接的机构，对于悬挂式圆盘耙，其悬挂架上有不同的孔位，以改变挂接高度。对于牵引式圆盘耙，其工作位置和运输位置的转换是通过起落机构实现的，起落过程由液压油缸升降地轮来完成，耙架调平机构与起落机构联动，在起落过程中同时改变挂接点的位置，保持耙架的水平，在工作状态，可以转动手柄，改变挂接点的位置，使前后列耙组的耕深一致。

三、圆盘耙工作流程

工作时，圆盘耙片的回转平面垂直于地面，并与前进方向成一夹角（偏角）。耙组的各个耙片随同方轴整组滚动前进。在耙的重力作用下，耙片切入土壤，切断草根或作物残茬，并使切碎的土块沿耙片凹面略微上升翻落，具有一定的翻土覆盖作用。耙深与机器重量和圆盘偏角有关，增大偏角可增加耙片的入土深度并增强碎土、翻土的效果。

四、圆盘耙调整

在圆盘耙工作过程中，圆盘回转平面与地面垂直为其基本工作条件（图 1-39 耙片偏角示意图），当圆盘回转平面与机车前进方向的夹角 $\alpha=0°$（即耙片偏角）时只有滚动没有拖动，能切断杂草和土块，但无翻土能力，且难以达到预定的耙深；当 $\alpha=90°$时，耙片只有拖动没有滚动，有强烈的翻土能力，但断草能力几乎为零，且很容易造成土壤堆积和堵塞现象；当 $0<\alpha<90°$ 时，既有滚动又有拖动，是整地过程所需要的工作状态。

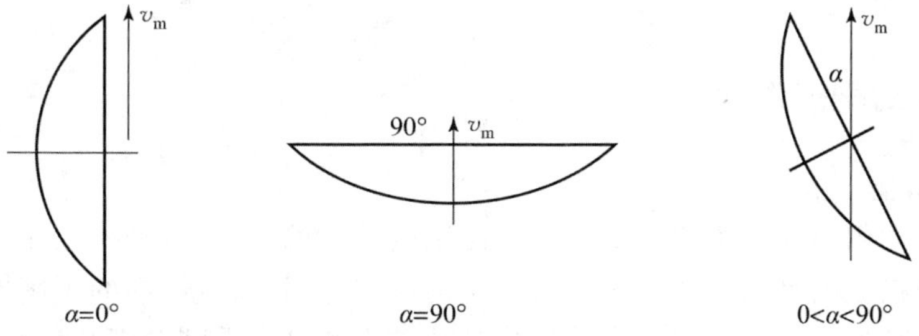

v_m. 前进速度　α. 耙片偏角

图 1-39　耙片偏角示意图

耙地机组在牵引动力的作用下（图 1-40），圆盘耙片受重力和土壤反作用力的作用边滚动边切入土壤并达到预定耙深，由于耙片偏角的作用，耙组同时完成了切割土壤、切断杂草和翻扣的工作。

耙片厚度 δ 一般用公式 $\delta=(0.008\sim0.012)D$ 来确定，D 为耙片的直径，通常情况下重型耙 $\delta=5$ mm；中型耙 $\delta=4$ mm；轻型耙 $\delta=3.5$ mm。耙片轴向安装间距会影响耙地的质量，它对圆盘耙设计安装和使用耙组、保证其正常工作是非常重要的。轴向间距的大小直接影响耙组在耕作横断面内的对土壤加工和处理的程度、碎上质量。间距太小易造成土壤堵塞，太大易产生漏耙。

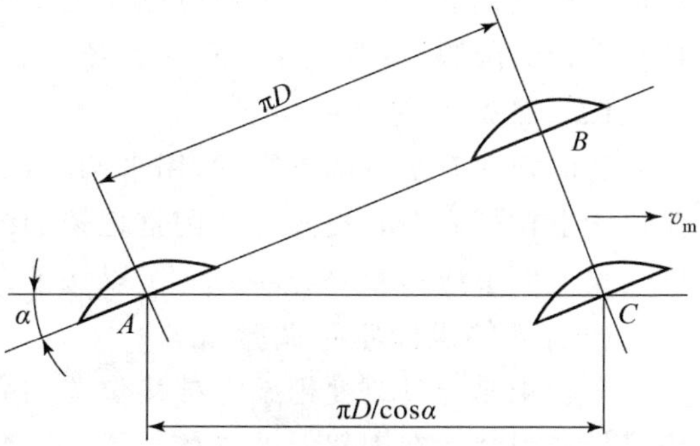

图 1-40　耙片运动分解示意图

耙片为一球面圆盘，在凸面周边磨成刃口，重型耙多采用直径 660 mm、有缺口的耙片，这种耙片碎土能力强，入土性能也好，适用于黏重土壤和荒地，但制造和磨损后修复较困难；轻型耙采用直径 460 mm 没有缺口的全缘耙片，中型耙常用二者组合，前列用缺口耙片，后列用全缘耙片。

目前，圆盘耙片根据其直径的大小主要分为三种：直径 460 mm 的为轻型耙；560 mm 为中型耙；660 mm 为重型耙，见表 1-5。

表 1-5　圆盘耙片的分类表

类型	轻型耙	中型耙	重型耙
单片耙重/kg	15～25	20～45	50～65
耙片直径/mm	460	560	660
耙深/cm	10	14	18
牵引阻力/(kN/m)	2～3	3～5	5～8
适用范围	适用于中等壤土的耕后耙地，播前松土，也可用于轻壤土的灭茬。多为悬挂式、直径小、无缺口、全缘	适用于黏壤土的耕后耙地，也可用于中等壤土的以耙代耕	适用于开荒地、沼泽地和黏重壤土的耕后耙地，也可用于壤土的以耙代耕。多为牵引式、直径大且有缺口

五、作业前对耙的调整

(一)深浅调整

耙的工作深度用改变偏角或加配重的方法来调整。偏角增大，则入土深，堆土、铲草、碎土和翻土等作用增强。圆盘耙片的偏角都有一定的调节范围，适应不同的土壤情况和作业要求。土壤湿度大时偏角不宜过大，否则，容易造成耙片黏土和堵塞。圆盘耙片偏角调节范围一般为 14°～23°，由于前列耙组在未耙地上工作，为使前后两列耙组的阻力接近，后列耙组的偏角应大于前列耙组。在黏重干硬的土壤上作业时，如入土深度不够，可在耙架加重箱上加重，但不得加石块或铁器。加重时重物应放在耙组作业时向上翘起的一端。由于耙片的工作深度受到耙片直径的限制，一般耙深为耙片直径的 1/6～1/4。

(二)耙的横向水平调节

有的耙上有水平调整机构，用来调整耙架水平。悬挂耙没有水平调整机构时，也可通过拖拉机的上拉杆和左右提升杆来调整耙架的纵向和横向水平。两台以上的耙连接作业时，两台耙的角度调节应一致，机架要水平，以保证前后两列耙深一致。

(三)耙的纵向水平调整

牵引耙是通过改变耙架上挂接位置的高低来调整纵向水平的。当前列耙深，后列耙浅时，应降低牵引装置在耙架上的挂接位置；反之，则应提高耙架上的挂接位置。悬挂耙的纵向水平调整，是通过改变悬挂装置的上拉杆长度进行的，当前列耙深，后列耙浅时，应调长上拉杆；反之，则调短上拉杆。

六、作业前对耙进行检查

同一耙组耙片，刃口着地点应在同一直线上，偏差应小于 5 mm。各刃口间要相互平行，最大不平行度不能超过 10 mm。圆盘间距应相等，偏差应小于 8 mm。刃口锋利、不变形，刃口厚度不大于 0.4 mm，刃口斜面长为 8～10 mm，刃口角度为 15°～20°。如果刃口有缺损，缺损处的深度应小于 15 mm，长度应小于 15 mm，一个耙片上的缺损应不超过 3 处。刮土板应安装在圆盘凹面的上方，并用螺母固定在耙架上。刮土板的位置可以调整，与圆盘间要有适当间隙，一般上部间隙为 10～25 mm，下部间隙为 3～10 mm。圆盘耙组应自由转动，耙片不得在轴上晃动，方轴应正直。耙架不应变形或开焊，各连接螺钉要紧固，润滑油嘴完好。

七、作业中保障

(一)耙地作业中需要注意以下几点

(1)耙片清理干净。

(2)耙调整水平，角度调整好，前列 17°，后列 22°；耙片直径达标，各耙串直径一致，前后耙轨迹不重合，两个耙串间距与耙片间距一致(不然会“漏格子”)。

(3)边缘耙片要小于正常耙片，以免出沟。

(4)机车进地后将折叠液压管拔掉。

(5)耙在转弯时不允许升起，转大弯时不漏耙，确保不漏“三角”。

(6)耙放到底，不允许地轮着地。

(7)刮土板调整好，及时清理泥土。

(8)调整后耙，中间不出堆和坑。

(9)往复结合，宁重不漏，不出沟和包，无明显印记。

(二)圆盘耙使用时注意以下几点

悬挂式圆盘耙机组作业时，拖拉机液压系统大都放在浮动位置。拖拉机悬挂机构的左、右限位链应处在松弛状态。

机组作业或运输时，耙架上严禁站人或放重物。发现故障应停车排除，禁止行进时用手或脚直接清除机具上的杂草泥土。

草皮层较厚，土质黏重的新荒地、水稻地或重盐碱地，应选用重型缺口耙，以利于耙碎、耙透垡片和草皮层。土质较黏重的熟地，可用重型圆盘耙作业，如用轻型圆盘耙时，则要加配重，以防耙体跳动，影响入土深度。耕翻质地松软的熟地，一般采用轻型圆盘耙。前作物收割后的灭茬，可采用轻型双列圆盘耙或重型缺口耙。

圆盘耙每工作 2～3 h，应检查轴承温度及进行各部螺母锁片的安装和紧固；每工作 4～5 h，应向轴承注油；在雨后及灌溉后土壤比较黏重的情况下，以及刮土板与耙片之间的间隙过大，都会使耙堵塞，应及时清理，否则会造成耙地深度不够。

(三)圆盘耙常见故障及其排除方法

圆盘耙常见故障及其排除方法见表 1-6。

表 1-6 圆盘耙常见故障及其排除方法

故障现象	故障原因	排除方法
耙片不入土	1.偏角太小； 2.附加质量不足； 3.耙片磨损； 4.耙片间堵塞； 5.速度太快	1.增加耙组偏角； 2.增加附加质量； 3.重新磨刃或更换耙片； 4.清除堵塞物； 5.减速作业
耙片堵塞	1.土壤过于黏重或太湿； 2.杂草残茬太多,刮土板不起作用； 3.偏角过大； 4.速度太慢	1.选择土壤湿度适宜时作业； 2.正确调整刮土板位置和间隙； 3.调小耙组偏角； 4.加快速度作业
耙后地表不平	1,前后耙组偏角不一致； 2.附加质量差别较大； 3.耙架纵向不平； 4.牵引式偏置耙作业时耙组偏转,使前后耙组偏角不一致； 5.个别耙组堵塞或不转动	1.调整偏角； 2.调整附加质量使其一致； 3.调整牵引点高低位置； 4.调整纵拉杆在横拉杆上的位置； 5.清除堵塞物,使其转动
阻力过大	1.土壤过于黏湿； 2.偏角过大； 3.附加质量过大； 4.刃口磨损严重	1.选择土壤水分适宜时作业； 2.调小耙组偏角； 3.减轻附加质量； 4.重新磨刃或更换耙片
耙片脱落	方轴螺母松脱	重新拧紧或换修

(四)作业后保养

耙地作业完成后,应清除耙上的缠草;耙的紧固件易松动,所以要检查连接部分紧固情况并适当拧紧;方轴螺母最易松动,须留意检查,以免运输过程中掉落。

耙组按大小型号不同,放置在不同的地点。对于相对小型的耙组,可选择放在室内。大型耙组要停放在平坦的场地,场地最好干燥、通风和易于排水。如因条件限制,耙组要露天停放时,要注意将其垫高,避免与地面直接接触。轮胎是橡胶制成的,因此,停放时注意防止阳光暴晒,尽量用帆布遮盖严实。条件允许,可在轮胎上涂抹一层石蜡,起到保护的作用。铁质或钢质的部位应尽量不与土壤接触,避免出现锈蚀。对耙组的配合件要定期润滑并转动,防止锈死。对于耙片,应将其表面涂上机油,以防生锈,定期检查各部件,发现问题及时解决。

项目 2　播种栽植机械的使用与维护

知识目标

- 学会正确使用各种播种与栽植机械，并能及时排除使用中出现的故障。

能力目标

- 了解各种播种与栽植机械的结构及工作原理。
- 会正确使用各种播种与栽植机械。
- 能够正确安装各种播种与栽植机械，并能进行技术状态检查。
- 能够对播种与栽植机械使用中出现的故障及时进行排除。

素质目标

- 了解播种与栽植机械在现代农业生产中的应用和重要性。
- 增强安全使用播种与栽植机械的意识和技能。
- 培养良好的工作习惯，确保作业安全。

任务 1　概　述

农作物生长季节性很强，必须按照农业技术要求适时播种，才能保证苗全苗壮，生长良好，为增产增收建立可靠的基础。机械播种较人工播种均匀准确、深浅一致，而且效率高、进度快，是农田机械化作业的重要环节。

一、播种的农业技术要求

播种机械应满足下述农业技术要求：

(1)播量符合要求且准确，排种(排肥)均匀稳定，穴距及每穴粒数均匀。

(2)播深符合要求且均匀一致，种子应播在湿土上，用湿土覆盖，无露籽现象，覆土均匀，干旱地区播种后应同时镇压，以利于保墒。

(3)播行直，行距一致，地头整齐，不重不漏。

(4)尽量采用联合作业。

二、播种的方法

播种方式应根据作物品种和当地农业技术要求而定，并随农业生产的发展而发展。常用的播种方式有：撒播、条播、穴播(点播)、精密播种、铺膜播种和免耕播种。

(一)撒播

撒播是将种子漫撒于田间地表，然后对种子进行覆盖和压实。此法粗放而简单，种子分布不均，浪费种子，且覆土深度不一，但生产率高，适用于飞机撒播水稻、牧草及造林。

(二)条播

条播是将种子按一定行距，连续均匀成条地播在种沟中，然后进行覆土镇压。此法是常用的一种播种方式，种子分布较均匀，覆土深度一致，出苗整齐，适用于小麦、谷子及豆类作物播种。

(三)穴播

穴播又称点播，是将种子按一定行距和株距播在土中，种子呈穴状分布。此法使种子分布均匀、准确，省种，可减少间苗工作量。适用于棉花、玉米、花生等中耕作物的播种。

(四)精密播种

按精确的粒数、间距与播深，将种子播入土中。精密播种可以是单粒种子按精确的粒距播成条行称为单粒精播；也可将多于一粒的种子播成一穴，要求每穴粒数相等。精密播种可节省种子，减少间苗工作量，但要求种子有较高的田间出苗率并有效预防病虫害，以保证单位面积内有足够的植株数。

(五)铺膜播种

播种时在种床表面铺上塑料薄膜，种子出苗后，幼苗长在膜外的一种播种方式。这种方式可以是先播下种子，随后铺膜，待幼苗出土后再由人工破膜放苗；也可以是先铺上薄膜，随即在膜上打孔下种。

(六)免耕播种

在前茬作物收获后，土地不进行耕翻，让原有的秸秆、残茬或枯草覆盖地面；待下茬作物播种时，用特制的免耕播种机直接在茬地上进行局部的松土播种，并在播种前或播种后喷洒除草剂及农药。

三、播种机的分类

播种机的种类很多，一般可按下列方法进行分类。

(1)按播种方式分为撒播机、条播机、穴播机和精密播种机。

(2)按适用作物分为谷物播种机、中耕作物播种机及其他作物播种机。

(3)按联合作业形式分为施肥播种机、播种中耕通用机、旋耕播种机、旋耕铺膜播种机。

(4)按动力连接方式分为牵引式、悬挂式和半悬挂式三种。

(5)按排种原理分为机械式、气力式和离心式三种。

任务2　谷物条播机的使用与维护

知识目标

- 掌握条播机的基本工作原理和结构组成。
- 学会正确安装和调整条播机，以适应不同类型的谷物播种。

能力目标

- 掌握条播机的结构和工作原理。
- 能够正确安装和调整条播机的各个部件。
- 掌握条播机的日常检查和维护流程。
- 确保条播机在播种过程中的精确度和效率。

素质目标

- 培养团队协作意识、责任意识和爱岗敬业精神。
- 培养学生自主学习、归纳总结和语言表达能力。
- 培养学生对"三农"发展的信心。

我国生产的谷物条播机，均为能同时进行播种和施肥的机型，即能一次完成开沟、排种、排肥、覆土等作业要求。

一、谷物条播机的结构及工作原理

谷物条播机主要由机架、种子箱、排种器、排肥器、输种管、输肥管、开沟器、覆土器、行走轮、传动装置、牵引或悬挂装置、播深调节机构等组成，如图 2-1 所示。

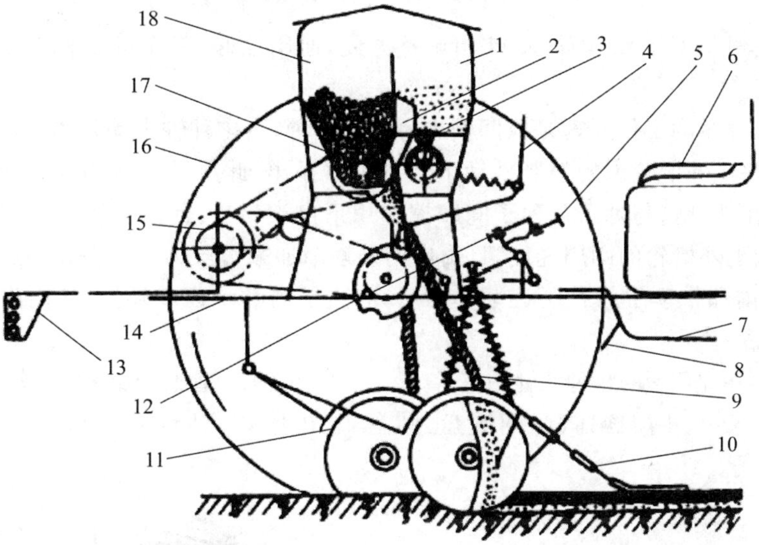

1.肥料箱 2.排肥量调节活门 3.排肥器 4.升降手柄 5.播深调节机构
6.座位 7.脚踏板 8.刮泥刀 9.输种(肥)管 10.覆土器 11.开沟器
12.开沟器升降机构 13.牵引装置 14.机架 15.传动装置
16.行走轮 17.排种器 18.种子箱

图 2-1 谷物条播机的结构

谷物条播机的工作过程是：拖拉机牵引播种机行进时，地轮通过传动机构驱动装在种子箱下的外槽轮式排种器将种子排下，经输种管落入双圆盘开沟器所开出的沟中，与此同时，机器前部肥料箱下的星形排肥器将化肥排下，经输肥管也落入开沟器内，被开沟器分开的土在开沟器经过后流入种沟覆盖种子，覆土器随后将地面拖平。

二、播种机的主要工作部件

(一)排种器

排种器是播种机的重要工作部件，其作用是将种子均匀、连续、无损伤地按照规定播种量排出。谷物条播机采用外槽轮式排种器(图 2-2)，由排种盒、排种轴、外槽轮、阻塞套、内齿形挡圈、排种舌等组成。

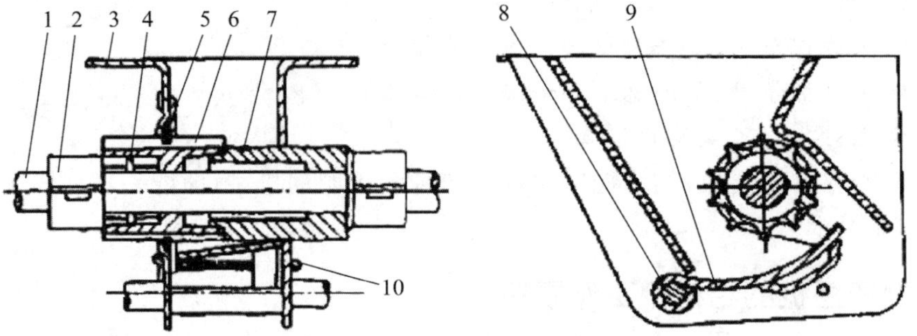

1.排种轴　2.卡箍　3.排种盒　4.轴销　5.内齿形挡圈　6.外槽轮
7.阻塞套　8.排种舌轴　9.排种舌　10.开口销

图 2-2　外槽轮式排种器

外槽轮式排种器具有结构简单,使用调整方便,通用性好,工作可靠和排种量较准确、稳定等特点。

外槽轮式排种器的工作原理是以凹槽进行强制排种,当排种轴带动外槽轮转动时,种子充入外槽轮凹槽内,并在外槽轮齿的强制推动下经排种口排出,此层种子称为强制层。同时,处在外槽轮外的种子,在外槽轮与种子及种子间摩擦作用下也被带出,此层种子称为带动层,带动层种子的排种速度低于外槽轮的圆周速度,且由内向外逐渐递减直至为零。在带动层处,是不流动的静止层,外槽轮内和带动层的种子逐渐排出后,静止层内种子逐步补给,从而完成连续排种。

(二)开沟器

开沟器的作用是开沟、导种入土和覆盖湿土。2BF-24A 型施肥播种机采用双圆盘式开沟器(图 2-3),其主要由开沟器体、平面圆盘、圆盘毂、内锥体、外锥体、调整垫片、开沟器轴、毡圈、导种板等组成。

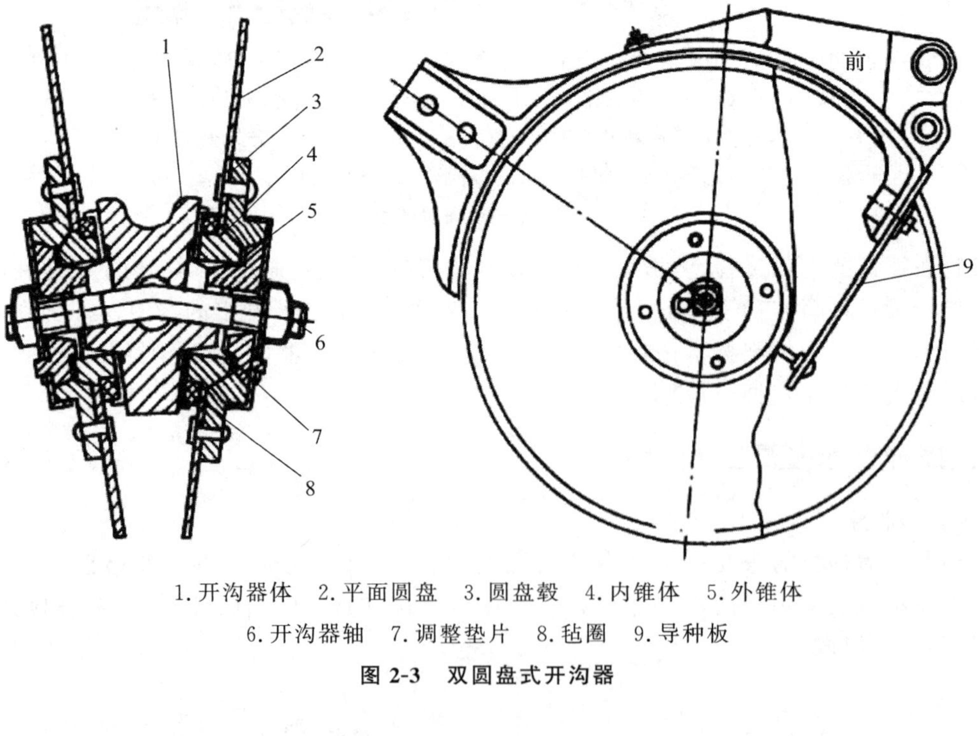

1.开沟器体　2.平面圆盘　3.圆盘毂　4.内锥体　5.外锥体
6.开沟器轴　7.调整垫片　8.毡圈　9.导种板

图 2-3　双圆盘式开沟器

工作时，圆盘受土壤阻力作用滚动前进，切开土壤并向两侧推挤形成种沟，种子在两圆盘间经导种板散落于种沟中，圆盘通过后，沟壁下层湿土先塌落覆盖种子，然后再覆盖一层干土。

双圆盘式开沟器具有切土能力较强，工作阻力较小，不易挂草、堵塞等优点，但其结构复杂，质量大，覆土能力弱。

(三)排肥器

排肥器的作用是将肥箱内的肥料按施肥量的要求均匀连续地排出。2BF-24A 型施肥播种机采用水平星轮式排肥器，由排肥星轮和打肥锤组成。工作时，星轮由传动齿轮带动，星齿将肥料带入下肥口，靠肥料自重落入输肥管。排肥量可通过调节转速和活门开度进行调整。星轮式排种装置如图 2-4 所示，2BF-24A 型施肥播种机传动系如图 2-5 所示。

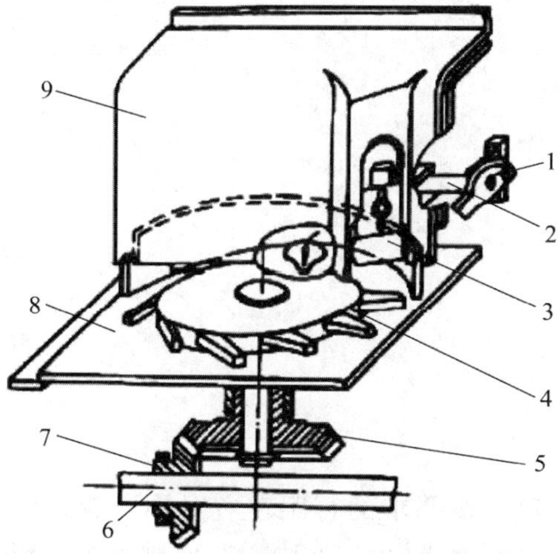

1. 调节柄　2. 肥量调节轴　3. 活门　4. 星轮
5. 被动锥齿轮　6. 排肥方轴　7. 主动锥齿轮
8. 托盘　9. 护板

图 2-4　星轮式排种装置

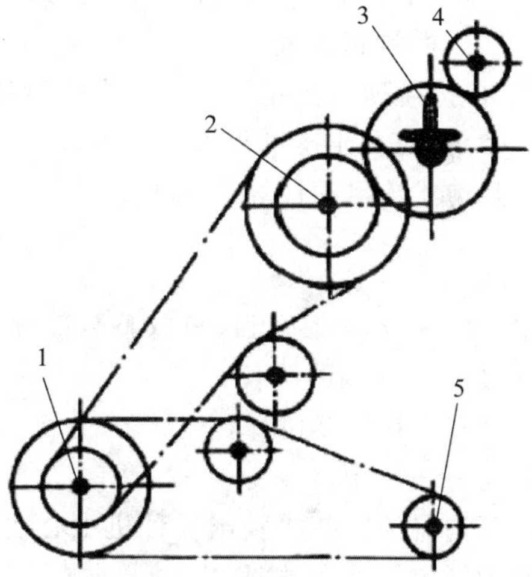

1. 中间传动轴　2. 排种轴　3. 星轮轴
4. 搅拌器轴　5. 行走轮轴

图 2-5　2BF-24A 型施肥播种机传动系示意图

2BF-24A 型施肥播种机排肥器适用于干燥粒状和粉状化肥的排施，对吸湿性强的化肥易发生架空和堵塞，以及星轮被黏结等现象。

(四)输种(肥)管

输种(肥)管的作用是将排种器和排肥器排出的种子、肥料导入开沟器。2BF-24A 型施肥播种机采用卷片式输种(肥)管。输种(肥)管用弹簧钢带冷碾卷绕而成，上部为漏斗形，借弹性卡簧安装在排种器下方，种、肥经同一管输出。

卷片式输种(肥)管，能伸缩弯曲，比较灵活，输种可靠，但用久后会出现局部伸长或变形，产生缝隙，影响工作质量，且不能修复，现在多使用塑料管代替。

(五)覆土器

覆土器的作用是对播后的种子进行覆土，以达到一定的覆盖深度。2BF-24A 型施肥播种机采用拖环式覆土器。其由 12 个铸铁圆环用链环连接而成，各环均用一拉链挂在后列开沟器体上。工作时，覆土环平稳地在地面上拖动。

(六)镇压轮

镇压轮的作用是使种子与土壤紧密接触，以利于种子发芽。镇压轮的种类较多，平面镇压轮使用较广；凸面镇压轮适合压实种子上方干旱的土壤；凹面和剖分式镇压轮适合压实潮湿土地种子两侧的土壤，以利于种子发芽后出土。镇压轮的轮缘由钢板或橡胶制成，橡胶轮缘的优点是不易沾土。

三、播种作业前的准备

(一)田间准备

(1)消除影响作业的障碍物。

(2)整地达到要求的播种状态。

(3)区划田块并决定机组行走路线。

(二)播种机准备

(1)按播种机装配及技术要求进行技术状态检查。

(2)根据农业技术要求的行距，确定开沟器数目并安装。

开沟器数目的计算公式为

$$N=(L-b)/a+1$$

式中，N——开沟器数目，只取整数部分；

L——开沟器梁长；

b——开沟器拉杆宽度；

a——行距。

开沟器的安装要找出播种机中心线，并以此为基准，按要求的行距左右对称安装开沟器。当开沟器数目为奇数时，中心线处装一个；当开沟器数目为偶数时，在中心线两侧半个行距处，各装一个。安装后，检查行距是否正确。

(三)谷物条播机的播量试验与调整

将播种机架起，使轮子离开地面，调平机架，将输种管从开沟器体中抽出；下排式外槽轮式排种器应检查各排种器排种舌位置是否一致；选好适宜的传动比和外槽轮工作长度；装种后转动地轮，使排种器充满种子，装上接种袋。

1. 各行排量一致性检查

用手均匀转动地轮若干圈，停止后将各排种器排入接种袋的种子分别称重，计算出平均值。比较各排种器排量与平均值的偏差，一般不超过2%，若超过要求，应对单个外槽轮工作长度进行调整，再试，直至符合要求。

2. 播种量检查调整

用手均匀转动地轮，停止后，称量所排出的种子总量。与农业技术要求每亩(1亩≈667 m^2)播种量计算出的排种量相比较，其误差不超过2%。若超过要求，用播量调节杆调整外槽轮工作长度，再试，直至符合要求。

排种量G可按下式计算

$$G=1.5\pi DB(1+\sigma)NQ$$

式中，G——整机排种量，g；

D——地轮直径，m；

B——工作幅宽，m；

σ——地轮滑移率，0.05～0.1；

N——地轮转动圈数；

Q——亩播量，kg/亩。

3. 田间试验校正

播种机的播种量经上述试验调整后，在下地播种时，须经田间复查及校正。

在种箱内先装入部分种子，并将表面刮平，在内箱壁上画记号，然后计算出播种机在田间行走一定距离应播出的种子量 q。

$$q=QBL/666.7$$

式中，Q——每亩播种量，kg/亩；

B——工作幅宽，m；

L——播种机选定的试验长度，m。

试验时，将应播出的种子装入种箱，进行播种，当走完试验长度后停止，将种箱内剩余种子刮平，观察种子表面与原记号位置。若二者相符，则表明播量正确；若种子表面高出记号，则说明播量不足，反之则说明播量过多，用播量调节手柄调整后再试，直至符合要求为止。

(四)划印器臂长的调整

划印器臂长与播种机行走方法、结合数及驾驶情况有关，采用梭式播法时，划印器臂长可结合图 2-6 用下式计算：

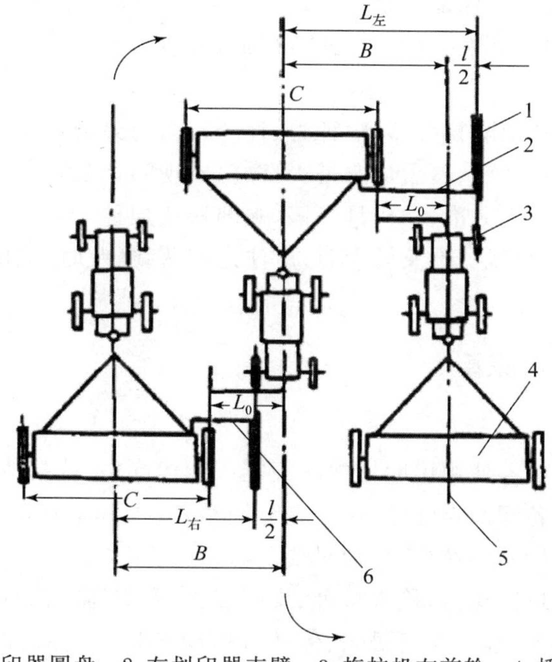

1. 划印器圆盘　2. 左划印器支臂　3. 拖拉机左前轮　4. 播种机　5. 播种机中心　6. 右划印器支臂

图 2-6　划印器臂长计算

$$L_{右}=B-l/2L_{左}$$

式中，$L_{右}$——右划印器臂长（右划印器至播种机中心线距离）；

$L_{左}$——左划印器臂长（左划印器至播种机中心线距离）；

l——拖拉机前轮距；

B——播种机幅宽。

（五）播种机机组人员准备

播种机组应配备驾驶员和数量足够的播种机手，机组人员应熟知机具的性能，掌握使用技术和作业中的安全规则。

四、播种机组的试播及作业

（一）试播

机组进地后，应在工作状态下进行试播，通过试播检查下列事项，待一切符合要求后，才可进行正常作业。

（1）机具工作是否平直，有无偏斜、摆动等现象。

（2）划印器调整是否正确，邻接行行距是否符合要求。

（3）开沟、覆土是否良好，播种深度是否符合要求。

（4）传动与起落机构工作是否正常。

（5）排种、排肥机构工作是否正常。

（二）作业

机组作业中，应正确操作，保证安全作业。

（1）机组作业速度，在不影响播种质量的前提下，可适当提高。作业中机组应保持恒速，中途不宜停车。

（2）工作中应经常注意消除排种器、输种管、种子箱内的夹杂物及开沟器、覆土器上挂的杂物，随时注意播种量、行距、播深、覆土情况是否良好，出现问题及时检查调整。

（3）加种（肥）人员做好充分准备，机具一停，立即快速加种。

（4）机组工作时，应走直线。地头转弯时，应注意起落线，及时、准确、整齐地起落以保证地头整齐。

五、播种机的保养与保管

（一）保养

播种机的保养，应按机器使用说明书中的规定，及时、严格、认真地进行。

（1）作业期间按时对各润滑点注油，保证充分润滑，丢失和损坏的零件应及时补充更换和修复，经常检查各固定螺栓紧固情况，松动时要及时紧固。

（2）每天工作前进行班次保养，检查排种、排肥部件、开沟器、排种（肥）器、覆土镇压器等是否完整，工作是否符合要求；检查起落机构、传动机构动作是否灵便、正确；检查各紧固螺栓是否有松动；进行各部件润滑。

（3）每天工作结束后，应将各部件泥土清理干净，尤其是肥料箱内残存肥料要清扫干净，以免化肥腐蚀零件。

(二)保管

(1)彻底清除泥土和尘垢,清除输种(肥)管内种子和肥料。

(2)掉漆处重新涂漆。

(3)开沟器须分解,用柴油清洗后重新装配并注油。

(4)放松弹簧,卸下输种管,放在室内保管。橡胶输种管卸下后,管内填一木棒或干沙等,避免挤压、折叠变形。

(5)润滑各传动部分。卸下链条,清洗后涂油并入库保管。

(6)播种机应放库房或棚内保管,若在露天存放时,应有遮盖物。存放时,应将机架支撑牢靠,开沟器、覆土器应用木板垫起,不与土地直接接触,橡胶轮应避免长期受压和日晒。

六、播种机的常见故障及其排除方法

播种机的常见故障及其排除方法如表2-1所列。

表2-1 播种机的常见故障及其排除方法

故障名称	产生原因	排除方法
漏播	1.排种器、输种管堵塞; 2.输种管损坏漏种; 3.外槽轮损坏: 4.地轮、镇压轮打滑或传动不可靠	1.清除种子中的杂物,清除输种管管口黄油或泥土; 2.修复更换; 3.更换外槽轮; 4.检查排除
不排种	1.链条断开; 2.弹簧压力不足,离合器不结合; 3.轴头连接处轴销丢失或断开	1.检查各处有无阻卡; 2.更换损坏零件; 3.更换轴销
不排肥	1.大锥齿轮上开口销折断; 2.肥箱内肥料架空; 3.进肥或排肥口堵塞	检查排除
开沟器堵塞拖堆	1.圆盘转动不灵活; 2.圆盘晃动、张口; 3.导种板与圆盘间隙过小; 4.土质黏重; 5.润滑不良; 6.工作中后退	1.增加内外锥体间垫片; 2.减少内外锥体间垫片,锁紧螺母调整; 3.清除泥土,注油润滑; 4.清除泥土; 5.注油润滑; 6.清除泥土
开沟器升不起来或升起后又落下	1.滚轮磨损严重; 2.卡铁弹簧过松; 3.双口轮与轴连接键丢失; 4.月牙卡铁回转不灵	更换缺损零件

任务3　气吸精量播种机的使用与维护

知识目标

- 了解气吸精量播种机的基本工作原理和结构组成。
- 学会正确安装和调整气吸精量播种机，以适应不同类型的谷物播种。

能力目标

- 掌握气吸精量播种机的结构和工作原理。
- 能够正确安装和调整气吸精量播种机的各个部件。
- 学会排除气吸精量播种机在使用过程中出现的常见故障。
- 确保气吸精量播种机在播种过程中的精确度和工作效率。

素质目标

- 培养团队协作意识、责任意识和爱岗敬业精神。
- 培养学生自主学习、归纳总结和语言表达能力。
- 培养学生对“三农”发展的信心。

气吸精量播种机是一种多用途全悬挂式精量播种机。在气吸排种器上更换不同的排种盘即可精确播种玉米、甜菜、蓖麻、黄豆、油葵、高粱等多种农作物种子，能一次完成开沟、施肥、播种、覆土、镇压等多道工序，其行距、株距、作业深度、排肥量、覆土量、镇压力均能在较大范围内调整，被农民普遍认可，有较大的发展空间，也可以说是今后播种机发展的主流。

一、气吸精量播种机的结构及工作原理

以2BJQ-6气吸精量播种机为例，其主要由机架、地轮、四杆机构、排种器、排肥器、开沟器、镇压轮总成、风机等部件组成。气吸精量播种机的结构如图2-7所示。

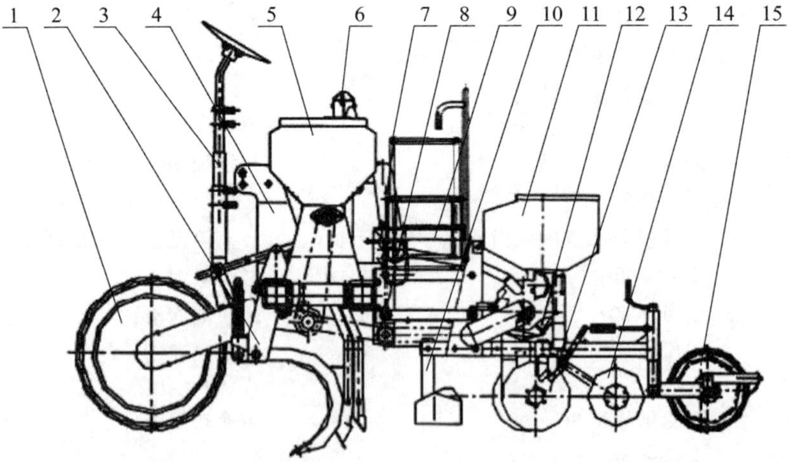

1.支承轮总成　2.施肥部件　3.划印器总成　4.机架　5.肥箱　6.风机
7.主吸气管　8.传动系统　9.脚踏板　10.除障器　11.种箱
12.排种器　13.开沟器　14.覆土圆盘　15.镇压轮总成

图2-7　气吸精量播种机的结构

气吸精量播种机的工作过程是：气吸精量播种机采用垂直圆盘气吸式排种器，排种器的气吸室与高速旋转的风机进风口相连，排种盘的一侧为气吸室的负压道，另一侧为种子室充种区。当风机旋转产生负压的同时，地轮旋转带动排种盘转动，排种盘上的排种孔转到种子室的充种区，由于种子室与大气相通，种子被吸到排种孔上。排种盘继续转动，转到投种区时负压消失，种子在重力的作用下投入种子开沟器开好的沟内，排种器上设有锯齿式刮种器，调整其位置可以刮去多余种子，满足精量播种的要求。

二、气吸精量播种机的主要工作部件

（一）支承轮总成

支承轮总成分左、右两组，其作用是支承整机和传递动力，主要由轮胎、齿链轮、支臂焊合、支承轮调节杆、塔轮和上支座等零部件组成，如图 2-8 所示。

（二）施肥部件

施肥部件为每行一组，其作用是开沟，并将肥料按照农艺要求的部位投入土壤中。该部件有三种形式：圆盘式、滑刀式和凿铲式。用户可根据不同的土壤条件和农艺要求选购。现只介绍滑刀式施肥部件，该部件由施肥滑刀、导肥管、施肥支臂和卡丝等零部件组成，如图 2-9 所示。

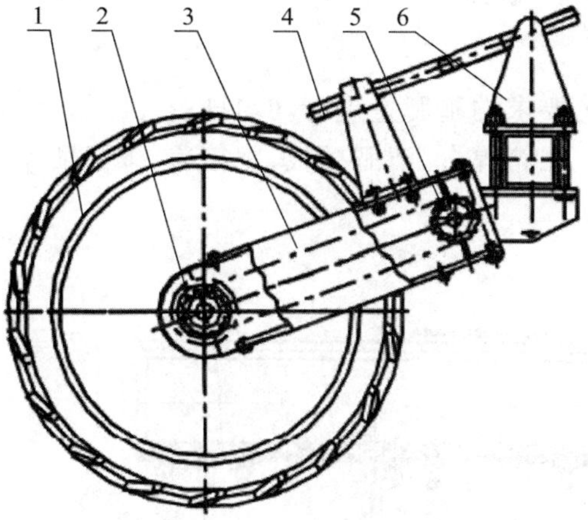

1. 轮胎　2. 齿链轮　3. 支臂焊合　4. 支承轮调节杆　5. 塔轮　6. 上支座

图 2-8　支承轮总成

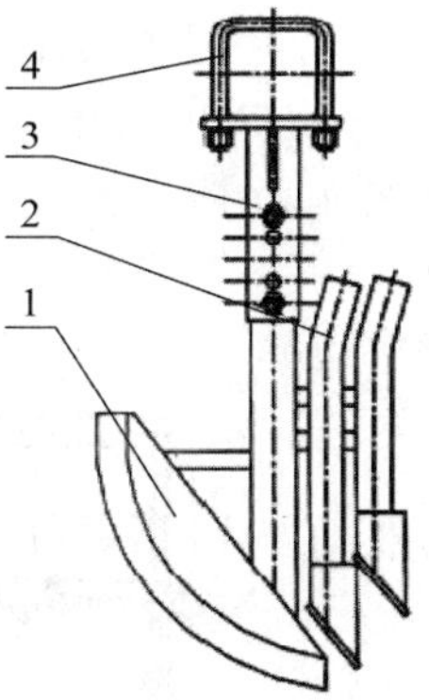

1. 施肥滑刀　2. 导肥管　3. 施肥支臂　4. 卡丝

图 2-9　滑刀式施肥部件

（三）划印器

划印器的作用是为机组往返作业时划出导向印痕，以保证临界行距的准确性。该总成分左、右两组，主要由划印盘总成、划印器调整臂管焊合、划印器主臂焊合、划印器弹簧、划印器弹簧刀杆、单作用油缸和油缸铰连柱销等零部件组成，如图 2-10 所示。

（四）机架

机架是连接各主要工作部件的骨架，并与配套动力相连接。机架由横梁焊合、加强拉筋、下悬挂臂焊合、上悬挂销、上悬挂臂焊合、下悬挂销、顺梁焊合和拉筋固定座焊合等零部件组成，如图 2-11 所示。

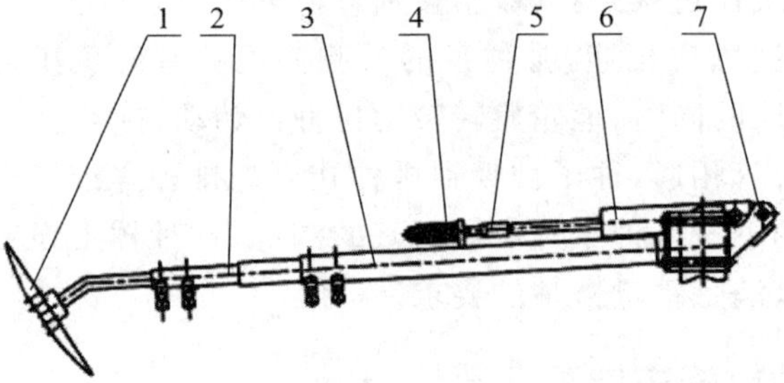

1. 划印盘总成　2. 划印器调整臂管焊合　3. 划印器主臂焊合　4. 划印器弹簧
5. 划印器弹簧刀杆　6. 单作用油缸　7. 油缸铰接连柱销

图 2-10　划印器

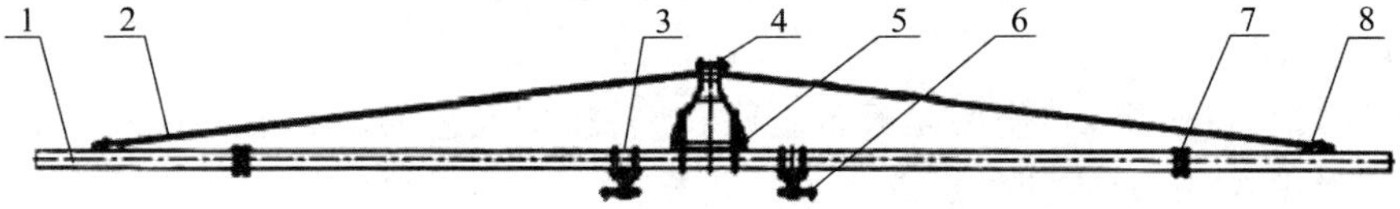

1. 横梁焊合　2. 加强拉筋　3. 下悬挂臂焊合　4. 上悬挂销　5. 上悬挂臂焊合
6. 下悬挂销　7. 顺梁焊合　8. 拉筋固定座焊合

图 2-11　机架

(五)肥箱

肥箱的主要作用是盛装肥料，并按照农艺要求的施肥量进行均匀排肥。肥箱分左右两个，主要由排肥调节螺母、肥箱链轮、排肥盒总成、肥箱焊合、清肥插板、肥箱盖、排肥轴和卡箍等零部件组成，如图 2-12 所示。

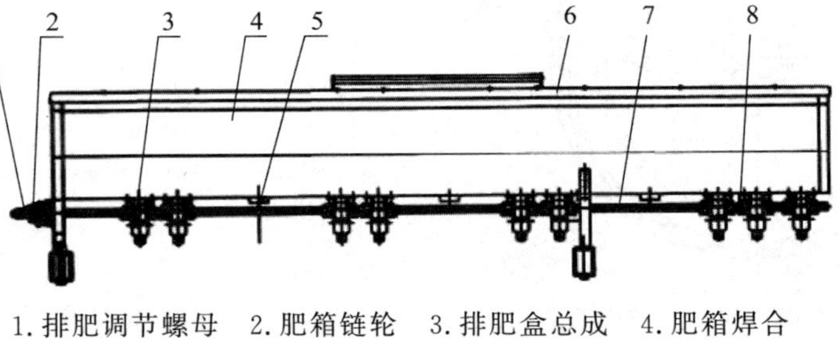

1. 排肥调节螺母　2. 肥箱链轮　3. 排肥盒总成　4. 肥箱焊合
5. 清肥插板　6. 肥箱盖　7. 排肥轴　8. 卡箍

图 2-12　肥箱

(六)风机

风机的主要作用是由拖拉机动力输出轴驱动其叶片高速旋转，并通过吸气管使排种器吸气室内形成负压，为吸、排种创造条件。其主要由风机皮带轮罩、风机皮带轮、轴承座焊合、轴承盖、风机传动轴、张紧螺栓、吸风口、风机主轴、间套、风机壳体焊合和风机叶片等零部件组成，如图 2-13 所示。

(七)传动系统

气吸精量播种机的传动系统分为左、右对称的两组，由地轮驱动。地轮通过传动系统将扭矩传递给排种器、排肥器。调整系统的传动比可以实现对排种量和排肥量的调整，以实现与作业速度同步均匀的排种和排肥作业。传动系统是由中间传动装配和播种传动装配构成的，其组件有塔轮、链条、轴承、六方轴和张紧机构。播种为五级传动，施肥为三级传动，如图 2-14 所示。

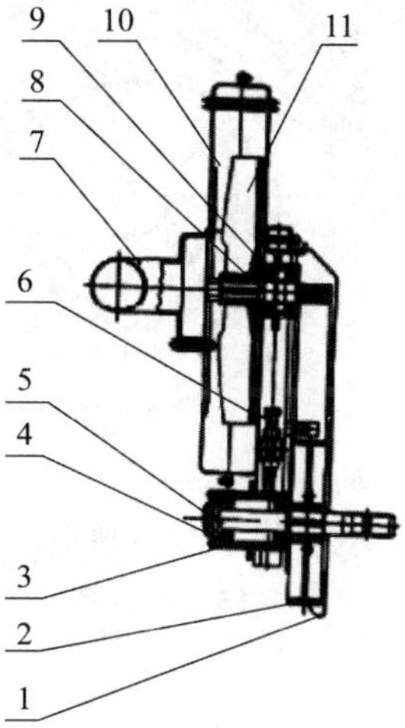

1.风机皮带轮罩　2.风机皮带轮　3.轴承座焊合　4.轴承盖　5.风机传动轴　6.张紧螺栓　7.吸风口　8.风机主轴　9.间套　10.风机壳体焊合　11.风机叶片

图 2-13　风机

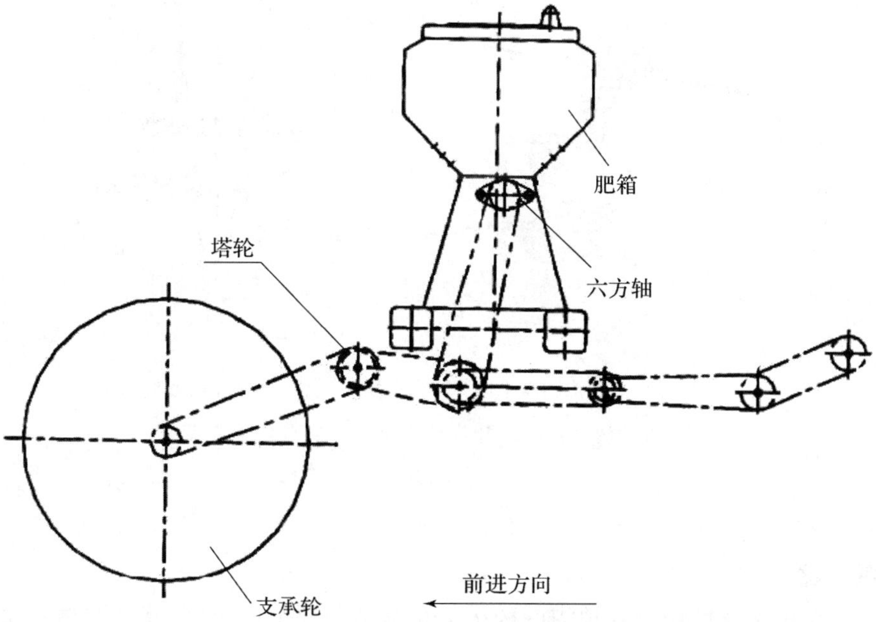

图 2-14　传动系统

(八)排种器

排种器的作用是将种子按照农艺要求的播种量，均匀地排出。播种单体上的排种器主要由大豆刮种刀、大豆播种盘、搅种轮、玉米刮种刀、玉米播种盘、排种轴、排种器壳体、排种器接口和排种器盖总成等零部件组成，如图 2-15 所示。

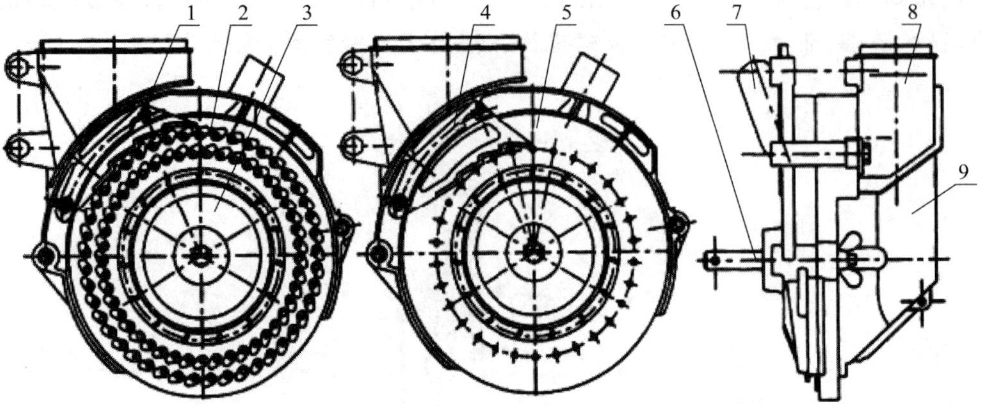

1.大豆刮种刀 2.大豆播种盘 3.搅种轮 4.玉米刮种刀 5.玉米播种盘
6.排种轴 7.排种器壳体 8.排种器接口 9.排种器盖总成

图 2-15 排种器

(九)开沟器

开沟器的作用是在土壤中切开一定宽度和深度的沟,为播下的种子提供一个良好的着床环境。如图 2-16 所示。

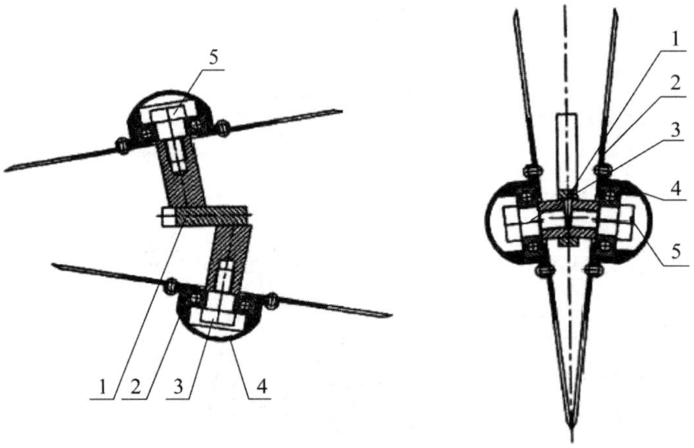

(a) 大豆开沟圆盘总成 (b) 玉米开沟圆盘总成

1.开沟圆盘柄焊合 2.开沟圆盘轴承 3.开沟器左旋螺栓
4.防尘盖 5.开沟器右旋螺栓

图 2-16 开沟器

(十)覆土器

覆土器的作用是在已经播入种沟的种子上覆盖适当厚度的土壤,其主要由覆土圆盘、覆土圆盘轴承座、覆土圆盘转轴、覆土圆盘支臂焊合、弹簧支杆、间隔套和覆土圆盘压簧等零部件组成,如图 2-17 所示。

(十一)镇压轮总成

镇压轮总成主要有两个作用:一是为播种单体提供播种作业时的仿形,保证播种深度的一致性;二是将覆盖在种子上部的土壤镇压到一定的紧实度,使种子与土壤紧密接触,以利于抗旱和种子发芽，因此也称仿形镇压轮，其主要由刮泥板、镇压轮支架焊合、轴承座、胶轮、锁板、辐板、镇压调节丝杠、摇把焊合和摇把转套等零部件组成，如图 2-18 所示。

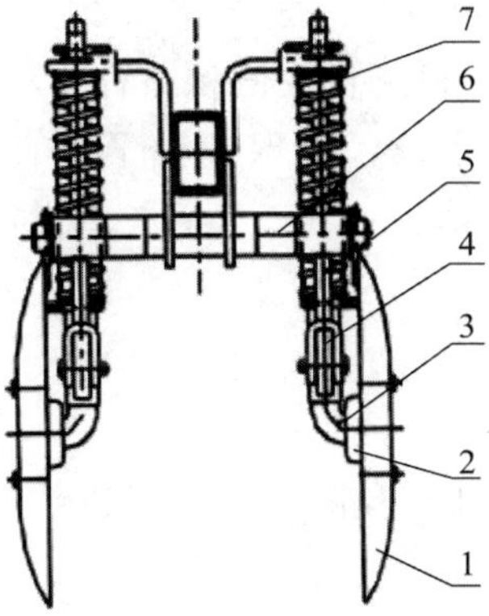

1. 覆土圆盘　2. 覆土圆盘轴承座　3. 覆土圆盘转轴　4. 覆土圆盘支臂焊合　5. 弹簧支杆　6. 间隔套　7. 覆土圆盘压簧

图 2-17　覆土器

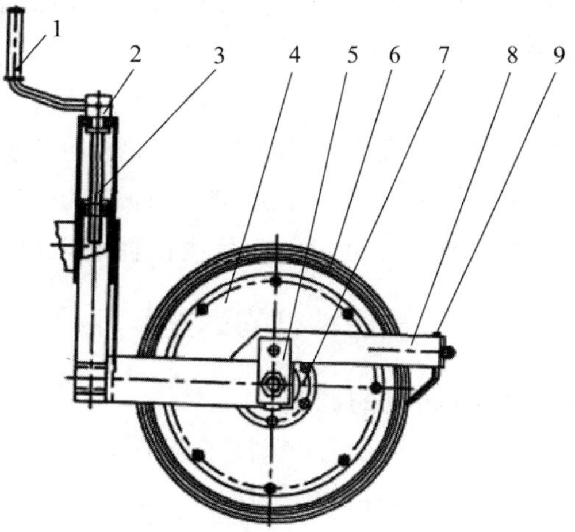

1. 摇把转套　2. 摇把焊合　3. 镇压调节丝杠　4. 辐板　5. 锁板　6. 胶轮　7. 轴承座　8. 镇压轮支架焊合　9. 刮泥板

图 2-18　镇压轮总成

(十二)犁铧组件

犁铧组件主要用于在平播的同时进行起垄作业或者在播种的同时进行拉墒沟作业。如果进行起垄作业，那么应将覆土圆盘总成拆去；如果在播种的同时拉墒沟，那么应将分土板总成拆掉。该部件由松土铲、卡丝、犁铧弹簧支承臂、犁铧弹簧导杆焊合、犁铧加压弹簧、犁铧顺梁焊合和犁铧装配等零部件组成，如图 2-19 所示。

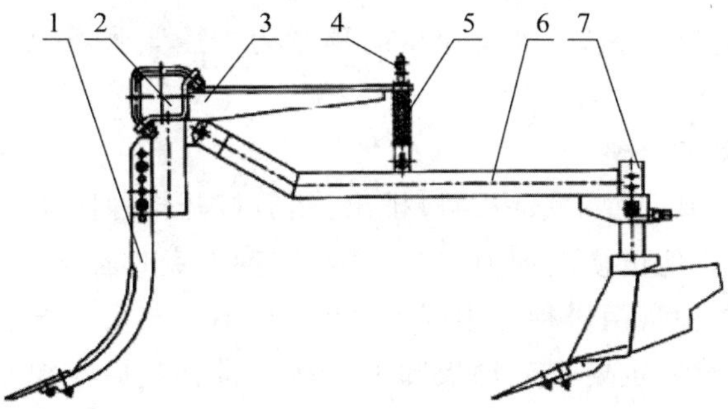

1. 松土铲　2. 卡丝　3. 犁铧弹簧支承臂　4. 犁铧弹簧导杆焊合　5. 犁铧加压弹簧　6. 犁铧顺梁焊合　7. 犁铧装配

图 2-19　犁铧组件

三、气吸精量播种机的使用注意事项

(1)做好进田作业前的保养。首先，对拖拉机及播种机的各传动、转动部位，按说明书的要求加注润滑油，尤其是每班前要注意传动链条润滑和张紧情况以及对播种机上螺栓的紧固；其次，要清理播种箱内的杂物和开沟器上的缠草、泥土，确保状态良好。

(2)做好各种调整。先按使用说明书的规定和农艺要求，将播种量调准；再将旋耕灭茬、开沟、覆土、镇压的深浅调整适当；最后将开沟器的行距调准，将机架悬挂水平和传动链条的松紧度调整适中。

(3)做好田间的试播。为保证播种质量，在进行大面积播种前，一定要坚持试播 20 m，请农业技术人员、农民等检测会诊，确认符合当地的农艺要求后，再进行大面积播种。

(4)注意加好种子。首先，加入种箱的种子应达到无小、秕、杂，以保证种子的有效性；其次，种箱内的加种量至少要能盖住排种盒入口，以保证排种流畅。

四、气吸精量播种机的调整

(一)机架高度的调整

通过转动支承轮调节螺杆来调节支承轮的高低，进而使机架升高或降低。机架的工作高度应以保证施肥部件的施肥深度为准。

(二)行距的调整

气吸精量播种机适用的行距范围为 650～700 mm，调整方法是：以梁架中心线为基准，左、右两边对称串动播种单体和施肥部件，同时，两组支承轮和对应的传动链轮也要做相应的串动。调整后将移动过的零部件重新紧固定位。

(三)施肥量的调整

调整时，先松开链轮紧固螺栓，再转动排肥量调节套，改变排肥外槽轮工作长度，调整排肥量。调整时，要注意各排肥舌的开度，调整后，施肥量应满足农业技术要求。

(四)施肥深度的调整

(1)通过调整整机的离地高度来改变施肥部件的入土能力，进而达到调整施肥深度的目的，具体调整方法参见机架高度调整部分。

(2)通过调整施肥弹簧的预紧力来改变施肥圆盘的入土能力，从而改变施肥深度。其方法是：用扳手调节施肥深度调整螺母，改变弹簧的预紧力。压紧弹簧，施肥深度增加；放松弹簧，施肥深度减小。

(五)排种盘的更换与调整

更换排种盘时，首先要把种子从清种口排出，然后打开排种器盖，进而完成排种盘的更换。更换排种盘的同时要相应地更换剔种刀。应注意，播种大豆时必须安装分种板，在安装分种板时，其上端应处于大豆排种盘两排种孔中间位置，下端不要与大豆导种管中间隔板相连接，以防出现磕种。播种玉米时一定要把分种板卸下。换完排种盘后需要根据种子的大小，调节风压指针手柄。当种粒直径大于 4 mm 时，风压调节指针手柄应位于刻度盘的正号区，当种粒直径小于 4 mm 时，风压调节指针手柄应位于刻度盘的负号区。建议玉米为 0 或＋2、大豆为＋5，在播种过程中，应根据具体情况进行调节。

(六)播种深度(镇压强度)的调整

播种深度(镇压强度)的调整方法是：将播种单体后面的限深调节手柄固定卡簧抬起，用手转动限深手柄，使仿形镇压轮向上(下)移动，深度指示针到要求的播种深度(镇压强度)为止。操作时要让所有播种单体的深度指示针都指在同一刻度，以保证各行播种深度的一致性。

(七)犁铧入土深度的调整

犁铧柄上钻有调节孔,在铧柄裤上装有调整紧固螺钉。当入土深度较浅时可松开铧柄裤上的紧固螺钉,将铧柄裤向下串动,待调整好后再将紧固螺钉拧紧;若犁铧入土过深,则做相反方向调整即可。

(八)风机皮带张紧度的调整

将皮带张紧螺栓处的锁紧螺母松开,然后将螺栓旋入,旋入长度以皮带的张紧强度达到要求为准,然后将锁紧螺母拧紧。

(九)覆土圆盘的调整

通过改变覆土弹簧预紧力可以实现对覆土深度的调整,方法是改变弹簧套限位开口销的位置。当选择第一孔时,压力最小,选择下数第二、第三孔时,压力增大,覆土深度增加。

通过改变调整套与支臂焊合的相对位置可以实现对覆土宽度的调整。调整分为两级:播种大豆时,调整套放在支臂内侧,宽度为 250 cm;播种玉米时,调整套放在支臂外侧,宽度为 210 cm。此外,还可以通过调节覆土圆盘的角度来调整覆土宽度,角度增大时,宽度增加;角度减小时,宽度减小。

五、气吸精量播种机的常见故障及其排除方法

气吸精量播种机的常见故障及其排除方法如表 2-2 所列。

表 2-2 气吸精量播种机的常见故障及其排除方法

故障名称	故障原因	排除方法
整机稳定性差或不易入土	1.机架与地面不平行; 2.机组中心与拖拉机中心不在一条直线上	1.调整升降机构左、右吊杆和中央拉杆长度,使机架保持水平; 2.调整升降机构下拉杆限位链的长度
支承轮不转或打滑	1.土壤水分过大、泥草堵塞; 2.轴承缺油; 3.机架高度过低	1.清除泥草,适期作业; 2.加注润滑油; 3.调节支承轮调整螺杆,使支承轮着地
临界行距过大或过小	拖拉机压印位置不对	调整划印器长度,以改变压印位置
排肥情况不好	1.排肥器总成堵塞; 2.排肥管堵塞; 3.施肥圆盘不转; 4.肥料架空或缺少肥料	1.拆下清理; 2.疏通排肥管; 3.清理圆盘上的杂草; 4.松动或补充肥料
排种情况不好,种距不正常	1.机组行驶时过快; 2.支承轮打滑; 3.链轮传动比不对; 4.排种器内堵塞; 5.导种管堵塞; 6.排种器磕种	1.降低作业速度; 2.调整支承轮; 3.更换链轮; 4.拆开检查,清理排种器; 5.疏通导种管; 6.调整刮种器的角度
播种单体拖堆、堵塞	1.播种深度过深; 2.传动部件堵塞	1.调整耕深; 2.清理开沟圆盘、仿形镇压轮

六、气吸精量播种机的维护保养

1. 每班作业结束后

应清除各工作部件上的泥土、秸秆等杂物；润滑部位应及时润滑；拧紧所有松动的螺母、螺钉，尤其是各个“U”形卡上的螺母；检查传动链条的松紧度及磨损情况；查看风机与机架的连接是否牢固，风机皮带的张紧度是否合适。

2. 升起播种机

转动地轮，检查排肥器总成和排种器情况；消除各种卡滞现象。

3. 运输时

整机应升到最高位置，划印器要竖起。如远距离运输，可将犁铧倒装在铧柄裤内，用紧定螺钉拧紧，并将中央拉杆调到最短尺寸，以便得到较高的运输间隙。

4. 一个季度结束后

要进行全面的技术状态检查，更换或修复磨损和变形的零部件；检查各部轴承的磨损情况，检查链条的磨损和链轮的转动情况，必要时予以调整或更换。

5. 长期存放

应对整机进行彻底清理。对损坏或磨损后不能继续使用的零部件要进行修理或更换。各润滑部位应拆开清洗，然后涂上黄油。

对土壤工作部件，如施肥圆盘、开沟圆盘、覆土圆盘等，应擦净并涂机油，以防锈蚀。

种、肥箱(包括排种器、排肥器)内的种、肥必须清除干净，对肥箱和排肥器要用水冲洗，然后擦干。

拆下输肥管，冲洗干净后放入肥箱内。放松压力弹簧，使之处于自由状态。

将风机皮带摘下，或将皮带张紧螺栓松开，使之处于自由松弛状态。

整机应存放在干燥、有屋顶的库房里，并用支架将机具框架垫起来，使地轮不再承受负荷。

排种盘卸下后，存放时不得受外力碰撞或挤压，以防排种盘变形。

七、拓展知识

播种机类型很多，但从整体结构来看，区别仅为其工作部件的形式不同，这里介绍几种常见的工作部件。

(一)开沟器

开沟器的功用是开出种沟，导种入土，并有一定的覆土作用。其工作质量对播种质量及种子发芽生长有很大影响。对开沟器的主要要求是：开沟深度和宽度符合规定要求，且开沟深度可调；开沟时不乱土层，将种子导至湿土上，并有一定的回土作用，先用湿土盖种；入土性能良好，不易缠草和堵塞；结构简单，工作阻力小，使用、维护、调整方便。

开沟器的类型：按运动形式可分为滚动式和移动式；按入土角度可分为锐角式(入土角＜90°)和钝角式(入土角＞90°)。常用的还有以下几种：

1. 锄铲式开沟器

锄铲式开沟器如图 2-20 所示，主要由拉杆、开沟器体、开沟锄铲和反射板等组成。工作时锄铲以锐角入土，先将土壤向前推拥，在铲前形成土丘，而后铲壁将土丘向两侧推挤，分开成沟，种子沿中空开沟器体落下，由反射板导种向两侧分散，开沟器过后，回土盖种。

此型开沟器结构简单，轻便，入土性能好。但工作时对土壤有铲动，不利于保墒，并使干湿土相混，不宜在干旱地区使用。对播前整地要求较严，在土块大，残茬、草根多的地块作业，易缠草，拥土，堵塞，工作不稳定。

2.滑刀式开沟器

滑刀式开沟器如图2-21所示，主要由滑刀、拉板、限深板、底托等组成。工作时，滑刀以钝角切压土壤，刀后侧板向两侧推挤土壤，形成种沟，种子从侧板间落入沟底，湿土从侧板后下角缺口回土盖种，底托用以压密沟底，使种子得到更多水分，精播时，可将沟底压成“V”形槽，保证种子集中，不分散。调节齿板用以调节限深板高低位置，可得到需要的稳定耕深。

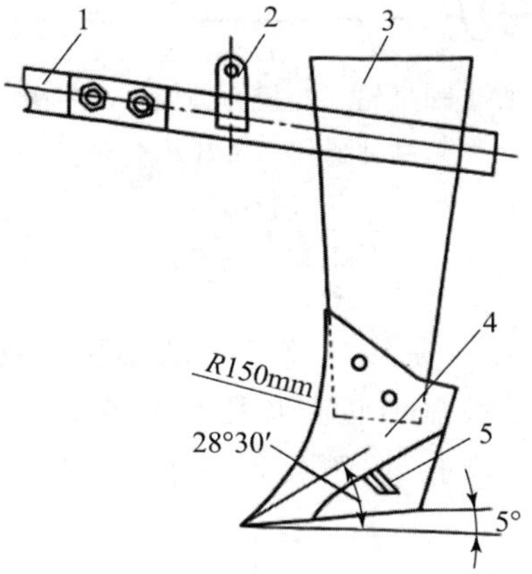

1.拉杆　2.支杆　3.下种管
4.锄头　5.散种器

图2-20　锄铲式开沟器

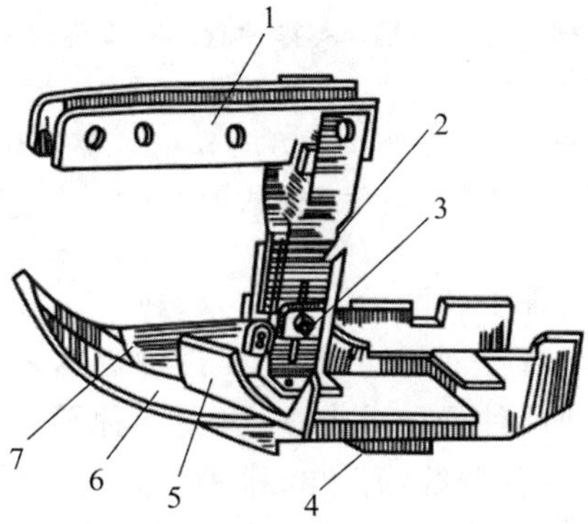

1.拉板　2.调节齿轮　3.调节螺丝　4.底托
5.推土板　6.限深板　7.滑刀

图2-21　滑刀式开沟器

此型开沟器开沟质量好，沟窄且沟形整洁，开沟深度稳定，不乱土层，但入土性能差，适于在整地良好的条件下工作。

(二)排种器

排种器是播种机的核心工作部件，对排种器的要求是：排种均匀，播量稳定，通用性好，种子损伤率低，结构简单，工作可靠，调整方便。排种器的类型很多，除前面播种机中外槽轮式排种器和双圆盘气吸式排种器外，常用的还有以下几种：

1.水平圆盘式排种器

水平圆盘式排种器的结构如图2-22所示，主要由底座、排种盘、刮种器、调节盘、驱动盘、中心轴、种桶等组成。底座与中心轴用螺母紧为一体，驱动盘绕中心轴转动，调节盘在底座里有一定转动角度，在外面由调节手柄操纵，有4个位置，并有标牌指示。排种盘有小粒种子排种盘、穴播玉米排种盘和大豆排种盘3种。刮种器为柱塞式，如图2-23所示，刮种舌在弹簧作用下紧贴排种盘，击种星轮为五角星形。

穴播玉米和大豆时，种桶内种子充入排种盘型孔，排种盘在驱动盘驱动下转动，转至刮种器时，型孔外多余种子被刮掉，型孔内种子在击种轮作用下被击落，由底座上排种口排出。其播量靠改变传动速比改变排种盘转速来调节。

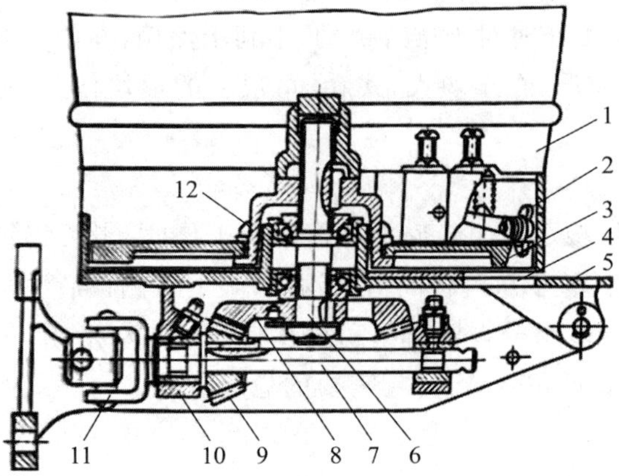

1.种桶　2.排种器　3.排种盘　4.排种口
5.底座　6.排种立轴　7.水平轴　8.大锥齿轮
9.小齿轮　10.支架　11.万向节　12.驱动盘

图 2-22　水平圆盘式排种器

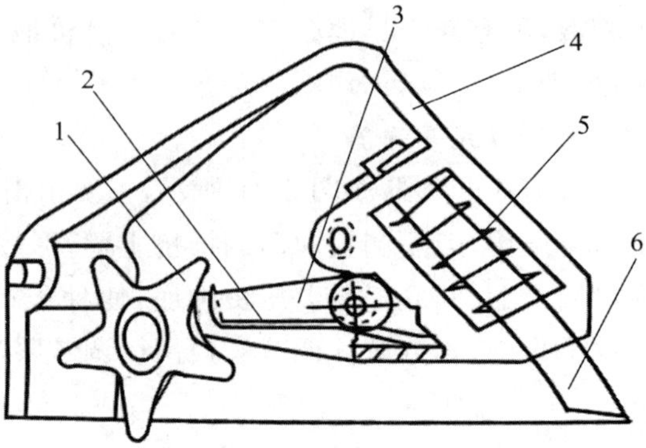

1.击种星轮　2.扭力弹簧　3.栓臂
4.刮种器体　5.压缩弹簧
6.刮种舌

图 2-23　刮种器

高粱、谷子和糜子等作物，籽粒大小均匀，流动性好，排种是靠自流进行的，即播小粒种子时，排种口与种桶相连，种子在排种盘锯齿的推动下，经排种盘和底座圆孔相继落下。当排种盘不转动时，种子在重力、摩擦力和种子相互搭接下，卡在圆孔处，不自行下落，排种停止。水平圆盘式排种器结构简单，排种均匀，适用于穴播中耕作物，应用较广泛。

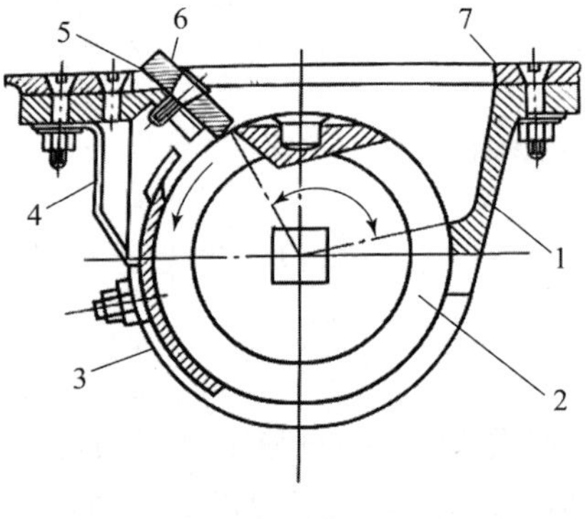

1.排种器体　2.型孔轮　3.护种板
4.板簧　5.刮种器　6.压板　7.种箱

图 2-24　型孔轮式排种器

2.型孔轮式排种器

型孔轮式排种器又称窝眼轮式排种器，主要用于穴播。其结构如图 2-24 所示，主要由种箱、排种器体、型孔轮、护种板和刮种器等组成。其工作过程分为充种、刮种、护种和投种 4 个阶段。当型孔轮转动时，种子直接与型孔轮接触，并在重力作用下充入型孔，经刮种器刮去型孔外多余的种子，留在型孔内的种子沿护种板运动，到下面的投种位置，靠重力或推种器作用投入种沟。

型孔轮型孔有半球形、圆锥形和圆柱形等多种断面形状。型孔大小因所播作物种子形状、大小、每穴粒数不同而异。有单排、双排和组合式型孔以满足多种作物的点播、穴播或条播。

型孔轮式排种器具有结构简单、投种高度低等优点，但型孔对种子外形尺寸要求较严，种子需清选分级，且排种时易损伤种子。

3.倾斜圆盘勺轮排种器

2BY-6A 型玉米精密播种机所用排种器为倾斜圆盘勺轮排种器，其结构如图 2-25 所示，主要由导种轮壳体、导种轮铸合件、隔板、排种轮壳体等组成。导种轮与轴铸合在一起，导种轮与勺轮同步转动。工作时，转动的排种勺轮，每一小勺从种子堆中舀上数粒种子，随着向上转到一定角度时，多余种子靠自重下滑，余下一粒种子成单粒状态被带到盘上方，由隔板开口处掉入导种轮的齿间，被继续带动送到下方的投种口处，落入种沟内。

此排种器的特点是排种通过充种、排种两个过程，侧向充种能力和自然清种能力较高，种子损伤率低，对种子形状尺寸要求不高，投种点高度低，株距均匀性好，更换排种盘可播不同作物。

4. 气吸式排种器

气吸式排种器是一种负压式气力排种器，它利用空气真空度产生的吸力工作，其结构如图2-26所示，主要由排种盘、排种轴、吸气室、种子室、搅拌轮、刮种器等组成。排种盘为一个圆周均布吸种孔的圆盘，垂直放置，一面连接种子室，一面连接吸气室。吸气室为一环形沟槽，槽端面被排种盘密封，通过管路与风机相连。搅拌轮为橡胶制成，装在种子室内紧贴排种盘面，用以搅动种子防止架空，并可防止漏气。刮种舌装在种子室内，可刮去吸种孔附近多余的种子。工作时，种子箱中种子靠自重充满种子室，排种轴带动排种盘和搅拌轮一起转动，由于风机产生的吸气作用，吸气室产生一定程度的真空度，排种盘两侧形成压力差，种子被吸附在吸种孔周围，利用刮种器刮去多余种子，当排种盘转出吸气室后，吸种孔上的种子失去吸附力，靠自重落下进入种沟。

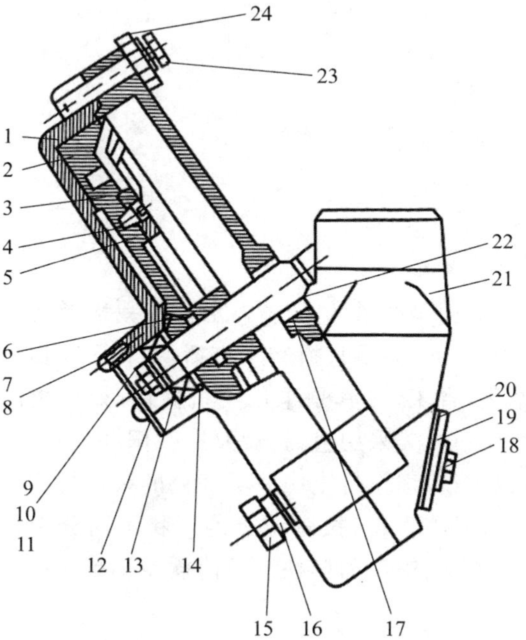

1. 导种轮壳体　2. 隔板　3. 导种轮铸合件　4. 沉头螺栓　5. 勺轮　6. 密封圈　7. 半圆头螺钉　8、11、14、20. 弹簧垫圈　9. 螺母　10. 垫圈；端盖　13、17. 轴承　15. 螺栓　16. 间套　18. 清种板　19. 密封垫　21. 排种轮壳体　24. 连接板

图2-25　倾斜圆盘勺轮排种器

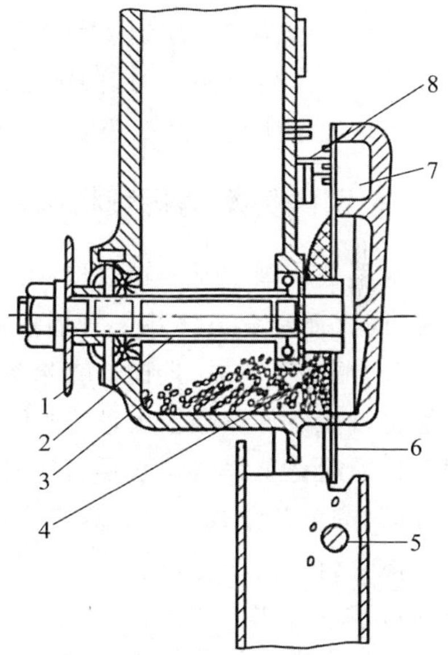

1. 链轮　2. 排种轴　3. 种子室　4. 搅拌轮　5. 散种板　6. 排种盘　7. 吸气室　8. 刮种器

图2-26　气吸式排种器

任务4　水稻插秧机的使用与维护

知识目标

- 了解国内外水稻与移栽机械的发展现状。
- 了解水稻栽培机械化对秧苗的基本要求。
- 掌握水稻插秧机的构造和工作过程。
- 掌握水稻插秧机的使用和调整方法。
- 掌握水稻插秧机的维护与保养方法。
- 掌握水稻插秧机常见故障的排除方法。

能力目标

- 能够完成水稻插秧机的简单修理。
- 能够完成水稻插秧机工作部件的拆解和装配。
- 能够完成插秧作业过程中各部件的调整。
- 能够在作业过程中排除故障。

素质目标

- 培养团队协作意识、责任意识和爱岗敬业精神。
- 培养学生自主学习、归纳总结和语言表达能力。
- 培养学生对“三农”发展的信心。

一、国内外水稻移栽机械的发展现状

水稻是我国主要的粮食作物之一，产量约占粮食总产量的40%。水稻的栽培形式可分为两种，即直播和育苗移栽。直播按播前耕整地条件可分为旱直播和水直播，按种子在田间的分布又分为撒播、条播、穴播。直播容易实现机械化，省工，尤其是采用飞机撒播，效率更高。但直播受自然条件影响较大，产量不够稳定。目前除欧、美采用直播方法外，我国和日本、韩国等国家均采用育苗移栽。水稻育苗移栽是我国农业精耕细作传统中一项优良的栽培技术。在育秧方面，按育苗方式不同分为旱育苗、水育苗和营养液育苗；按育苗盘的形状不同分为盘育苗和钵体育苗。由于育苗方式不同，移栽方式分为插秧、抛秧和摆秧。目前插秧仍是我国水稻种植的最基本方式。

插秧是我国传统的优良栽培技术，但插秧用工量大，季节性强，人工插秧劳动条件差、效率很低，而插秧季节又是其他农活的大忙季节，劳动力特别紧张。因此，实现插秧机械化，对于提高劳动生产率，减轻劳动强度，解决水、旱争工，保证适时插秧和农业丰产丰收，具有非常重要意义。

日本的育苗移栽技术最具有代表性。20世纪60年代，日本在对我国水稻插秧机研究的基础上，特别结合对水稻种植工艺的研究，且注重农机与农艺配套技术，从育秧到插秧综合考虑，解决了带土中、小苗的插秧农艺问题，首先实现了工厂化育秧，为插秧机的使用提供良好的秧苗条件。由于插秧机结构的简化、机械造价的降低，以及插秧机工作效率和可靠性的提高，日本水稻插秧种植机械化水平得以迅速提高。到20世纪70年代末，日本的机械化作业种植面积已占总面积的90%以上。20世纪80年代，日本全国基本形成了统一的水稻栽培模式，育秧、插秧机械已实现系列化、标准化，水稻种植机械化水平有了进一步提高，使用率达到98%，居世界前列。

我国是世界上研究水稻插秧机最早的国家之一，20世纪50年代中期开始研制人力和机动插秧机，其用于插洗根大苗（苗高20 cm以上）；到70年代，已经能生产较成熟的独轮滑板式乘坐式机动插秧机；之后，通过引进国外盘育秧机插技术、抛秧技术和钵体摆秧技术，以及从事农机科研的技术人员不断创新，使我国的水稻插秧机械化水平有了很大程度的提高，已克服了品种单一的缺陷，如近年来开发出的快速插秧机、抛秧机和钵苗插秧机。另外，有序浅栽的摆栽机、抛秧机的结构也日臻完善。

二、水稻插秧机械化对秧苗的基本要求

（一）水稻插秧机对秧苗、秧田的基本要求

1. 秧苗

机插秧苗要求健壮、长势均匀和无病害，高度为10～15 cm，秧苗密度一般为2.2株/cm^2，秧苗土层厚度一般以2.0～2.5 cm为宜，播种时营养土及覆盖物厚度不超过3 cm。秧苗土层以不干、不湿，能切割成型，手指（木棍）入土一节（2 cm）为宜。水分过多，秧苗易滑；水分过少，秧苗易散。秧片规格根据插秧机而定，一般长30 cm、宽27.5 cm。

2. 秧田

秧田要精耕细作，做到平整、无杂草，耕深以13～15 cm为宜。浸泡沉淀充分，沉淀时间长短要根据土壤结构而定，一般沙质壤土沉淀1～2 d，黑黏土沉淀2～3 d。插秧水深一般应为1～3 cm。栽植土壤的硬度为用手划出现指痕后，又慢慢由两边软土填回为宜。

（二）插秧质量指标

良好的插秧质量是指插后秧苗不勾秧、不伤秧、不漂秧、无漏插和无翻倒。经常用下列几项指标进行衡量：

1. 漏秧率

漏秧率是指无秧苗的穴数（包括漏秧和漂秧）占总穴数的百分比，一般要求漏插率低于2%。

2. 勾伤秧率

勾秧是指秧苗栽插后，叶鞘弯曲到90°以上。伤秧是指秧苗叶鞘部有折伤、刺伤、撕裂和切断等现象。秧苗栽插后，勾秧、伤秧的总数占秧苗总数的百分比称为勾伤秧率，一般要求勾伤秧率在5%以下。

3. 均匀度合格率

均匀度合格率是指每穴秧苗数符合要求的穴数占总穴数的百分比，一般要求均匀度合格率在85%以上。

4. 直立度

直立度是指秧苗栽插后与铅垂线偏离的程度，用角度来表示。与机器前进方向一致的倾斜为前倾，反之为后倾。为避免刮风时出现“眠水秧”（即秧鞘全部躺在水面上），这个倾角的绝对值应小于25°为宜。

5. 翻倒率

翻倒率是指带土苗倾翻于水田中，使秧叶与泥土接触的穴数占总穴数的百分比，一般要求不大于3%。

三、水稻插秧机的结构及工作原理

水稻插秧机种类繁多，一般由以下几个部分组成：动力行走部分、传动系统、秧箱、分插机构、送秧机构等。其工作过程为：插秧机在工作时由发动机分别将动力传递给曲柄连杆式插秧机构和送秧机构。在两机构的相互配合下，插秧机构的秧爪(秧针)插入秧块抓取秧苗，并将其取出下移。当移至设定的插秧深度时，由插秧机构中的推秧器将秧苗从秧爪(秧针)上压下，完成一个插秧过程，同时，通过液压系统自动调节行走轮与秧船的相对位置，从而确保在水田不平时使插秧深度基本一致。

下面以洋马VP6乘坐式高速插秧机为例，其主要结构如图2-27所示。

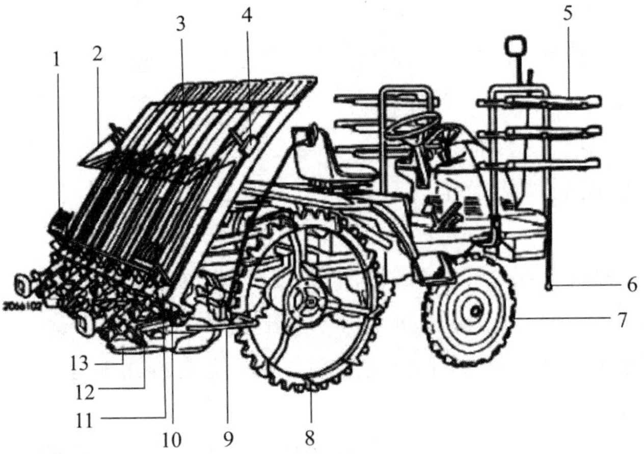

1.阻苗器　2.苗床压杆　3.载秧台　4.转向灯　5.预备载秧　6.侧标杆　7.前轮　8.后轮　9.折叠式侧保险杆兼支架　10.秧门导轨台　11.压苗杆　12.秧爪　13.浮船

图2-27　洋马VP6乘坐式高速插秧机的结构

四、水稻插秧机的主要部件

(一)动力行走部分

1. 发动机

发动机为GA401DERA汽油机，具体构造详见发动机使用说明书。

2. 传动系统

传动系统主要是变速箱，它的作用是传送动力，将发动机的动力传递至驱动轮、分插机构和液压泵。

3. 行走机构

行走机构包括离合器、双排驱动轮、转向离合器手柄等。

4. 液压仿形系统

液压仿形系统主要是液压泵。当泥脚深度发生变化时，通过液压泵自动调节驱动轮与秧船的相对位置，保持插秧深度稳定。

(二)插秧工作部分

1. 分插机构

分插机构的形式为往复直插式，采用曲柄连杆机构传动，是插秧机的核心工作机构。

分插机构由栽植臂、摆杆、曲柄和推秧器等组成(图 2-28)。栽植臂分别与曲柄和摆杆铰接，摆杆另一端固定在链箱后盖的长槽中。工作时，曲柄由链箱中的链轮带动旋转，栽植臂受曲柄和摆杆的综合作用，按一特定曲线运动，完成分秧、运秧、插秧和回程等动作，如图 2-29 所示。秧叉装在栽植臂盖的前端，由钢丝制成，直接进行分秧、运秧和插秧工作。推秧器用于秧苗插入泥土后，把秧苗迅速推出秧叉，使秧苗插牢。推秧器由凸轮和拨叉控制。在取秧时，推秧器处提升位置，在插秧时，凸轮凹处对着拨叉尾部，在推秧弹簧作用下，拨叉将推秧器向下推出，进行脱秧。当栽植臂回程提起时，凸轮凸处对着拨叉尾部顶动拨叉，压缩弹簧，将推秧器缩回。

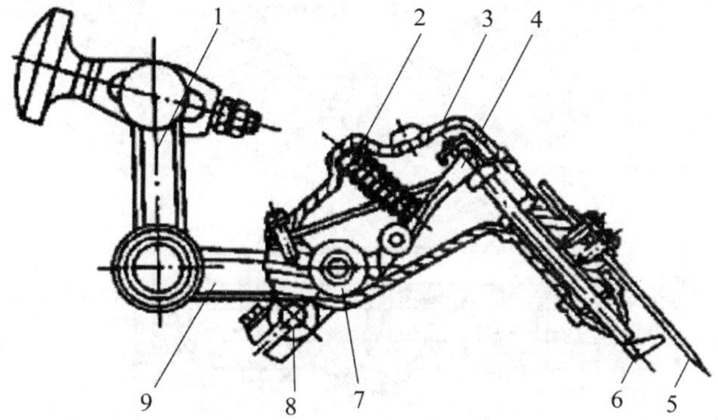

1. 摆杆　2. 推秧弹簧　3. 栽植臂盖　4. 拨叉　5. 分离针
6. 推秧器　7. 凸轮　8. 曲柄　9. 栽植臂

图 2-28　曲柄摆杆式分插机构

2. 移箱机构

移箱机构用来左右移动秧箱，进行横向送秧。保证秧箱中秧盘能沿左右方向均匀地依次被秧叉叉取，避免架空漏取现象。移箱机构主要由螺旋轴、滑套、指销和移箱轴等组成，如图 2-30 所示。螺旋轴上有正反螺旋槽，槽的两端各有一段 180°直槽，便于指销换向。滑套用螺栓与移箱轴固定连接，滑套上的指销插入螺旋轴的螺旋槽内。移箱轴用夹子与秧箱下面两个驱动臂固定连接。

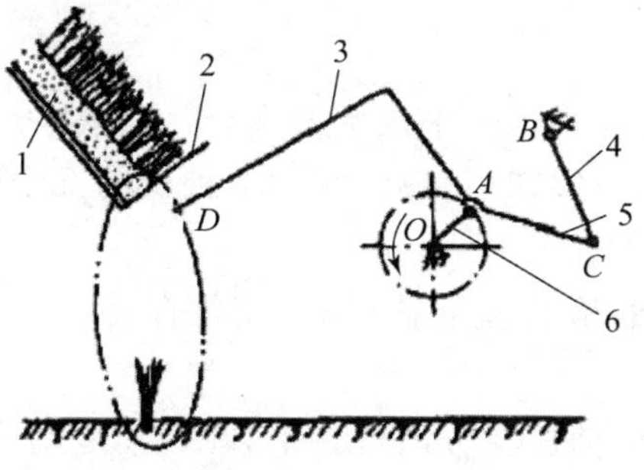

1. 秧箱　2. 秧门　3. 秧叉　4. 摆杆
5. 栽植臂　6. 曲柄

图 2-29　秧叉轨迹示意图

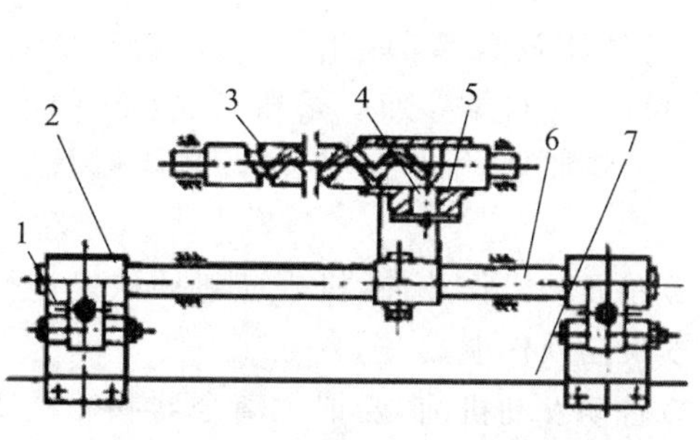

1. 驱动臂　2. 驱动臂夹子　3. 螺旋轴
4. 指销　5. 滑套　6. 移箱轴　7. 秧箱

图 2-30　横向送秧机构

工作时，螺旋轴旋转，指销沿螺旋槽移动，带动滑套、移箱轴、秧箱做横向移动。当秧箱移动到极端位置时，指销进入直槽部分，此时秧箱停止横移（这一停歇时间为纵向送秧时间），随后，指销进入反向螺旋槽，秧箱即做反向横移。

3. 纵向送秧机构

纵向送秧机构用来保证秧盘始终靠向秧门，使秧叉每次所取秧盘准确一致。

纵向送秧机构为棘轮式，主要由套装在螺旋轴一端的桃形轮、装在送秧轴上的送秧凸轮、抬把、棘爪、棘轮和送秧齿轮等组成，如图 2-31 所示。

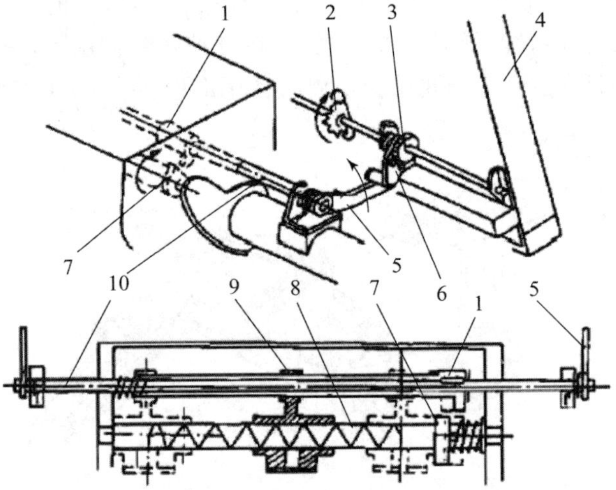

1. 送秧凸轮　2. 送秧齿轮　3. 棘轮　4. 秧箱　5. 抬把　6. 棘爪座
7. 桃形轮　8. 移箱凸轮轴　9. 滑套　10. 送秧轴

图 2-31　纵向送秧机构

工作时，移箱滑套在螺旋轴上移动到右端位置时，滑套将桃形轮右推到与送秧凸轮相对应的位置，桃形轮拨动送秧凸轮，使送秧轴转动，轴端抬把驱动棘爪，拨动棘轮，使轴上的送秧齿轮转动一定角度，轮齿把秧盘向前送秧一次。当滑套回移（向左移动）时，桃形轮在弹簧作用下离开凸轮，机构处于停止送秧位置，当滑套移到左端位置时。通过轴套将送秧凸轮左移与桃形轮相对，又重复上述动作，进行一次纵向送秧。

五、水稻插秧机的使用、维护及调整

（一）使用注意事项

（1）机手应自觉参加厂家和当地农机部门举办的插秧机机手技术培训班，认真学习插秧机的构造、工作原理、维护保养、故障排除以及安全操作使用知识，熟练掌握插秧机的安全操作技术要领。

（2）在插秧机作业前，机手应对插秧机进行全面的检查和维护保养，使之保持良好的技术状况，投入插秧作业。

（3）启动发动机前，要把主离合器和插秧离合器手柄放在分离位置上，在拉动启动手柄时，要注意防止发生身体碰伤的事故。

（4）在调整取秧量时，必须在停机的情况下进行，调整清理秧门，分离秧针上的杂物、泥土时，必须切断主离合器。

(5)插秧作业时,机手不得用脚去清理行走地轮、行走传动箱间的杂物与泥土。

(6)机手在装秧苗时,手要远离秧门,防止被分离秧针刺伤。

(7)插秧机作业转移通过田埂、水沟时,要低速缓慢通过,如通过高田埂时,应挖低填平,确认安全后缓慢通过。

(二)水稻高速插秧机的维护保养

每个季节插秧结束后,都要做好插秧机的维护保养检查入库工作,以延长其使用寿命。其主要内容如下:

1. 外部清洗检查

插秧结束后,应用清水将插秧机外部的泥污、杂草清除干净,并对插秧机各部位进行检查或更换,松动的部位应拧紧。

2. 放净发动机汽油,保养检查

检查时,燃油开关要关闭;查看空气滤清器是否畅通;查看曲轴箱齿轮油是否干净,是否需要更换;转动发动机,查看有无压缩感。

3. 液压系统保养检查

检查液压油是否充足,液压传动带的磨损情况,液压部位的活动件是否灵活,润滑处是否注油,液压仿形的浮板动作是否灵敏。

4. 插植部位保养检查

仔细检查插植传动箱、插植臂等部位是否加注黄油、机油;插植臂能否正常运动;秧针与秧门间隙是否正确,横向纵向取苗量调整是否合适;导轨应注涂黄油等。

5. 行走部位保养检查

检查行走轮运转是否正常,左右转向拉线是否灵敏有效,变速杆是否可靠有效等。

(三)水稻高速插秧机的使用调整

1. 驾驶座位的调整

驾驶座位的调整可通过平头销的孔位和前后调节杆的调节进行。

(1)平头销调节。拆下开口销,拔出平头销,移动驾驶座位到合适位置。

(2)前后调节杆调节。拉起前后调节杆,前后调节驾驶座位到合适位置,松开前后调节杆,驾驶座位即被固定。

2. 变速踏板角度的调整

变速踏板的角度可通过平头销进行两档调节。拆开开口销,拔出平头销,改变变速踏板角度,插入平头销,用开口销固定。

3. 方向盘位置的调整

方向盘位置可通过方向盘倾斜调节手柄角度进行两档调节。把方向盘倾斜调节手柄置于解除位置,同时把方向盘调节到便于操作的角度,将方向盘倾斜调节手柄调回到锁定位置,即可固定方向盘。

4. 秧门导轨与秧爪间隙的调整

将载秧台移至中央,把秧规固定在取苗口上,用手转动回转箱,确认秧爪头部对准秧规上的刻线。如需调节,应松开回转箱的固定螺母,轻轻敲击螺栓端面,松开锥形销,左右晃动回转箱,把秧爪头部对准秧规上的刻线,然后旋入、紧固回转箱固定螺母。注意:用手转回转箱时,请关闭发动机,单人操作,慢速进行,主变速手柄置于"补苗"位置,插植手柄置于"合"位置。

5. 推杆与秧爪间隙的调整

用手转动回转箱，确认当推杆位于秧爪头部时，推杆与秧爪的间隙为 0.1～0.6 mm。如需调整，应拆下秧爪支架的安装螺栓，将附属垫片(0.2 mm)放入秧爪与秧爪安装座之间，按原样安装好秧爪支架，再次确认推杆与秧爪之间的间隙。

6. 秧爪的检查与更换

秧爪磨损超过 3～5 mm 及以上，会出现插好的苗姿势凌乱及浮苗现象，必须更换秧爪。方法是拆下秧爪支架螺栓，取下秧爪支架、垫片和秧爪，更换新的秧爪，按原样装好。注意：更换新秧爪后，取苗量与实际取苗量会不符，要检查并调节纵向取苗量。

7. 纵向取苗量的调整

载秧台移至中央，把纵向取苗量调节手柄置于“中”的位置，秧规放到取苗口上，用手转动回转箱，确认秧爪的顶端对准秧规上“中”的位置。如需调整，应松开插植臂上的固定螺栓，把压紧秧爪的间隙移至上方，同时用一字螺丝刀调节螺栓，使秧爪的顶端对准秧规上“中”的位置，然后紧固螺栓。

8. 阻苗器

使用阻苗器时，先把苗床移至上方，把阻苗器置于固定位置后便可停止供苗。解除阻苗器时请及时嵌入苗床压杆。

9. 苗床压杆

根据苗的状态及苗床厚度，用苗床锁定杆与蝶形螺栓上下滑动苗床压杆进行调节。一般苗床压杆固定在距苗床表面 1～1.5 cm 处。

10. 压苗棒

根据苗高、秧苗状态及插植姿势等，拆下开口销，拔出压苗棒，调到适合高度，一般压苗棒固定在苗高约一半处，若苗软弱细长、叶尖下垂，请将压苗棒抬高些，以防叶尖碰到秧爪。秧苗较短(12 cm 以下)时，把压苗棒固定在最低处。

六、水稻高速插秧机的常见故障及其排除方法

水稻高速插秧机的常见故障及其排除方法如表 2-3 所列。

表 2-3　水稻高速插秧机的常见故障及其排除方法

故障现象	故障原因	排除方法
地轮不转	1. 皮带轮打滑； 2. 离合器打滑； 3. 跳挡	1. 张紧皮带； 2. 调整离合器； 3. 找出原因，予以排除
不工作	万向节销轴折断	更换销轴
一组栽植臂不工作，并有响声	分离针在秧门口碰到石块、树根等异物，安全离合器被打开	清除异物，检查、维修或更换分离针
一组栽植臂不工作，且无响声	链条活节脱落	重新上好活节

续表 2-3

故障现象	故障原因	排除方法
高速运转时，一组栽植臂不工作，并有响声	离合器弹簧弹力减弱	加垫调整、换件修理
推秧器不推秧或推秧缓慢	1. 推杆弯曲； 2. 推秧弹簧弱或损坏； 3. 推秧拨叉生锈； 4. 栽植臂体内缺油； 5. 分离	1. 校正或更换推杆； 2. 更换推秧弹簧； 3. 除锈或更换推秧拨叉； 4. 加注润滑油； 5. 校正或更换分离针
推秧器、推杆过分松动	栽植部分的导套磨损严重	更换导套
栽植臂体内进泥水	挡泥油封和骨架油封损坏或密封性能差	更换油封
秧箱横向移动时有响声	1. 导轨和滚轮缺油； 2. 滚轮导轨磨损	1. 加注润滑油； 2. 更换磨损件
栽植臂体内有清脆敲击声	缓冲胶垫损坏漏装	更换或补加缓冲胶垫
秧箱两边有剩秧	1. 秧箱驱动臂夹子松动； 2. 滑套、螺旋轴或指销磨损	1. 调整分离针与秧箱间隙后紧固； 2. 更换磨损件
纵向送秧失灵	1. 棘轮齿部磨损； 2. 棘爪变形或损坏； 3. 送秧弹簧弱化或损坏	更换
定位离合器失灵或分离时栽植臂抖动	1. 分离销插入长度不当或磨损； 2. 离合器牙嵌上的定位凸沿磨损	1. 调整分离销插入长短或更换； 2. 将分离牙嵌啮合面磨去 0.5 mm，严重磨损时应更换

任务 5　水稻钵苗移栽机简介

知识目标

- 了解水稻钵苗移栽机各部件的构造、类型、作用以及工作原理。

能力目标

- 掌握水稻钵苗移栽机的基本原理和操作方法。
- 了解其结构组成和功能特点。
- 熟悉水稻钵苗移栽机的维护保养知识。
- 能够进行故障诊断与排除。
- 提高水稻钵苗移栽机的使用效率和作业质量。

素质目标

- 培养团队协作意识、责任意识和爱岗敬业精神。
- 培养学生自主学习、归纳总结和语言表达能力。

• 培养学生对“三农”发展的信心。
• 理解水稻钵苗移栽机在现代农业生产中的重要性和应用前景。

一、水稻钵苗移栽技术及农艺要求

(一)水稻钵苗移栽技术及特点

水稻钵苗移栽技术是我国水稻生产上的重大改革。它采用软塑穴盘育秧,育秧时每穴秧苗相互独立,当秧苗生长到适合抛栽时,将秧苗从秧盘中取出,均匀地抛撒于水田,靠秧苗根部土坨下落时的重力贯入泥浆状的田间,从而完成栽植作业。以抛栽替代传统的插秧作业,大大减轻了劳动强度,提高了劳动效率,而且具有返青快、低节位、有效分蘖多、穗型整齐、成熟度好和明显增产的效果。自 1990 年在全国推广应用以来以每年翻番的速度迅猛发展,到 2000 年全国水稻抛秧种植面积已达到 6.67×10^6 m^2,占全国水稻种植面积的 1/5,具有非常广阔的发展前景。

(二)水稻钵苗移栽的农艺要求

1. 对钵育秧苗的要求

北方春稻秧龄一般为 30～35 d,叶龄 3.5～5.5 叶,苗高 12～14 cm,每株苗总根数 7～9 条,百株干重 3.0～3.5 g。北方麦茬稻秧龄一般为 30～35 d,叶龄 5.5～6.5 叶,苗高 15 cm 左右,每株苗总根数 13～15 条,百株干重 6～9 g,带蘖率 80%以上。南方早稻秧龄 18～30 d,晚稻秧龄 20～30 d,叶龄 3.5～6.0 叶,苗高 15～20 cm,每株苗根总数 12～18 条,百株干重 12～15 g,苗基部扁壮,早稻叶片宽大挺健,叶鞘较短,第一叶鞘长 2～3 cm,叶色绿中透黄,无虫伤,病斑。中稻和一季晚稻秧龄为 15～25 d,叶龄 3.0～5.0 叶,苗高 18 cm,每株苗总根数 8～15 条,茎基宽 0.25～0.30 cm,叶片短厚,有弹性,色深绿。

2. 对田间整地的要求

抛秧移栽对水田整地质量要求较高,尤其是有前茬的稻地要做好灭茬工作。整地质量标准:田面平整,同一块田内达到“高低不过寸,寸水不露泥”。地表干净,不露根茬,无僵块及其他残渣杂物。上糊下松,耙平后田面呈汪泥汪水(花达水)状态。注意:壤土或黏重土应在耙平后,田面泥浆沉实,呈汪泥汪水状态时进行抛秧;沙土地应在耙平后立即抛秧。

3. 对抛秧作业的技术要求

(1)抛秧密度。控制合理的抛秧密度是抛秧稻获得高产的基础。在北方地区一季春、中稻每平方米 20～30 穴为宜;麦茬稻每平方米 30～35 穴为宜。南方稻区适宜密度:高肥力稻田早稻每平方米 27～33 穴,晚稻每平方米 30～33 穴;中、低肥力稻田早稻每平方米 30～33 穴,晚稻每平方米 33～37 穴。

(2)拔秧方法。抛秧前 2～3 d 苗床过一次水,以便控制钵穴内土坨的干湿度。对人工或抛撒式机械作业,主要采用人工拔秧,应在抛秧当天拔秧,拔后放置在筐或麻袋(编织袋)内;也可整盘从苗床上起出,运至水田旁边,随拔随抛。拔秧时须记住秧苗盘数,以便掌握抛秧密度。对水稻钵体苗有序移栽机械作业,应采用机械自动拔秧,作业时,将育秧盘连同秧苗一起从秧田起出,使用运秧架运往田间。

(3)抛秧方法。对人工抛秧面积较大的水田可分带抛植,即把稻田均匀分成几个条带,每一条带宽 3～5 m,带与带之间留出 30 cm 左右的作业道,抛秧前定好作业道位置,计算每带应抛苗数,拉上线,下田抛秧。先抛 70%～80%的秧苗,把抛在道内的秧苗捡出抛在两边,然后沿着作业道边走边抛出余下的20%～30%秧苗，间密补稀。水田面积较小时，可不分带抛植，可不留作业道，但应注意抛匀。四级以上大风或雨天不宜抛秧。

二、水稻钵苗移栽机械

以往水稻抛秧作业主要由人工手抛完成，抛秧均匀度不太理想，抛秧密度不易控制，作业质量难以达到理想效果，未能充分发挥水稻抛秧栽培的技术优势，影响了水稻产量的进一步提高。水稻钵苗移栽机械解决了目前抛秧作业中存在的问题，不仅大大减轻了劳动强度，提高了生产效率，更重要的是保证了水稻抛秧作业质量，可充分发挥水稻抛秧栽培的技术优势，节本增产效果更加显著，对提高我国水稻种植机械化水平，促进水稻生产具有重要意义。

水稻钵苗移栽机应用在生产上的有两大类型：一类是抛撒式水稻抛秧机，另一类是水稻钵苗有序移栽机械即水稻钵苗行栽机。

（一）水稻抛秧机

水稻抛秧机属于抛撒式水稻钵苗移栽机械，其原理是利用机械的方式模拟人工抛秧来完成水稻抛秧作业，秧苗在田间的分布为无序状态。目前在生产中应用的机型主要是2ZPY系列水稻抛秧机。该系列有2ZPY-Z型自走式（图2-32）和2ZPY-Q型牵引式水稻抛秧机两种机型。

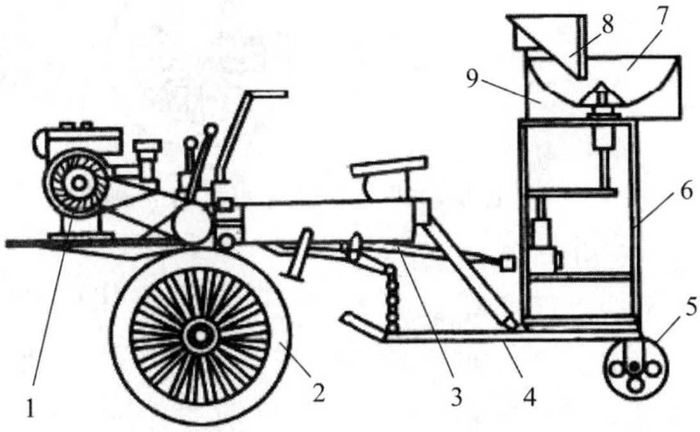

1.发动机 2.驱动轮 3.传动部分 4.船板
5.行走轮 6.机架 7.抛秧盘
8.喂秧斗 9.护罩

图2-32 2ZPY-Z型自走式水稻抛秧机

2ZPY-Z型自走式水稻抛秧机由发动机、传动变速箱、行走水田轮、操向手柄、牵引架、籏板、过埂器、机架、抛秧传动系统、抛秧盘、喂秧斗、护罩、秧箱等构成。自走式机型自配动力和行走装置，可独立作业，具有结构紧凑、操作转向灵活、地头转弯半径小等优点。

2ZPY系列水稻抛秧机的工作原理是利用旋转锥盘转动时的离心作用，将从锥盘中心部位喂入的带钵秧苗均匀地抛撒于水田，靠秧苗从锥盘获得的能量和自身重力使秧苗钵体贯入田间定直，从而完成抛秧作业。秧苗抛撒位置与秧苗的喂入位置相对应，当秧苗喂入均匀时，秧苗在田间的分布规律服从随机均匀分布，因此该机具有结构简单、质量轻、适应性强、便于操作、生产率高等优点。但该机属抛撒型水稻抛秧机，不能实现有序抛秧，作业质量有待进一步提高。

2ZPY系列水稻抛秧机适用于塑料穴盘育秧的秧苗，育秧盘规格不限，可抛栽大、中、小苗，秧苗高度一般不超过180 mm，秧苗过高虽然不影响抛秧作业，但影响抛秧直立度。在取秧时应尽量保证秧苗根部的营养土坨不被破坏，抛秧作业时要求秧苗营养土坨的相对湿度在40%～60%范围内，以防抛秧作业时秧苗的营养土坨与抛秧甩盘粘连或被破坏。

为使秧苗在抛栽后有一个适宜的生长环境，提高抛秧作业质量，一般要求对水田进行耕翻，对有前茬的稻田要求深埋残茬和杂草，消灭地表秸、草。抛秧田地表应平整，做到"寸水不露泥"，在田面为"瓜皮"水、地表成泥浆的条件下进行抛秧作业。

(二)水稻钵苗行栽机

水稻钵苗行栽机属于水稻钵苗有序移栽机械,其原理是:机器的输秧拔秧装置将把软塑穴盘培育的水稻秧苗自动有序地输送和从育秧盘中拔取,并按一定的株距和行距栽植在田间,完成水稻钵苗移栽作业。目前在生产中应用的机型主要有 2ZPY-H30 型水稻钵苗行栽机,下面以 2ZPY-H30 型水稻钵苗行栽机(图 2-33)为例介绍水稻钵苗有序栽植机械。

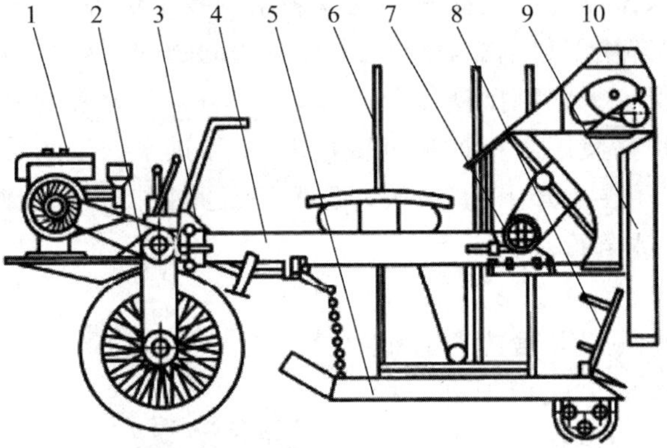

1. 发动机　2. 行走变速箱　3. 驱动轮　4. 牵引架　5. 船板　6. 运秧架支座
7. 减速器　8. 空盘回收架　9. 导秧管　10. 输秧拔秧装置

图 2-33　2ZPY-H30 型水稻钵苗行栽机

2ZPY-H30 型水稻钵苗行栽机的工作原理和工作过程:发动机的动力通过行走变速箱分为两路,一路传递到驱动轮驱动前进;另一路通过万向节传递到减速器,减速后通过皮带传递到输秧拔秧装置,驱动输秧辊,使输秧拔秧装置工作。喂秧手将带有秧苗的育秧盘从运秧架内抽出放在船板上并喂入输秧辊,输秧辊将秧盘卡住向前输送,拔秧辊将秧苗从育秧盘中单穴独立拔出,顺序放入导秧管,秧苗在重力作用下沿导秧管下滑分行落入水田泥浆中,完成栽植作业。空秧盘由输秧辊输送到空盘回收架内。

水稻钵苗行栽机的技术特征如下:

(1)采用栅状滚筒式输送机构和螺旋排列对辊式拔秧机构,实现了软塑穴盘育秧的自动输秧和拔秧,保证水稻栽植密度的准确性,且对辊式拔秧机构避免了对秧盘及秧苗的损伤。通过机器前进速度与输秧拔秧速度的配合,可实现对抛秧株距的调整与控制。

(2)采用间隔斗式分秧和导管式导秧装置,实现了水稻钵苗的成行有序抛栽。

(3)采用波浪形船板,波峰与抛秧行相对应,解决了常规船板前方壅泥壅水问题,减少了行走阻力,提高了机具的行走速度和走直性,同时使秧苗落在由船板挤出的软泥浆上,提高了秧苗栽植的直立度和入土深度,可降低对田间整地的要求。

项目3　田间管理机械的使用与维护

知识目标

- 了解田间管理机械的结构及工作原理，学会正确使用田间管理机械。
- 能正确使用、维护常见的田间管理机械。

能力目标

- 掌握各种田间管理机械的操作方法和维护保养知识。
- 了解田间管理机械的工作原理和适用范围。
- 能够根据不同的作物和土壤条件选择合适的机械进行作业。
- 熟悉田间管理机械的安全操作规程。
- 具备基本的故障诊断和维修能力。

素质目标

- 培养学生的职业道德和工匠精神。
- 提高团队合作意识、沟通协作能力。
- 培养创新意识和持续学习的能力。
- 培养学生的环保意识和安全意识。

任务1　概　述

一、植物保护的意义和防护措施

农作物在生长过程中及农产品储藏时，常遭到病、虫、草的危害，这不仅影响作物的产量，也使产品质量下降，使农作物生产受到很大损失，严重时会导致绝产。因此，及时做好病、虫、草害的防治工作，是保证农业稳定高产的重要措施。为了经济而有效地进行植物保护，应该防重于治，目前常用的防治措施有以下几种：

(1)农业技术防治法。通过合理轮作、深耕、改良土壤、选育良种和改进栽培方法等措施来实现防治目的。

(2)化学防治法。利用各种化学药剂来消灭病、虫、草害。

(3)生物防治法。利用害虫的天敌，生物的寄生关系来实现防治目的，如培育赤眼蜂防治玉米螟，金小蜂防治棉红铃虫等。

(4)物理和机械防治法。利用物理方法或工具来实现防治目的。如用黑光灯灭杀害虫、机械选种法清除病粒等。

在上述植物保护措施中，化学防治措施的方法简单、收效快、不受地区或季节的限制，因此被广泛采用。

二、化学药剂施药的方法和植保机械的种类

(一)化学药剂施药的方法

1.喷雾法

喷雾法指对药液施加一定压力,通过喷头将其雾化成直径为150～300 μm的雾滴,喷洒到作物上。这种方法雾滴散布均匀,黏着性好,射程远,受气候影响小,但喷洒药液量大,需对药液加压,功率消耗大。

2.弥雾法

弥雾法是利用高速气流将药液吹散、破碎,弥散成直径为100～150 μm的雾滴,并吹送到远方沉降到植物上。这种方法药液雾滴细小,覆盖面积而均匀,喷药量少,特别适合于山区和干旱缺水地区。

3.超低容量喷雾法

超低容量喷雾法是通过高速旋转的齿盘将微量原药液(一般低于5 L/hm^2)甩出,借助风力吹送、飘移、穿透、沉降到植株上,这种方法省药、省水、工作效率高、防治效果好。

4.喷烟法

喷烟法利用高温气流将烟剂加热,使之气化或热裂变,再用高速气流吹出,呈烟雾状,悬浮于空中,弥散到各处。这种方法既适用于大面积森林病虫害防治,也适用于仓库消毒和虫害防治。

5.喷粉法

喷粉法是利用高速气流将药粉通过喷粉头喷出去,弥散到植物上,这种方法不用水,使用简便,生产率高,但药粉吹撒不均匀,黏着性差,用药量较多,受气候影响大,容易污染环境。

(二)植保机械的种类

(1)按药剂性质和施药方法可分为喷雾机、弥雾机、超低量喷雾机、喷烟机、喷粉机等。

(2)按动力和机器配置方式可分为手动背负式、机动背负式。

近年来一般采用飞机喷雾、喷粉,以及自走式喷雾喷粉机等进行大田施肥、施药。

任务2　喷雾机的结构及工作原理

知识目标

- 了解喷雾机的结构及工作原理。
- 会进行喷雾机的技术状态检查、总体安装、使用调整。

能力目标

- 掌握喷雾机的操作方法和维护保养知识。
- 能够根据不同的作物和土壤条件选择合适的喷雾机进行作业。
- 能及时处理喷雾机使用中出现的故障。

素质目标

- 培养团队工作能力和沟通能力。
- 锻炼小组成员的协作能力。
- 树立责任意识。

一、手动喷雾机

手动喷雾机的种类很多，构造也不尽相同，但按其工作原理可分为液泵式和气泵式两种。

(一)液泵式手动喷雾机的构造及工作过程

如图3-1所示，手动喷雾机主要由药液箱、液泵、空气室、喷杆、开关和喷头等组成。

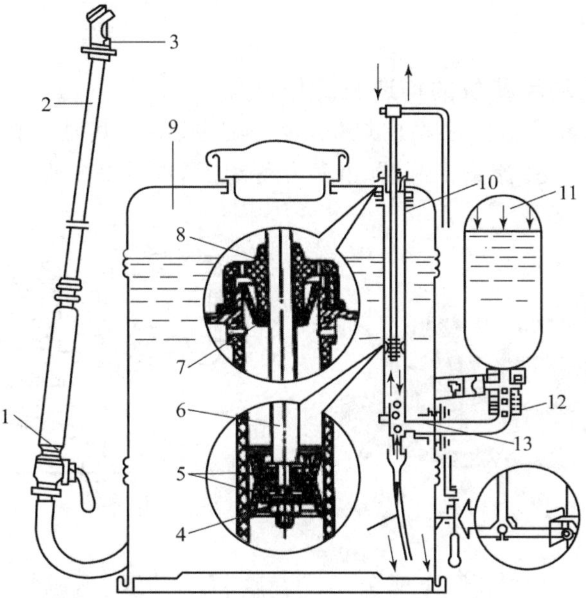

1.开关　2.喷杆　3.喷头　4.固定螺母　5.皮碗　6.塞杆　7.垫圈　8.喷盖
9.药液箱　10.泵筒　11.空气室　12.出水阀　13.进水阀

图3-1　手动喷雾机(工农-16型)

工作时，用手扳动摇杆，使塞杆在泵筒内做往复运动，当塞杆上行时，带动皮碗由下向上运动，皮碗下面的腔体容积增大，形成局部真空，在压力差的作用下，药桶内的药液冲开进水阀，沿着进水管进入泵筒，完成进液过程。当塞杆下行时，皮碗从上往下运动，药液即通过出水阀进入空气室。空气室里的空气被压缩，对药液产生压力(可达8 kg/cm^2)，打开喷射开关，具有足够而稳定压力的药液从喷杆流进喷头，通过喷头雾化成细小雾滴喷在作物上。

(二)气泵式喷雾机的构造及工作过程

如图3-2所示，气泵式喷雾机主要由药液桶、气泵和喷头等组成。

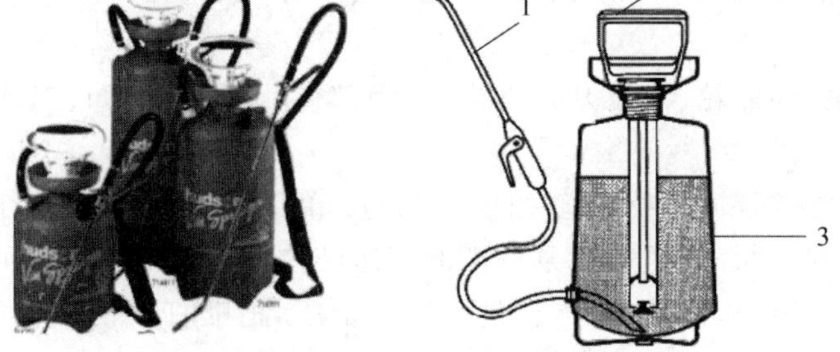

1.喷头　2.气泵　3.药液桶

图3-2　气泵式喷雾机的构造

工作时，当将喷雾器塞杆上拉时，泵筒内皮碗下方空气变稀薄，压强减小，出气阀在吸力作用下关闭。此时皮碗上方的空气把皮碗压弯，空气通过皮碗上的小孔流入下方。当塞杆下压时，皮碗受到下方空气的作用紧抵着大垫圈，空气只能向下压开出气阀的阀球而进入药液桶。如此不断地上下扳动塞杆，药液桶上部的压缩空气增多，压强增大，这时打开开关，药液就被压入喷洒部件，呈雾状喷出。

二、机动喷雾机

(一)工农-36型机动喷雾机的构造及工作过程

工农-36型机动喷雾机可配小型内燃机，也可配电动机，其基本构造由动力机、喷枪或喷头、调压阀、压力表、空气室、流量控制阀、混药器等组成，如图3-3所示。

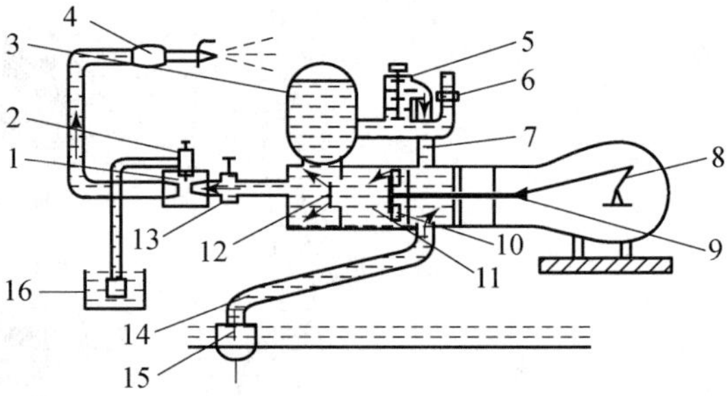

1.混合器　2.混药器　3.空气室　4.喷枪　5.调压阀　6.压力表　7.回水表　8.曲轴　9.活塞杆　10.活塞　11.泵筒　12.出水阀　13.流量控制阀　14.吸水管　15.滤网　16.母液桶

图3-3　机动喷雾机(工农-36型)

工作时，当动力机驱动液泵工作时，水流通过滤网，被吸水管吸入泵缸内，然后压入空气室建立压力并稳定压力，其压力读数可从压力表上读出。压力水流经流量控制阀进入射流式混药器，借混药器的射流作用，将母液(即原药液加少量水稀释而成)吸入混药器。压力水流与母液在混药器中自动均匀混合后，经输液软管到喷枪，做远射程喷射。喷射的高速液流与空气撞击和摩擦，形成细小的雾滴而均匀分布在农作物上。

(二)喷杆喷雾机的构造及工作过程

喷杆喷雾机的类型众多，但其构造和原理基本相同。下面以拖拉机牵引的3W-2000型喷杆式喷雾机为例说明。

如图3-4所示，拖拉机牵引3W-2000型喷杆式喷雾机的构造分为两部分，即动力部分和喷雾部分。

喷雾部分由液泵、药液箱、液压升降机构、喷洒部件、调压分配阀、三通开关、过滤器、吸水头、传动轴等部件组成。

如图3-5所示，当喷雾时回吸通道关闭，从泵进来的高压液体直接通往喷杆进行喷雾。转动手柄，回吸阀处于回吸状态，这时从泵进来的高压液体通过射流管再流回药液箱。在射流管的喉部，由于其截面积减小，流速很大，于是产生了负压，把喷杆中的残液吸回药液箱，配合喷头处的防滴阀即可有效地起到防滴作用。

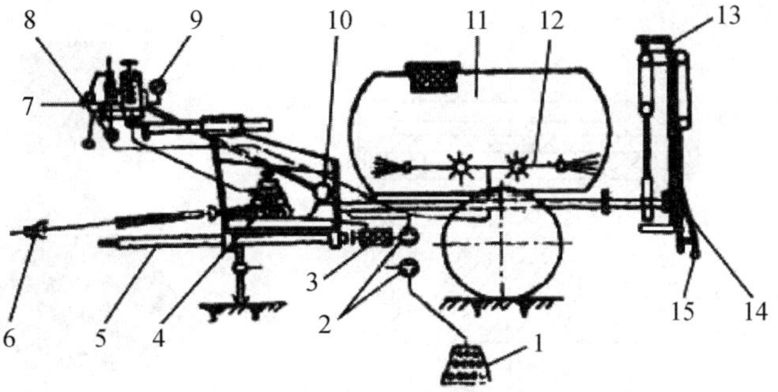

1.吸水头 2.三通开关 3.过滤器 4.田园泵 5.牵引杆 6.传动轴
7.调压分配阀 8.截止阀 9.压力表 10.总回水管 11.药液箱
12.搅拌器 13.液压升降机构 14.喷杆 15.喷头

图 3-4 喷杆式喷雾机(3W-2000 型)

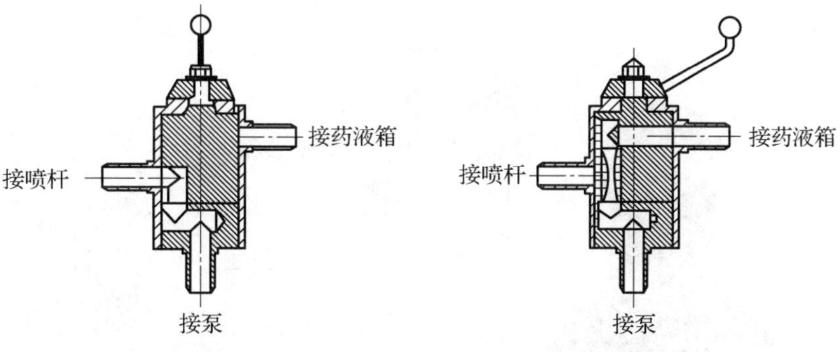

图 3-5 圆柱式回吸三通阀示意图

三、喷雾机的主要工作部件

综上所述,不管喷药机械的类型和工作原理有多大区别,结构复杂与否,但就其主要工作部件而言,都是由高压泵和喷射部件组成的。

(一)喷雾机的喷射部件

植保机械最终通过雾化装置(即喷射部件)将药液喷洒在植物上,喷射部件性能的优劣直接影响园林病虫害的防治效果。在喷药量相同的情况下,雾滴直径越小,雾滴数目也就越多,覆盖面积大且比较均匀,并能渗入微细空隙黏附在植株上,流失少,防治效果好。因此,喷射部件是园林植保机械的重要工作部件,也是国内外目前主要研究的对象。

按照工作原理,喷雾机的喷射部件——喷头可分为液力式、气力式、离心式等类型。

1.液力式喷头

液力式喷头主要利用高压泵对液体施加一定压力,通过喷头进行雾化,使药液成为雾滴,是目前园林植保机械中应用最广泛的一种雾化装置。主要有涡流式喷头、扇形喷头、撞击式喷头三种类型。

(1)涡流式喷头(图 3-6)。其特点是喷头内制有导向部分,高压药液通过导向部分产生螺旋运动。涡流式喷头根据结构不同分为切向离心式喷头、涡流片式喷头和涡流芯式喷头三种类型。

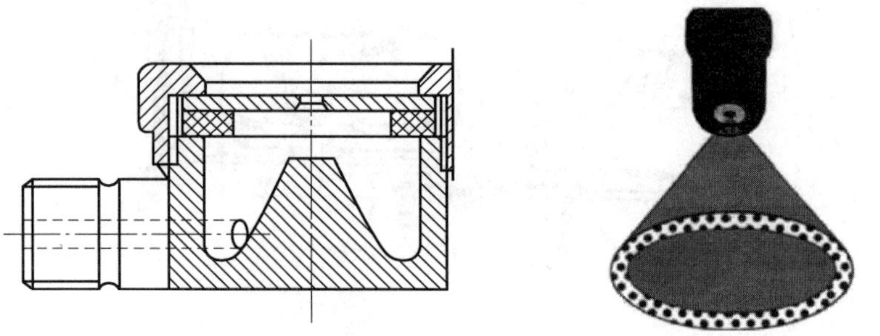

图 3-6　涡流式喷头

(2)扇形喷头(图 3-7)。扇形喷头有狭缝式喷头和冲击式(反射式)喷头,药液经喷孔喷出后均形成扁平扇形雾,其喷射分布面为一矩形。

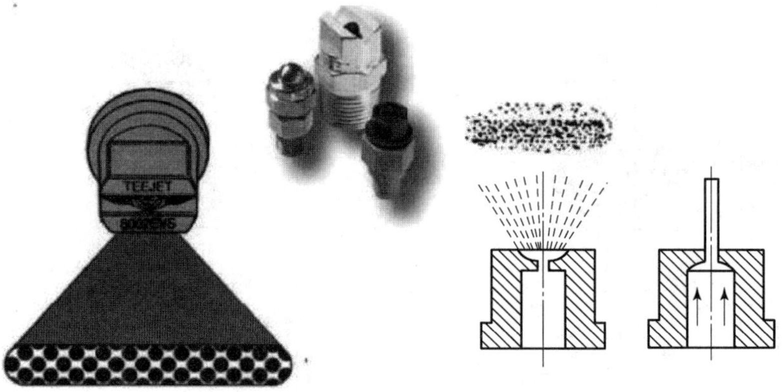

图 3-7　扇形喷头

(3)撞击式喷头(图 3-8)。由扩散片、喷嘴、喷嘴帽和枪管等组成。喷嘴制成锥形腔孔,出口孔径一般为 3～5 mm。其雾化原理:由喷雾胶管流入的高压药液,通过喷嘴到达出口处,由于过水断面逐渐减小,其压力逐渐下降,流速逐渐增高,形成高速射流液柱,射向远方。

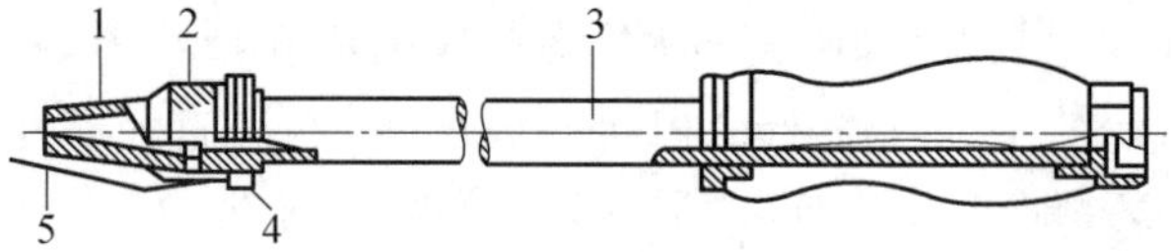

1.喷嘴　2.喷头帽　3.枪管　4.锁紧帽　5.扩散片

图 3-8　撞击式喷头

2.气力式喷头

气力式喷头(弥雾喷头)是利用较小的压力将药液导入高速气流场,在高速气流的冲击下,药液流束被雾化成直径为 75～100 μm 的细小雾滴。高速气流一般由风机产生(图 3-9)。

3.离心式喷头

离心式喷头(或超低量喷头)是将药液输送到高速旋转的雾化元件上(如圆盘等),在离心力的作用下,药液沿着雾化元件外缘抛射出去,雾化成细小雾滴(雾滴直径为 15～75 μm)。

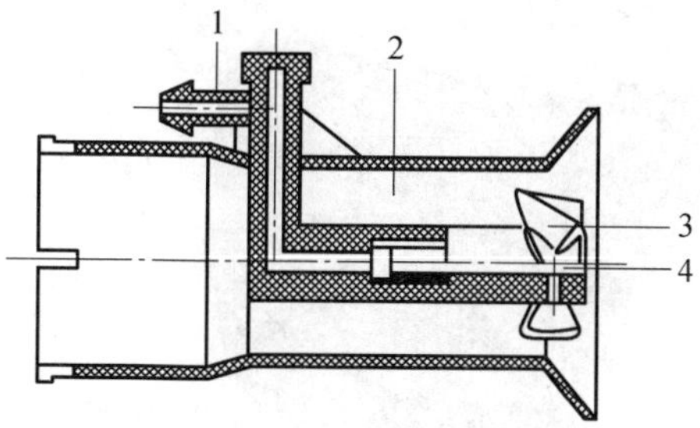

1. 输液管　2. 喷管　3. 扭曲叶片　4. 小喷孔

图 3-9　弥雾喷头

离心式喷头的雾化元件根据驱动方式不同可分为电机驱动式和风力驱动式两种基本类型。其中电机驱动式多用于手持式超低量喷雾机上，也可用于大型机力式喷雾机上。风力驱动式多用于背负机动超低量喷雾机上。

(1)电机驱动式离心喷头。其主要工作部件是一个旋转的圆盘。其雾化原理：当动力机驱动双齿盘做高速旋转时，注入在齿盘中心附近的药液在齿盘离心力作用下，克服了齿盘对药液的摩擦阻力，沿齿盘表面均匀而连续不断地向外缘扩展，扩展面积越大其药液膜也就越薄。当药液膜扩展至齿盘拐角处时，药液膜部分甩出和分流到另一齿盘上，经前后两齿盘相互交换扩展，直到两齿盘边缘的锯齿尖处，在齿尖集中成一雾滴并迅速飞离。手持电动离心式喷头如图 3-10 所示。

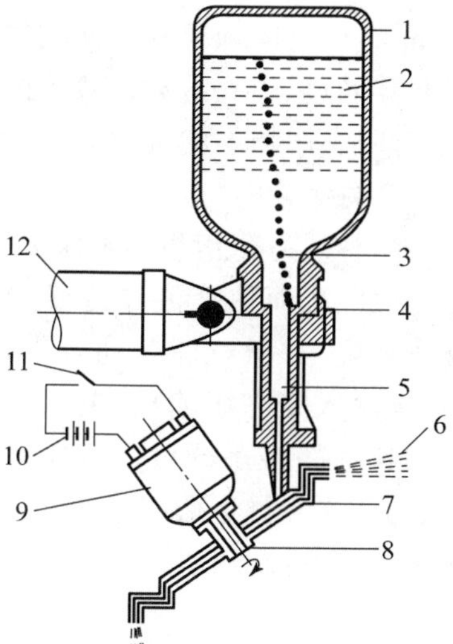

1. 药液箱　2. 药液　3. 空气泡　4. 进气管　5. 流量器　6. 雾滴　7. 药液入口
8. 雾化盘　9. 电动机　10. 电池　11. 开关　12. 把手

图 3-10　手持电动离心式喷头

(2)风力驱动式离心喷头。为了克服单一喷头的缺点，我国将旋转盘与高速气流配合，利用高速风流带动齿盘旋转，成功地研制出了风力式离心喷头，保证在无风的条件下，具有较好的工作性能。风送离心式超低容量喷头如图 3-11 所示。

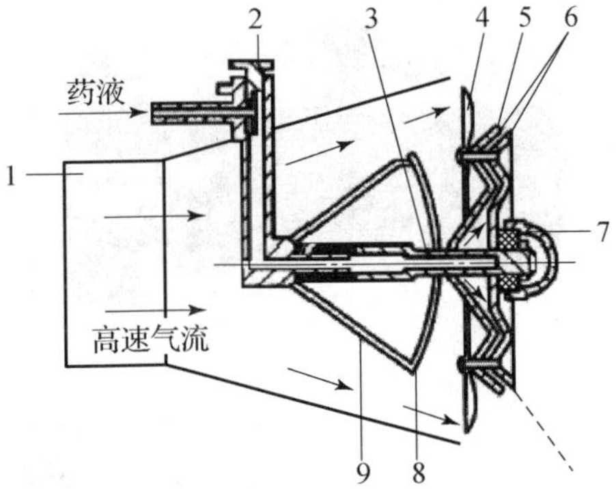

1. 喷管　2. 调量开关　3. 空心轴　4. 叶轮　5. 后齿盘

6. 前齿盘　7. 轴承　8. 分流锥盘　9. 分流锥体

图 3-11　风送离心式超低容量喷头

4. 静电喷雾喷头

静电喷雾技术是给喷洒出来的雾滴充上静电，使雾滴与植株之间产生静电，这种静电可以改善雾滴的沉降与黏附，并减少飘移。

静电喷雾装置的工作原理：通过充电装置使药液雾滴带上一种极性的电荷，同时，根据静电感应，地面上的目标物将引发出与喷嘴极性相反的电荷，并在两者间形成静电场。在电场的作用下，带电雾滴受植株表面异性电荷的吸引（实际上雾滴还受到重力、风力和惯性力等作用），加速向植株的各个表面飞去，不仅正面，而且能吸附到植株的背面。据试验，1 粒 20 μm 的雾滴在无风情况下（非静电状态），其下降速度为 35 m/s，而一阵微风却能使它飘移 100 mm。但在高压静电场中使该雾滴带上表面电荷，则会使带电雾滴以 400 m/s 的速度直奔目标而不会被风吹跑。因此，静电喷雾技术的优点是，提高了雾滴在农作物上的沉积量，雾滴分布均匀，减少了飘移量，节省农药，提高了防治效果，减少了对环境的污染。

常用的静电喷雾喷头结构如图 3-12 所示，喷头座的中央为药液管，周围有倾斜的气管。喷头由导电的金属材料制成，它是"接地"的或与大地接通，从而使液流保持或接近于大地电位。在雾滴形成区所形成的雾流，其雾滴因静电感应而带电，并被气流带动吹出喷头；喷头壳体是由绝缘材料制成的。高压直流电源的作用是将低压输入变高压输出，电压可在几千伏到几万伏的范围内调节。高压电源是一个微型电子电路，其中的振荡器可使低压直流变为高压交流输出；变压器将振荡器的低压交流变为高压交流输出；整流器将变压器的高压交流输出变换为直流电；调节器用来调节高压交流输出电压，高压电源通过高压引线接到电极上。

（二）喷雾机的辅助部件

喷雾机的辅助部件主要包括液泵、药箱、搅拌装置、空气室、调压阀、射流混药器等。

喷雾机的液泵是喷雾机的重要组成部分，其作用是将药液转换为高压药液，从而克服管道阻力，通过喷头雾化而喷洒到农作物上。喷雾机常用的液泵有往复式和旋转式两大类。前者主要包括活塞泵、柱塞泵和隔膜泵，后者主要包括离心泵、滚子泵和齿轮泵等，其中以往复泵应用最广。

1. 液泵（容积泵）

液泵的作用是压送药液，克服管道阻力，提高雾化压力，使药液喷射和雾化。常用的液泵有往复泵和旋转泵两类。往复泵常用的有活塞泵、柱塞泵、离心泵、转子泵和隔膜泵等类型。

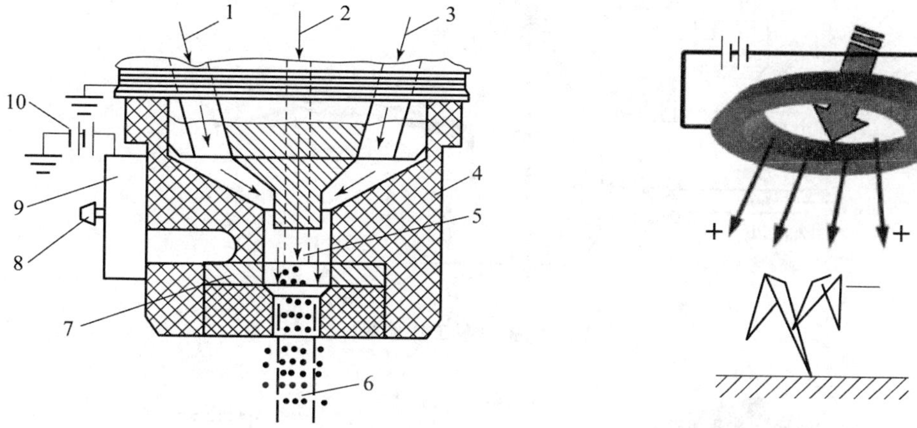

1. 高压空气入口　2. 高压液体入口　3. 喷头座　4. 壳体　5. 雾滴形成区　6. 雾流
7. 环形电极　8. 调节器　9. 高压电直流电源　10. 12 V 直流电源

图 3-12　静电喷雾喷头

活塞泵是喷雾机中使用较多的一种，有单缸、双缸和三缸等形式。单缸活塞泵，如皮碗式活塞泵和皮碗式气泵多用于手动喷雾机。双缸和三缸泵多用于机动喷雾机。活塞泵具有较高的喷雾压力及良好的工作性能。

(1)皮碗式活塞泵。它由活塞杆、泵筒、皮碗活塞、吸液球阀、吸液管和滤网、排液球阀、空气室等组成。工作时通过活塞的移动，利用缸筒容积的变化达到吸液和排液的目的。皮碗式活塞泵的工作原理如图 3-13 所示。

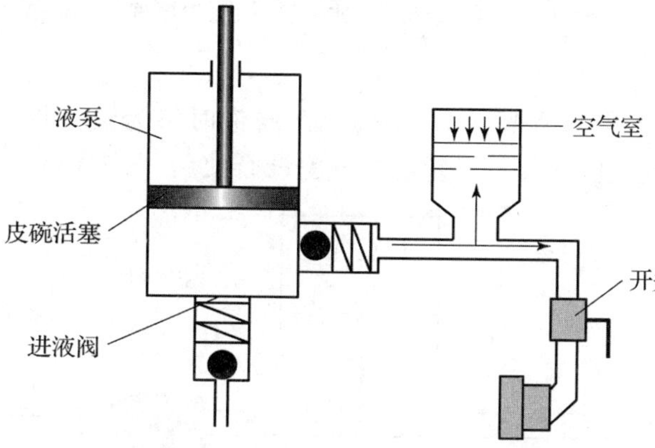

图 3-13　皮碗式活塞泵的工作原理

(2)隔膜泵。它由隔膜、出水球阀、空气室、进水阀片等组成。工作时通过摇杆机构(或曲柄连杆机构)，带动隔膜做往复运动，使泵体内的体积发生变化，在泵内外压力差的作用下，不断地将药液通过进水管吸入泵室，并不断地将药液经出水球阀压入空气室，并经出水口接头、喷杆和喷头喷洒到农作物上。隔膜泵工作原理如图 3-14 所示。

(3)旋转泵(转子泵)。在进液口一侧，由于工作室容积不断扩大，形成局部真空而吸液；在排液口一侧，由于工作室不断缩小，压力增加而排液(图 3-15)。旋转泵体积小，结构简单，流量和压力比较均匀，排量可达 120 L/min，具有一定自吸能力，但因工作压力较低，应用受限。

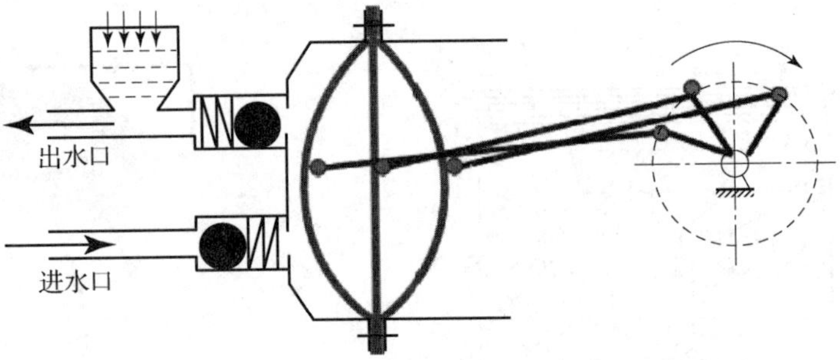

图 3-14　隔膜泵工作原理

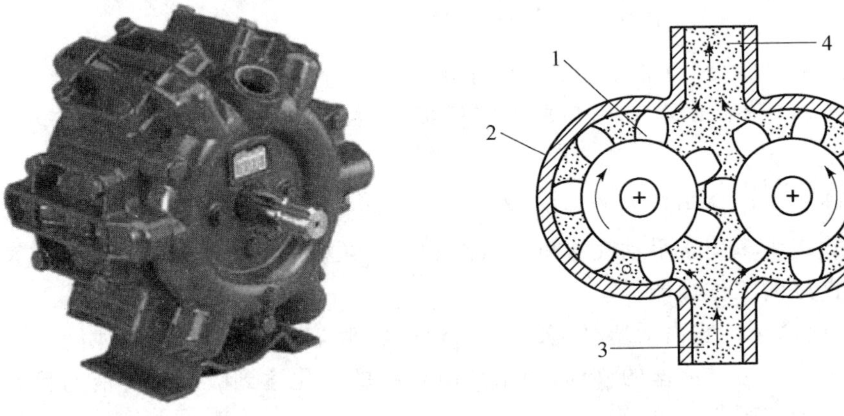

1. 齿轮　2. 泵壳　3. 吸液口　4. 出液口

图 3-15　旋转泵(转子泵)的工作原理

2. 空气室

因为往复泵的工作过程只有吸液和排液过程，吸液时将无液体排出，故其排液量是脉动的。为了获得均匀的排液量，往复泵必须与空气室配合使用(图 3-16)。

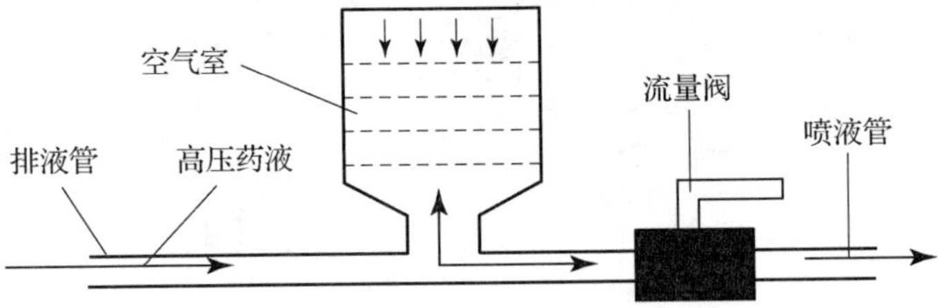

图 3-16　往复泵的空气室

空气室的工作原理是活塞在排液过程中，高压药液进入空气室，使空气室顶部的空气受到压缩，药液存起来，不会对喷头有过大的冲击压力。当活塞在吸液过程中，高压药液的压力显著下降时，空气室内的压缩空气膨胀，使药液从空气室内排出，对低压药液增压。因此，空气室具有稳定压力的作用，以保持喷雾机正常工作。

四、影响喷雾质量的因素

喷头性能好坏的主要指标是雾滴尺寸、雾化均匀度、射程、喷幅和喷量等，由于各类喷头不同,结构和工作原理也不同,影响雾化因素也有所不同。根据对涡流室和扇形喷头的试验,得出以下结论。

(一)喷射时的工作压力

工作压力越大,药液获得的能量越大,经过喷孔的速度也越快,因此喷量、射程、雾锥角均应增大,雾滴变细。当压力增大到 5 MPa 时,由于雾滴过细及空气阻力的影响,射程反而减少;当工作压力过低,药液雾化性能差,射程和喷幅相应减少,所以压力一般不超过 294 N/cm^2 (30 kgf/cm^2)。

(二)喷孔直径

在工作压力一定的情况下,若涡流式喷头的喷孔直径大,则喷量多、射程远;若喷孔直径小,则雾锥角大、雾滴细,故大喷孔用于作物成长期的喷雾,小喷孔用于苗期。而当喷孔大到一定程度时,药液流较集中,射程较远,雾滴变得很粗,可以用改变喷孔直径压力的办法来调节药液的喷量。

(三)涡流室的深浅

对于可调式涡流芯喷头,当增大涡流室深度时,液体在室内的旋转增多,转速下降,使出口处切向分速减小,轴向分速增加,故射程增加,雾锥角减小,雾滴变粗;反之,雾滴变细,射程减小,喷幅增大,对于涡流芯的螺旋角增大,同涡流室变深结果相同。

(四)药液性质

药液黏度大,雾滴直径大,反之则相反。

(五)作业速度

行走速度慢,会增加喷量,一定要按规定喷量确定行走速度,以免发生药害。

五、两种喷雾机的使用与维护

(一)工农-16 型喷雾机的使用与维护

1. 机具的准备

机具的准备工作有两项:一是各零件的组装,二是药液的配制。

(1)各零件的组装。

①新皮碗应在机油或动物油中浸泡 24 h 以后再安装。

②在塞杆的螺纹一端依次装上泵盖毡圈、毡托、垫圈、两套皮碗托和皮碗,6 mm 厚垫圈和弹簧垫圈,最后拧紧六角铜螺母,安装后的皮碗不应有明显的变形。

③组装泵筒。在泵筒端依次装上进水垫圈、进水阀座和吸水管,泵筒与进水阀座要拧紧。

④塞杆组件与泵桶组件的装配,将塞杆组件装入泵筒组件时,应将皮碗的一边斜放在泵筒内,然后再旋转塞杆,将塞杆竖直,把皮碗边沿压入泵筒内(不能硬行塞入),然后将盖旋入拧紧。

⑤喷头的组装。先要适当选择喷头片孔径和垫圈的数目,若喷头片孔径大,则流量大,适用于较大作物;反之则流量小、雾滴细,适用于作物苗期。若喷头片下垫片多,则涡流室变深,使药液涡流作用减弱,离心力和雾化锥角变小,雾滴粗,所以选择垫圈数量要适当,喷孔片和垫圈位置不能装错,否则影响喷雾质量。

(2)药液的配制。各种农药都有自己的特点和使用范围,由于药剂的有效成分不同,对病、虫、杂草的作用和效力也不一样。同时,病、虫、杂草种类繁多,作物品种和生长情况不同,对药剂的反应也不一样，因此配制药液应按照农药使用说明书的规定进行，如果农药是可湿性粉剂，应先调制成糊状，然后再加清水搅拌，过滤；如果农药是乳剂，则先放清水后加原液至规定浓度，再搅拌、过滤。

2. 安全操作

（1）喷药一般应在无风的晴天进行，阴雨天或将要下雨时不宜施药，以免被雨水冲失，如在有风时喷药，应注意风向，一般应在上风头向下处喷药，如风速很大，则应停止喷药。

（2）喷药应注意均匀、适量、周到，喷药过多浪费药剂，喷药太少效果不好。一般都是针对性喷雾，直接对准作物的茎叶全部喷施即可。

（3）工作前，操作者应先扳动摇杆，每分钟扳动 18～25 次为宜，使空气室压力为 303～404 kPa（3～4 个标准大气压），然后打开开关进行喷药。喷药时还要连续平稳地扳动摇杆，以保持空气室的正常压力和喷头的雾化质量。

（4）每次加注药液时，切勿超过桶身所示的水位线位置，空气室的药液超过夹环（即安全水位线）时，应立即停止打气，以免空气室爆炸。

（5）操作者要防止药液接触身体，行走路线可以采取倒退打药，隔行打药的方法。

（6）任何时候都不要用手拎喷雾机连杆，以免损坏喷雾机的传动部分。

3. 工农-16 型喷雾机的常见故障及其排除方法

工农-16 型喷雾机的常见故障及其排除方法见表 3-1。

表 3-1　工农-16 型喷雾机的常见故障及其排除方法

故障现象	产生原因	排除方法
扳动摇杆感觉沉重	1. 皮碗卡住； 2. 活动部位生锈； 3. 出水阀堵塞； 4. 塞杆弯曲	1. 拆下整形并加油； 2. 拆后磨净磨光打油； 3. 洗刷玻璃球清除杂物； 4. 矫直塞杆
扳动摇杆不感到有阻力	1. 皮碗干涸变硬或损坏； 2. 进水阀中有杂物或漏装玻璃球	1. 拆下浸油或更换新品； 2. 拆开清除杂物； 3. 补装玻璃球
泵桶顶端漏水	1. 药液加得过满，超过泵桶上回水孔 2. 皮碗损坏	1. 倒出一些药液，使在水位线内； 2. 更换皮碗
喷不出雾	1. 喷孔堵塞； 2. 喷头斜孔堵塞； 3. 滤网堵塞； 4. 出水阀堵塞	1. 清除杂物； 2. 清除杂物； 3. 清除杂物； 4. 清除杂物
雾化不良或不成圆锥状	1. 喷孔堵塞； 2. 喷头片孔不圆或不正	1. 清除杂物； 2. 更换新喷头片
喷杆处漏水、开关漏水或转不动	1. 开关帽松动； 2. 密封圈损坏； 3. 开关芯被粘住	1. 拧紧开关帽； 2. 更换密封垫； 3. 拆下清洗，加油

续表 3-1

故障现象	产生原因	排除方法
其他接头处漏水	1.螺帽松动； 2.垫圈干缩； 3.垫圈失落	1.拧紧螺帽； 2.浸油或更换； 3.装入新垫圈

(二)担架式工农-36型机动喷雾机的使用与维护

1.使用前的准备工作

(1)对机组进行全面检查,使之处于良好的技术状态,检查"V"形带的张紧度和各部件连接螺钉的紧固情况,必要时进行调整。

(2)放平放稳机组。检查曲轴箱内润滑油油面,如低于油位线,应进行添加。

(3)根据不同园林喷药要求,选择合适的喷枪或喷头。

(4)使用喷枪和混药器时,先将吸水滤网放入水田或水沟里(水深必须在5 cm以上),然后装上喷枪,打开水泵,用清水进行试喷,并检查各接头有无漏水现象。

(5)混药器只与喷枪配套使用,要根据机具吸药性能和喷药浓度,确保母液稀释倍数,配制母液。

(6)机具如无漏水即可拔下"T"形接头上的透明吸引管。拔下后,如果"T"形接头孔口处无水倒流,并有吸力,说明混药器完好正常,就可在"T"形接头的一端套上透明塑料吸引管,另一端用管封套好,将吸药滤网放进事先稀释好的母液桶内,开始喷洒作业。

2.使用操作

(1)启动汽油机时,应先将调压轮朝"低"方向慢慢旋转,再将调压手柄按顺时针方向扳动,位于"卸压"位置上。

(2)汽油机启动后,如果汽油机和液泵的排液量正常,就可关闭截止阀,将调压手柄按逆时针方向扳动,位于"加压"位置。

(3)旋转调压轮,直至压力达到正常喷雾要求为止(顺时针旋转调压轮,压力增加;逆时针旋转调压轮,压力降低)。调压时应由低压调向高压。

(4)用混药器时,滤网可插入预先装好的药液容器内,吸液喷雾。

(5)短距离转移,可不停机,但应降低发动机转速,将调压柄扳到"卸压"位置,关闭截止阀,提起吸水滤网使药液在泵内循环;转移结束后,立即将吸水滤网放入水源内,提高发动机转速,并将调压手柄扳到"加压"位置,打开截止阀,恢复正常喷雾。

3.使用注意事项

(1)工作中要不断搅拌药液,以免沉淀,保证药液浓度均匀,但切忌用手搅拌。

(2)喷枪停止喷雾时,将调压柄按顺时针方向扳足,待完全减压后,再关闭截止阀。

(3)压力表指示的压力如果不稳定,应立即"卸压",停车检查。

(4)水泵不可脱水空转,以免损坏皮碗。

(5)使用喷枪要根据需要,装配普通喷枪、果园可调喷枪和远程喷枪。

(6)在工作中要注意喷射出的液体是否有药。

(7)在更换皮碗时,应特别注意把皮碗的螺母拧紧,以免脱落后顶弯连杆。

(8)装配连杆、连杆盖,要把螺母拧紧锁固,以防松动脱落而损坏曲轴箱箱体。

4. 维护保养

（1）每天作业完成后，应用清水继续喷射数分钟，清洗液泵和胶管内的残留药液，防止残留药液腐蚀机件。

（2）卸下吸水滤网和喷雾胶管，打开出水开关，将调压阀手柄按逆时针方向扳回，旋松调压手柄，使减压弹簧处于松弛状态，再用手旋转发动机或液泵，尽量排尽液泵内的存水，擦净机组外表的油污。

（3）按使用说明书要求，定期更换曲轴箱内的机油。发现因油封或膜片（隔膜泵）等损坏，而使曲轴箱进水或药液，应及时更换损坏零件，同时将曲轴箱用柴油清洗干净，再更换全部机油。

（4）当工作完成后，机具长期存放时，应严格清除泵内积水，防止冬季冻坏机件。

（5）卸下三角带、喷枪、喷雾胶管、喷杆、混药器、吸水滤网等，清洗干净并晾干，有条件可悬挂起来存放。

（6）当活塞隔膜泵长期存放时，应将泵内机油放净，用柴油清洗干净。然后取下泵的隔膜和空气室隔膜，清洗干净，放置于阴凉通风处，防止腐蚀和老化。

5. 担架式工农-36 型机动喷雾机的常见故障及其排除方法

担架式工农-36 型机动喷雾机的常见故障及其排除方法见表 3-2。

表 3-2　担架式工农-36 型机动喷雾机的常见故障及其排除方法

故障现象	产生原因	排除方法
吸不上药液或吸力不足，表现为无流量或流量不足	1. 新泵或有一段时间不用的泵，因空气在里面循环而吸不上药液； 2. 吸水滤网露出液面或滤网堵塞； 3. 吸水管与吸水口连接处漏气（未放密封圈或未拧紧）或吸水管破裂； 4. 进水阀或出水阀零件损坏或被杂物卡住； 5. 缸筒磨损或拉毛（活塞泵），“V”形密封圈未压紧或损坏（柱塞泵）； 6. 隔膜破损（隔膜泵）	1. 使调压阀处在“高压”状态，切断空气循环，打开出水开关，排除空气； 2. 将滤网全部浸入药液内，清除滤网上的杂物； 3. 加放垫圈，拧紧接头或更换吸水管； 4. 更换阀门零件，清除杂物； 5. 更换缸筒，旋紧压环，调整密封间隙； 6. 更换隔膜
压力调不高，出水无冲力	1. 调压阀手柄在“卸压”位置，调压弹簧被顶起，水流经回水管流出； 2. 调压阀的锥阀与阀座密封不严，有杂物或磨损； 3. 调压阀的阻尼塞被污垢卡死，不能随压力调节轮的调节而上下滑动	1. 把调压阀减压手柄向逆时针方向扳足，再把调压轮向“高”的方向旋紧，以调高压力； 2. 清除杂物，更换锥阀与阀座； 3. 拆开清洗并加少量润滑油，使上下活动灵活
喷头、喷嘴雾化不良	1. 喷嘴、喷头内有杂质堵塞或喷孔磨损，喷孔增大； 2. 压力不足，泵的转速过低，压力未调高； 3. 进出水阀门与阀座间有杂物，压力提不高； 4. 活塞泵的活塞碗、隔膜泵的隔膜损坏； 5. 吸水滤网露出液面，吸水管接头处未拧紧或吸水管路破裂，空气进入管路	1. 清除喷头内杂物或更换喷头； 2. 提高转速，调高压力； 3. 清除阀门内杂物； 4. 更换活塞碗或隔膜； 5. 将吸水滤网浸入液内，拧紧连接螺母，或更换破损吸水管

续表 3-2

故障现象	产生原因	排除方法
漏水漏油	1. 压力指示计的柱塞上密封环损坏或柱塞方向装反； 2. 调压阀阻尼塞上密封环损坏，套管处漏水； 3. 气室座、吸水座的密封环损坏(活塞泵)； 4. 山形密封圈损坏，吸水座下小孔漏水、漏油(活塞泵)； 5. 曲轴油封损坏，轴承盖处漏油： 6. 螺钉未拧紧或垫片损坏，油窗处漏油	1. 更换密封环，调换方向； 2. 更换密封环； 3. 更换密封环； 4. 更换山形密封圈； 5. 更换油封； 6. 拧紧螺钉或更换垫片
油泵运转时有敲击声	1. 滚动轴承损坏； 2. 连杆或曲轴磨损松动，偏心轮或滑块磨损(隔膜泵)； 3. 连杆小端与圆柱销磨损、松动	1. 更换轴承； 2. 更换连杆或曲轴，更换偏心轮或滑块； 3. 更换圆柱销或连杆
油泵升温过高	1. 润滑油量不足或牌号不对； 2. 润滑油太脏	1. 用指定的牌号，加足润滑油至规定油位； 2. 换新润滑油
出水管振动剧烈	1. 空气室内气压不足； 2. 气嘴漏气(隔膜泵)； 3. 气室隔膜破损： 4. 阀门工作不正常； 5. 吸水管漏气	1. 按规定值充气； 2. 更换气嘴； 3. 更换隔膜； 4. 修检或更换阀门； 5. 拧紧吸水管接头

任务 3　弥雾喷粉机的使用与维护

知识目标

- 能够概述弥雾喷粉机的总体结构及特点。
- 掌握弥雾喷粉机的操作方法和维护保养知识。

能力目标

- 会进行弥雾喷粉机的技术状态检查、总体安装、使用调整。
- 能够独立完成弥雾喷粉机的拆装。
- 能及时排除弥雾喷粉机使用中出现的故障。

素质目标

- 培养学生自主学习、归纳总结和语言表达能力。
- 培养学生的沟通能力、责任意识。
- 培养学生对“三农”发展的信心。

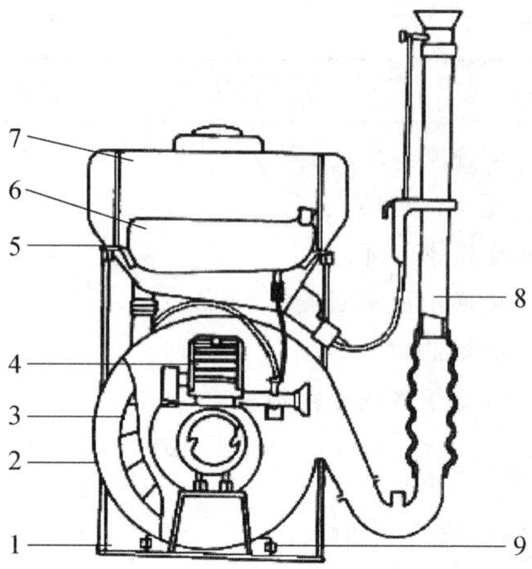

1.下机架　2.离心式风机　3.风机叶轮
4.汽油机　5.上机架　6.油箱　7.药箱
8.喷射装置　9.减振装置

图 3-17　东方红-18 型弥雾喷粉机

一、弥雾喷粉机的结构及工作原理

如图 3-17 所示为东方红-18 型弥雾喷粉机，它可进行弥雾、喷粉、超低容量喷雾等多种作业，适用于大面积农林作物病虫害的防治工作，是一种应用较广泛的植保机具，该机主要由 1E40F 型汽油机、机架、风机、药箱、喷管、喷头等组成。

(一)机架

机架分上下两部分，上机架用于安装药箱和油箱，下机架是主机的底座，用来安装风机和发动机，在机架和发动机之间装有减振装置，机架左下方装有粉门和油门操作手柄，分别控制喷粉量和汽油机的转速。

(二)风机

风机用来产生高速气流，风机为高压离心式，由蜗壳形外壳和封闭式叶轮组成，风机出口通过弯管与喷射部件连接。风机上方开有小的出风口，通过进风阀将部分气流引入药箱，弥雾时对药液加压，喷粉时对药粉进行搅拌和输送。

(三)药箱

药箱用塑料制成，位于风机上部，用于盛装药粉或粉液。根据弥雾和喷粉作业不同，箱内装置也不一样，弥雾作业时，药箱主要由药箱体、箱盖、箱盖密封圈、过滤网、进气软管、进气塞及药门组成。喷粉时，药箱不需调换，只要将过滤网连同进气塞取下，换上吹粉管即可进行喷粉，在粉门内装有阻粉板，通过操纵手柄调节粉门开度来调节喷粉量。

(四)喷射部件

1. 弥雾喷雾

弥雾喷雾喷射部件是弥雾喷粉机的重要工作部件，根据不同作业要求，该机有 4 组组装部件。

(1)弥雾喷管装置。如图 3-18 所示，喷头组件是弥雾喷管中的雾化装置，弥雾喷头结构如图 3-9 所示，手把开关可以控制药液的流量。

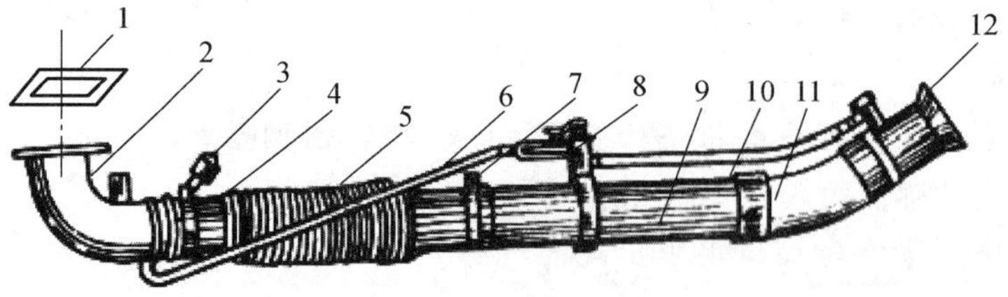

1.弯头橡胶垫片　2.低压聚乙烯弯头　3.出水塞接头　4、7.卡环　5.蛇形管
6、10.输液管　8.手把开关　9.直管　11.弯管　12.喷头体

图 3-18　弥雾喷管装置

(2)喷粉装置。需将弥雾喷粉头的输液管、出水塞、喷头、卡环卸下来，把输粉管一端装在弯头的下粉口上，另一端插在粉门的出粉口上，再用卡环分别固定。

(3)长塑料薄膜喷头。如图 3-19 所示，喷洒粉剂农药时，将塑料薄膜管插入蛇形管口，再用卡环固定，喷管上的小孔应朝向地面。

(4)超低容量喷头结构如图 3-11 所示，作业时只需将弥雾通用式喷头改为超低容量喷头即可。

图 3-19　长塑料薄膜喷头

2. 弥雾喷粉的工作原理

(1)弥雾工作过程如图 3-20 所示。离心式风机在发动机带动下高速旋转(5 000 r/min)，产生高速气流，其中大部分经风机出口进入喷管，少部分气流经进风阀和送风加压组件进入药箱上部，对药液加压，加压后的药液经出液口、输液管和把手开关从喷头喷出，喷出的药液受喷管吹来的高速气流冲击，破裂成很细的雾滴，又被高速气流送到远方，弥散、沉降在作物上。

(2)喷粉工作过程如图 3-21 所示。离心式风机高速旋转产生的高速气流，大部分经出口进入喷管，少部分经进风阀进入药箱内的吹粉管，然后从管壁上的小孔冲出来，将箱底的药吹松扬起，向压力较低的粉门口推送，同时从风机出来的大部分高速气流经弯管时，使输粉管内形成一定负压，在推动和吸力双重作用下，药粉迅速进入喷管，被高速气流充分混合后，从喷头喷出，扩散到远方，沉降在作物上。

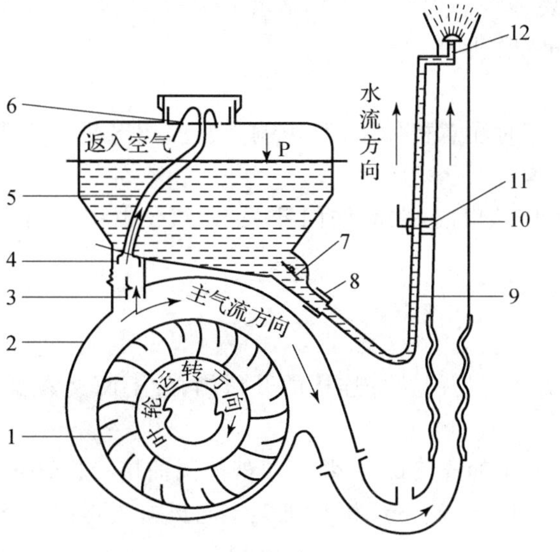

1. 风机叶轮　2. 风机外壳　3. 进风阀　4. 进气塞
5. 软管　6. 滤网　7. 输液门　8. 出水塞接头
9. 输液管　10. 喷管　11. 开关　12. 喷头

图 3-20　背负机弥雾工作过程

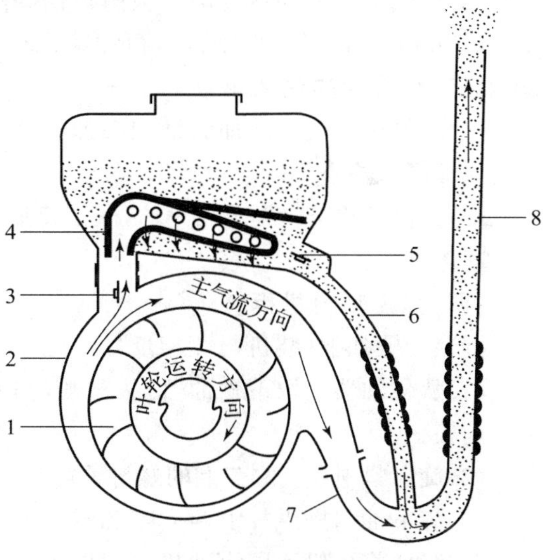

1. 风机叶轮　2. 风机外壳　3. 进风门
4. 吹粉管　5. 粉门口　6. 输粉管
7. 弯头　8. 喷管

图 3-21　背负机喷粉工作过程

二、弥雾喷粉机的使用

(一)启动前的准备

(1)新的或长期封存的汽油机，启封时先除去气缸的机油，旋下火花塞，用启动绳拉曲轴数次，使机油从火花塞孔排出，擦干火花塞孔和电极上的机油，再检查火花塞是否跳火。试火花塞火花时，应将火花塞螺纹部位贴在缸盖上，拉动启动轮。禁止将火花塞贴住汽化器试火，以免着火烧坏机器。

(2)检查各螺钉、螺母是否牢固、正常。

(3)用手转动启动轮，检查气缸压缩压力是否正常和各运动件有无卡滞现象。

(4)严格按比例混合燃油，新汽油机最初运转的 50 h 内，汽油和机油的容积比为 15：1，以后为 20：1。此外，应注意让油通过油箱的滤网，以防杂质进入油箱。

(5)打开油门开关，按下浮子室的加浓按钮，观察有无燃油从空气滤清器处流出。如未按加浓按钮前已溢油，可用起子柄轻轻敲击浮子室外壳，以端正针阀与浮子支架的连接及针阀与针阀座的配合。若仍溢油，可把浮子支架向下弯曲，以调低浮子室油面的高度。

(二)启动步骤及注意事项

(1)将阻风门关闭 1/2～2/3(热机启动可不关)，目的是使混合气加浓。

(2)手油门全开或打开 1/2。

(3)按下启动加浓按钮，使汽化器溢油(热机可不按)，以增加混合气浓度。

(4)左脚踩住弥雾喷粉机下机架，将启动绳顺时针在启动轮上绕 2～3 圈。左手扶住汽油机，右手迅速用力拉动启动绳，拉绳时要注意固定汽油机，防止机器倒翻。必须防止启动绳绕在手上，以防曲轴反转时伤人。

(5)待汽油机启动后逐渐开大阻风门，并妥善将油门调节手柄放在最低速运转位置，待运转 3～5 min，汽油机工作正常后再加速进行负荷作业。

(三)运转时的注意事项

(1)工作中不可突然加大油门高速运转。随时注意机体温度、声响、烟色，如出现异常现象时应立即停机检查。

(2)停机前应低速运转 3～5 min。每班工作结束时，关闭油门开关，让汽化器中燃油烧尽而自动停机。

(四)弥雾喷粉机拆装

拆装步骤如下(装机与此相反)：

(1)从化油器上取下输油管，拔出粉门轴摇臂与粉门拉杆连接的开口销，旋下两夹紧螺母，取下药箱。

(2)旋下紧固在气缸盖上的螺钉，再旋下上支承的连接螺钉，将上机架连同油箱一起取下来。

(3)旋下油门操纵杆上两支架和汽化器压盖螺母，旋下风机和机架上与风机支撑组相连接的 4 个螺母，将风机连同汽油机一起取下来。

(4)旋下风机周围的 12 个螺钉，取下风机后盖。

(5)旋下紧固在轴端的螺母，将叶轮取下来。拆装注意事项如下：

①机具大部分是轻铝合金或薄壁结构，拆装时不宜用力过大，防止损坏机具。

②粉门与药箱连接处，若无渗漏现象可不必拆卸。

③拆装离心风机周围的 12 个螺钉时，应均匀对角旋松或旋紧。旋紧前应先用手将 12 个螺钉全部拧进丝扣里，再用工具旋紧。

④拆装叶轮时，若叶轮与轴配合过紧或锈住时，可用拉拔器拆装，切勿用锤猛力敲打。

⑤离心风机通过 3 个减振胶柱与下支架连接，装配时不要把胶柱两端的螺母过分旋紧，只要将弹簧垫圈的错口压平即可。

三、弥雾喷粉机的常见故障及其排除方法

东方红-18 型弥雾喷粉机的常见故障及其排除方法如表 3-3 所列。

表 3-3 东方红-18 型弥雾喷粉机的常见故障及其排除方法

故障现象	产生原因	排除方法
喷雾量少或不喷雾	1.喷嘴或空心轴堵塞； 2.进风门没打开； 3.开关堵塞； 4.药箱盖漏气； 5.汽油机转速过低	1.清洗喷嘴或空心轴； 2.开启进风门； 3.拧下转芯清洗； 4.药箱盖胶圈是否损坏或变形； 5.检查调整汽油机
药液进入风机	1.进气塞或进气胶圈密封不严或胶圈腐蚀； 2.进气塞与滤网之间的进气管脱落	1.更换进气胶圈； 2.重新安好或更换进气管
手把开关漏水	1.开关压盖没拧紧； 2.开关芯上垫圈磨损	1.拧紧压盖； 2.更换垫圈
出粉量少或不喷	1.粉门未全开，药粉潮湿； 2.吹粉管脱落，粉门堵塞； 3.进风门没打开	1.打开全部粉门，换用干燥药粉； 2.重新安装好吹粉管，清除堵塞； 3.打开进风门
药粉进入风机	1.吹粉管脱落： 2.吹粉管与进气胶圈密封不严； 3.加药粉时进风门未关	1.重新安装好； 2.更换进气胶圈； 3.先关风门再加药粉

四、弥雾喷粉机的保养与保管

弥雾喷粉机每次作业结束后，应进行以下保养：

(1)每班作业完毕要清除箱内残药，还要加水清洗药箱。弥雾作业后要清洗喷雾系统，喷粉作业并清洗后要擦干药箱。

(2)检查各部位连接处紧固情况，发现问题及时处理，使该机保持完好状态。

(3)长喷管在拆卸前，应空机运转 1～2 min，将管中残粉吹净。

(4)汽油机保养存放按说明书执行。

任务 4 自走式喷雾机的使用与维护

知识目标

- 能够概述自走式喷雾机的总体结构及特点。
- 会进行自走式喷雾机的技术状态检查、总体安装、使用调整。

能力目标

- 能够独立完成自走式喷雾机的操作和维护保养。
- 能够独立完成自走式喷雾机的拆装。

- 能及时排除自走式喷雾机使用中出现的故障。

素质目标

- 培养吃苦耐劳、爱岗敬业的精神。
- 培养科学严谨的探索精神和实事求是、独立思考的工作态度。
- 培养勇于实践的工匠精神和创新精神。

高地隙自走式喷杆喷雾机属于大型高端农业装备的一种，具有机械化和自动化程度高、使用方便、通过性好、适用范围广、施药精准高效等优点，可有效提高农药利用率，减少农药使用量和对环境的污染。

一、自走式喷雾机的结构及工作原理

自走式喷雾机主要由发动机、驾驶室、底盘部分、电气部分、液压部分、传动部分、药泵、药箱、过滤器、喷杆、喷头等组成。自走式喷雾机的结构如图 3-22 所示。

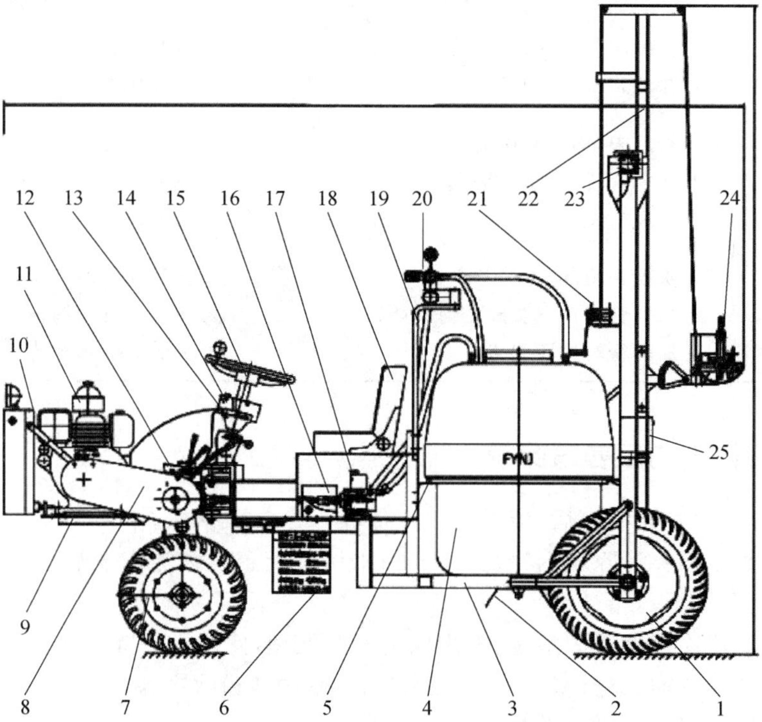

1. 后轮总成(左、右) 2. 挡板 3. 机架 4. 药箱组合 5. 药箱架(左、右) 6. 蓄电池组合 7. 前轮总成 8. 皮带罩 9. 柴油机支架 10. 前罩 11. 柴油机 12. 行走箱总成 13. 油门控制器 14. 启动开关箱 15. 转向总成 16. 隔膜泵传动总成 17. 隔膜泵 18. 驾驶座椅组合 19. 压力分配器支架 20. 压力分配器 21. 升降机构 22. 导轨焊合 23. 后支架 24. 喷杆组合 25. 工具箱

图 3-22 自走式喷雾机的结构

工作前，将水经过自吸再经过压力分配器的回流管打入药液箱，完成自吸加水过程。加水的同时，将农药由药液箱的加药口倒入，利用加水过程进行液力搅拌；然后将前轮、发动机、储药罐对准农作物行间，调整后轮间距，使后轮对准前轮两侧的农作物行间；再根据农作物的高低、种类调整喷杆高度、喷洒角度等。当机具前进时，打开喷雾泵，将药箱药液经过滤器，调压

(旋动压力分配器手轮可调整工作压力),一部分药液经胶管进入喷杆,最后经防滴喷头喷出;另一部分经调压阀回流管进入药箱进行回流搅拌,即可完成植保作业。

二、自走式喷雾机的使用、维护及调节

(一)使用前的检查

(1)检查机具各处的紧固件有无松动现象,如发现松动,应及时紧固。

(2)检查发动机机油尺、油面是否在规定刻度之内,若油量不够应加足后使用,加油不可超出标尺刻度上限。

(3)检查机具燃油箱内的燃油是否充足,若油量不够须加足。

(4)检查变速箱、副箱、分动箱、后桥、驱动箱齿轮油面,若油量不足应添加。

(5)检查机具上所有的黄油润滑点,加注足够的润滑油。

(6)检查液压油箱中的液压油是否充足。

(7)检查喷杆上组合式防滴喷头的喷嘴有无丢失或损坏。

(8)检查电瓶电压,电量不足时要把电充足。

(9)检查轮胎的气压是否充足。

(二)使用前的准备

(1)机器调试使用之前,应仔细阅读使用说明书,掌握喷雾机施药作业的相关操作、设备的日常维护和常见故障的诊断及解决方法,包括关键部件喷药控制系统、药泵、喷药管路系统的工作原理,操作、维护和使用方法,系统的维修保养等。

(2)在第一次使用机器之前,操作人员应该经过一定的操作培训,建议使用清水试压。

(3)准备好田间作业所需要的农药。

(4)准备好各种必需的防护用品。

(5)给底盘的燃油箱内加入足够量的清洁0号柴油。

(6)按照隔膜泵使用说明书要求,给隔膜泵的泵腔内加入足够量的清洁40号机油,并给隔膜泵的气室打足0.3～0.4 MPa的气压。

(7)给液压驱动系统的储油箱内加入3/4容积的液压油。

(8)向主药液箱内加入约1/2容积的清洁清水。

(三)调节和试运转

(1)启动发动机,并逐步加大油门,使发动机达到额定转速。升降油缸,检查喷杆升降情况,若油路内有空气,可反复操作几次排净空气。检查左右喷杆桁架的展开和折叠是否同步且准确到位,否则须分别调节左右喷杆桁架折叠油缸的螺杆长度,直至符合要求为止,并锁紧螺母。

(2)将喷杆桁架提升至适当的离地高度,将左右喷杆桁架展开,呈水平状态,切断控制喷杆桁架折叠油缸的油路。

(3)接合离合器和药液泵离合器,并逐步增大拖拉机的油门,检查液压齿轮泵、输液泵的运转是否正常。

(4)打开风幕风机电磁阀,旋动溢流阀手轮,逐步增加液压操纵系统中的供油压力,检查液压马达和轴流风机的运转是否正常,并检查出风管沿整个喷幅的出气是否均匀,出气速度是否符合要求。

(5)打开喷雾总开关和三组分配阀,使喷雾机处于喷雾状态。然后,调整喷雾压力,将喷雾

机的喷雾压力调至规定值。检查所有喷头的喷雾状态是否良好，并检查喷雾系统的各个密封部位有无渗漏现象。

(6)安装、调试完毕后，操纵喷杆桁架的两个折叠油缸，将喷杆桁架折叠成运输状态，并通过升降油缸降下喷杆，然后搁置在喷杆托架上。此时，机具已处于待命状态，备足农药后即可开赴作业地点，进行田间喷雾作业。

(四)安全操作注意事项

(1)机具在道路上行驶时要遵守交通规则，上路之前先检查灯光、喇叭、刹车和紧急制动功能是否完善，保证喷杆处于折叠状态，且保证喷杆托架已经托住喷杆。机具在起步、升降及喷杆展开或折叠时应鸣笛示警。在道路运输及作业过程中，严禁人员站在机器上，驾驶室内也不得超员。应时刻注意道路交通状况能否满足机具的尺寸。

(2)机具工作前，应检查各控制按钮，并掌握各按钮的操作规程。机具启动后，不得再乘坐其他人，也不得牵引其他机器。要尽量避免急刹车或突然加速，这样做会造成主药箱中的水发生涌动，使机器不稳。机具熄火后，应打开驻车制动、锁定工作部件，并将操纵杆置于中位，然后再对机具进行保养。

(3)操作人员应具备自我防护意识，作业时需佩戴防护装备(衣服、手套、鞋子等)。操作人员不得在中途进行饮食、吸烟等可能产生农药中毒后果的行为。一旦作业人员出现身体不适等症状，应立即前往医院就医。作业时，驾驶员必须精力集中，机器停稳后方可上、下人员。

(4)严禁在发动机未熄火时进入机器下方进行检查、保养、维修。作业中出现故障，须立即停车、熄火、关闭药液分配阀，然后方可进行检查。对机具电控系统进行保养前，应首先断电。保养检修时，机器必须停放在平整坚实的地面上，须用坚固的物体支撑住机器。进行作业、维护保养及操作喷杆时，喷杆摆动范围内及喷杆下方均不允许站人。除非进行必要的维修保养，人员不得进入药箱。喷药作业后，如药箱内有残余药液，则应按照有关环保规定进行处理，不得随意排放。应定期检查高压液压管路，以及时发现隐患。

(5)处理农药时，应遵守农药生产厂家提供的安全说明，并遵守国家有关环保规定。冲洗药箱及喷药管道时，喷头、过滤器及清洗操作人员防护用品的废水应按照有关环保规定处理，不得随意排放。

(6)注意机器上的警示和安全标志，并保证其清洁完好。

三、自走式喷雾机的常见故障及其排除方法

自走式喷雾机阀门的常见故障及其排除方法如表3-4所列。

表3-4　自走式喷雾机阀门的常见故障及其排除方法

故障现象	产生原因	排除方法
个别的、单一的阀门不产生脉冲	1.连接不好； 2.线圈过松； 3.提升阀卡住； 4.零件丢失； 5.线圈不工作； 6.阀门失效	1.检查阀门的配线； 2.拧紧线圈的螺母； 3.拆分阀门，检查卡住的提升阀； 4.更换丢失零件； 5.更换线圈； 6.更换阀门

续表 3-4

故障现象	产生原因	排除方法
喷雾机的阀门不产生脉冲	1.压力可能超过阀门上限（通常为0.69 MPa）； 2.模块没有电压或者电压很低； 3.喷杆关闭信号不正确： 4.模块不工作； 5.应用比率超过速度、压力或者喷头的范围	1.减小压力； 2.检查配线、保险丝或电池； 3.检查模块的电线； 4.更换模块； 5.检查
每隔一个阀门没有脉冲	1.阀门连接线错误； 2.模块不工作	1.检查配线； 2.交换喷杆部分的主要线路来看这个问题是否限制模块上的喷杆连接器或喷雾机上的喷杆部分，如果问题在模块上，更换模块；如果问题在喷杆部分，检查配线
在一排的几个阀门不产生脉冲	坏的阀门连接器可能是“黑线”	检查、修理或更换
阀门在关闭之后滴水	1.阀门中有杂物； 2.阀门的座或密封垫损坏； 3.弹簧坏了； 4.提升阀卡住； 5.阀门中丢失零件	1.拆卸并清洗； 2.更换阀门体或提升阀； 3.更换； 4.清理、修理或更换； 5.更换
当脉冲调制时，从阀门中滴水	喷杆关闭配线不正确或配线不完善	检查并纠正

自走式喷雾机喷杆的常见故障及其排除方法如表3-5所列。

表3-5 自走式喷雾机喷杆的常见故障及其排除方法

故障现象	产生原因	排除方法
左边、中间、右边喷杆没有和比率控制板的关闭开关相对应	1.喷杆连接顺序错误； 2.喷杆与模块配线连接错误	1.与当地服务代理商联系； 2.与当地服务代理商联系
喷杆部分没有按正确的顺序工作	部分喷杆与模块配线连接错误	交换部分喷杆与模块上的输出线，如果问题是在模块上，交换模块；如果问题在喷杆部分，检查配线
所有或部分的主从模块不工作	1.配线连接错误； 2.从动装置没有点火或无动力； 3.在从动装置上的保险丝烧毁	1.检查喷杆输出和喷杆关闭配线，同时检查主从模块之间的连接； 2.检查模块动力； 3.检查或更换

自走式喷雾机系统响应和压力的常见故障及其排除方法如表 3-6 所列。

表 3-6　自走式喷雾机系统响应和压力的常见故障及其排除方法

故障现象	产生原因	排除方法
系统喷雾率不是满量程(没有脉冲)就是最低(非常短的脉冲)	1. 输入到主流动控制模块的“伺服”极性是相反的； 2. AIM 指令系统没有从比例控制器接收正确的信号	1. 以相反的极性安装适配器或者铰接。 2. 检查比例控制器的连接。拆开“伺服”输入连接器来控制流动模块，使用蓄电池的跳线，把＋/－或者－/＋信号应用到模块的“伺服”输入插脚。如果 AIM 指令有反应，则问题是在比例控制器。如果系统没有反应，则问题是在模块。检查模块电路板上的开关设置和跳线。如果问题仍存在，更换模块并与当地的服务代理商联系
流动控制系统是不稳定的，当比率改变时，它“摆动”或者振荡	1. 比例控制器被设置了很高的灵敏度或者压力调节阀的激励太快(在 AIM 指令系统安装之前)； 2. AIM 指令流动控制模块响应时间设置得太短	1. 降低比例控制器的灵敏度和降低改变的速度，与当地的服务代理商联系； 2. 与当地服务代理商联系
流动控制系统反应特别慢，目标比率的设计特别慢	1. 比例控制器设置的灵敏度太低或者压力调节阀(在 AIM 指令安装前)的执行太慢； 2. AIM 指令流动控制模块响应时间设置得太长	1. 提高比例控制器的灵敏度和提高改变的速度，与当地的服务代理商联系； 2. 与当地的服务代理商联系
压力调节系统调节压力只能在最大或者最小，不能在中间	1. 压力调节阀的输出线极性接反了； 2. 系统响应设置得太快； 3. 在压力模块电路板(阀门负载电阻器，阀门模式 DIP 开关、自动/手动跳线、运行/保持跳线)上的设置不正确； 4. 有缺陷的模块	1. 用相反的电线重新测试； 2. 在电路板上调节灵敏度和响应值，与当地的服务代理商联系； 3. 与当地的服务代理商联系； 4. 与当地的服务代理商联系
压力调节系统不稳定，当比例改变时，它“摆动”或者振荡	压力调节器被设置了太高的灵敏度或者太短的响应时间	降低调节器的灵敏度和响应速度，与当地的服务代理商联系
压力控制系统反应太慢，压力设置点设置得太慢	比例控制器被设置了太低的灵敏度或者响应速度太慢	提高比例控制器的灵敏度，提高改变的速度，与当地的服务代理商联系

续表 3-6

故障现象	产生原因	排除方法
压力改变开关没有反应	1.比例控制器被设置了太低的灵敏度或者响应速度太慢； 2.模块上没有动力； 3.压力调节阀有故障； 4.压力模块电路(阀门负载电阻器、阀门模式 DIP 开关、自动/手动跳线、运行/保持跳线)设置不正确； 5.模块不工作	1.提高比例控制器的灵敏度，提高响应的速度，与当地的服务代理商联系； 2.检查模块上的连接和电压供应； 3.拆开阀门，通过连接蓄电池上的跳线到阀门的输入线来试着使它循环； 4.更换； 5.更换

四、自走式喷雾机的保养与保管

(一)定期更换和加注润滑油

(1)在机具累计工作 100 h 后，应将隔膜泵泵腔内的旧机油及变速箱箱体内的旧机油全部放尽，并更换新的清洁 40 号柴机油，应每隔 200 h 更换一次新机油。

(2)在机具累计工作 200 h 后，拆下轴流风机上的防护网，采用直管式黄油枪，通过导流器支承毂上的黄油嘴，为轴流风机的轴承加注足够的黄油，每隔 200 h 给轴流风机的轴承加注一次黄油。

(3)在机具累计工作 500 h 后，应检查蓄电池内蒸馏水是否充足，并更换液压工作管路和液压驱动管路中的过滤器，同时更换发动机空气滤清器，排放液压油箱和液压过滤器中的液压油，并进行彻底清洗。

(4)间隔 1 500 h(或每两年)应更换发动机冷却液和液压油，喷雾机行走驱动液压系统必须使用正规液压油生产商出售的 HV 46 号液压油。

(二)长期存放

当机具进行长期存放时，应按如下方法进行维护：

(1)断开电源电极。

(2)向需要润滑的各个部位注入润滑油。

(3)检查喷雾机的各个部件，紧固松动部位，更换损坏部件和维修管路的泄漏部位。

(4)仔细冲洗液压系统，按照说明书保养和维护说明更换液压油和液压油过滤器。

(5)清洗喷雾机的各个部分，确保各阀门和管路都没有农药残留，将药箱和水箱中的残留物彻底排放。喷雾机清洗结束后，放空药箱中的水，把各阀门全部打开，让水泵空转几分钟，使喷药管路中的水尽可能排净，直至喷头有空气喷出。

(6)喷雾机晾干后，应擦除生锈部位，并对碰损和划伤的部位进行补漆。将喷雾机金属零部件表面涂上薄薄的一层防锈油，并在没有完全缩回的液压油缸的活塞杆上涂抹黄油，但要避免将防锈油涂抹到轮胎、胶管及其他橡胶零部件表面上。可将喷雾机用防水油布盖上。

(7)冬季应在喷药系统管路和水泵内填充防冻液，以避免各部件被冻裂。向药箱中加入 100 L 防冻混合液，包括 1/3 的防冻剂和 2/3 的水。启动水泵和各操作阀，使防冻混合液充满整个喷药管路以及喷头。

(8)将机具存放在阴凉、干燥、通风的机库内。应避免有腐蚀性的化学物品靠近机具,并且机具要远离火源。

任务5 中耕机械的使用与维护

知识目标

- 了解中耕机械的结构及工作原理。
- 会进行中耕机械的技术状态检查、总体安装、使用调整。

能力目标

- 掌握中耕机械的操作方法和维护保养知识。
- 能够根据不同的作物和土壤条件选择合适的中耕机械进行作业。
- 能及时排除中耕机械使用中出现的故障。

素质目标

- 培养团队工作能力和沟通能力。
- 培养小组成员的协作能力。
- 树立责任意识。

一、中耕的目的及要求

中耕是作物田间管理的主要环节之一,主要包括作物的行间除草、松土、施肥、培土和间苗等作业,其目的是消灭杂草,疏松地表,蓄水保墒,提高地温促使有机肥料分解,破除土壤硬结和增加土壤的透气性,为作物生长发育创造良好的条件。

中耕作业的具体项目,应根据土壤条件、作物生长状态和实际需要确定,有的着重除草,有的着重松土,有的着重培土或施肥,有的几项联合进行。

中耕机械一般应满足以下农业技术要求:

(1)能够满足不同行距的要求,调整方便。

(2)不伤作物根系及幼苗。

(3)杂草出净率高,表土松碎,土壤位移小。

(4)中耕深浅一致,调节方便。

(5)仿形性好,不堵塞,不沾土,不缠草,不漏耕。

二、中耕机械的种类和一般构造

中耕机械种类很多,按动力不同,可分为畜力和机力两种,机力又可分为牵引式和悬挂式两种;按耕作条件和耕作制度不同,分为水田中耕机、旱田中耕机、垄作中耕机和平作中耕机;按用途分为通用中耕机、通用机架中耕机。

中耕机一般由工作部件即除草铲、松土铲和培土器,以及仿形机构、机架、机轮、牵引或悬挂装置等组成。

三、中耕机的工作部件

中耕机的工作部件分为固定式和旋转式两类。固定式工作部件应用最普遍,一般称工作锄铲，按作用可分除草铲、松土铲和培土铲 3 种类型。

1. 除草铲

(1)除草铲的类型和结构。除草铲分为单翼除草铲、双翼除草铲和双翼通用铲等，它主要用于作物早期的除草和松土，其结构如图 3-23 所示。

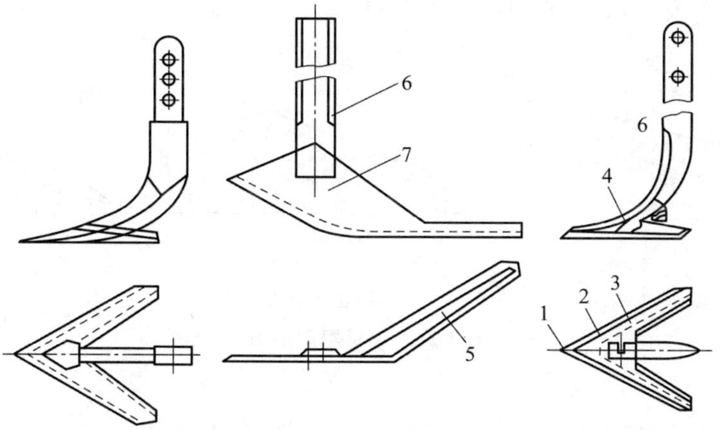

1. 铲尖　2. 铲刃　3. 铲面　4. 铲胸　5. 铲翼　6. 铲柄　7. 垂直护板

图 3-23　除草铲的类型和结构

①单翼除草铲。它主要用于作物早期除草，工作深度较浅。一般不超过 6 cm，单翼铲由水平切刃的铲翼和竖直护板两部分组成，工作时铲翼部分用于除草和松碎表土，护板用于保护幼苗不被压埋。

单翼铲有左翼铲和右翼铲之分，在机上安装时要对称配置，置于幼苗的两侧，并使水平切刃保持水平。

②双翼通用铲。双翼除草铲的作用与单翼除草铲相同。通常与单翼铲配合使用，双翼除草铲两翼对称，铲面与地面的夹角较小，除草作用较强、松土作用弱。

③双翼通用铲。双翼通用铲的铲面与地面夹角较大，工作深度也较大，一般可达 80～120 mm，它有锄草和松土的性能，常用于第二次或以后的中耕。

(2)除草铲的主要性能参数。

①翼张角 γ 或 2γ。除草铲铲刃与机器前进方向在水平面内的夹角称翼张角，它的大小根据锄铲工作时草根能沿铲刃滑切、不缠草堵塞而定。过大时容易缠草，过小则铲翼过长，双翼铲张角的常用范围为 $60° < 2\gamma < 90$。

②入土角 α。入土角也称起土角，为锄铲两翼交线与地平面的夹角，起入土和升土作用。

③碎土角 β。锄铲上表面与地平面间的夹角称碎土角，其作用是松碎土壤。通常单翼除草铲的 β 为 18°～30°，双翼通用铲为 25°～40°。

④切土角 β_0、刃角 i 和隙角 ε。切土角 β_0 为切土面与地面的夹角，切土角越小，锄铲切草根的能力越强，但受到刃角和隙角的制约；刃角 i 为锄铲切刃面的夹角，其大小影响铲刃的强度，通常取 i 为 12°～15°；隙角 ε 为锄铲下刃面与地面的夹角，其大小影响锄铲的入土性能，通常取 ε 为 10°。根据刃角和隙角的大小，可以决定切土角的大小，即 $\beta_0 = i + \varepsilon = 22° \sim 25°$

⑤锄铲工作宽度 b。锄铲工作宽度应适合于中耕的各种行距的需要，单翼除草铲幅宽有 120、135 和 150 mm 3 种规格；双翼除草铲幅宽一般为 150 mm，双翼通用铲幅宽有 180、220 和

270 mm 3 种。

(3)锄铲的磨刃。锄铲的刃口应保持锋利,刃口厚度不超过 0.5 mm,工作中刃口在磨钝后应及时磨锐。锄铲磨刃的方式有 3 种,如图 3-24 所示。一般为避免铲面形成折面不易脱土,应采用下磨刃,但要注意应保证刃角和隙角的大小,当 $\beta<15°$ 时采用上磨刃,当 β 为 15°～25°时可采用上下磨刃,当 $\beta>25°$ 时采用下磨刃。

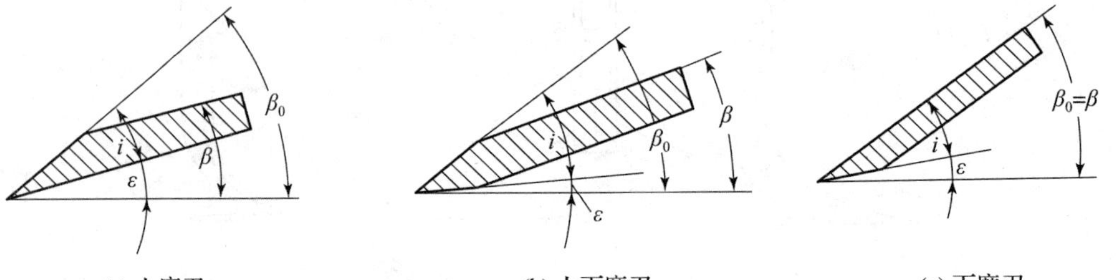

图 3-24 锄铲磨刃的方式

2. 松土铲

它的作用是松土,能使土壤松碎但不翻转,松土深度可达 13～16 cm,松土铲由铲尖和铲柄两部分组成,常用的松土铲有凿形、铧式和箭形 3 种,如图 3-25 所示。

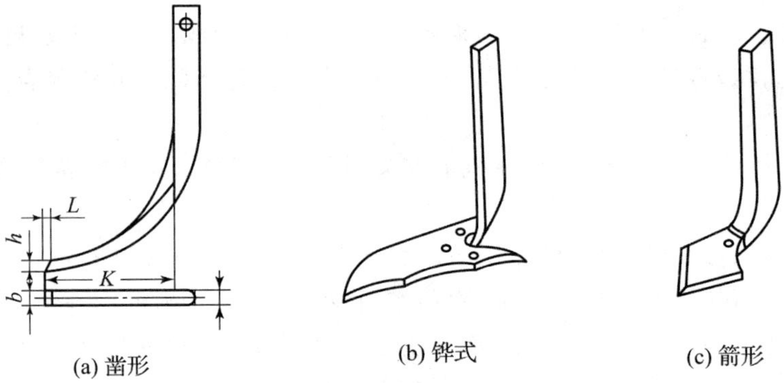

图 3-25 松土铲

(1)凿形松土铲。铲尖呈凿形,入土性能好,松土深度较大,对土壤搅动较小,但松土区上宽下窄,松土层底面不平整,松土深度不一致。这种松土铲过去用得较多,现已被箭形松土铲取代。

(2)箭形松土铲。铲尖呈三角形,工作面为凸曲面,入土角和碎土角较小,耕后土壤松碎,沟底较平整,适用于作物中后期的中耕松土作业,在目前中耕上广泛采用。

(3)铧式松土铲。铲尖呈三角形,工作面为凸曲面,翼部较长,工作幅宽较大。这种铲用于东北垄作地区第一、第二遍蹚地作业。松动程度较大,松土后行间地表留下一道浅沟,为后期培土起垄打下基础。

3. 培土器

它主要用于培土和起垄作业,也可以在作物行间开掘灌水沟,按工作面的不同有双壁曲面式和三角铧式两类。

(1)双壁曲面式培土器。主要由铲尖、铲胸、左右培土器和左右调节臂等组成。铲尖、铲胸和左右培土壁形成一个表面光滑的双壁凹曲面,工作时可将行间土壤松碎、提升并翻向两侧,完成培土或开沟要求。培土器与铲胸为铰接，可通过左右调节臂的固定螺栓调节左右培土器的长度，调节范围为275～430 mm，如图3-26所示。

(2)三角铧式培土器。这类培土器是在三角铧的基础上，加装培土板构成的，根据培土板的不同，可分为平面式培土器和凹面式培土器两种，如图3-27所示。

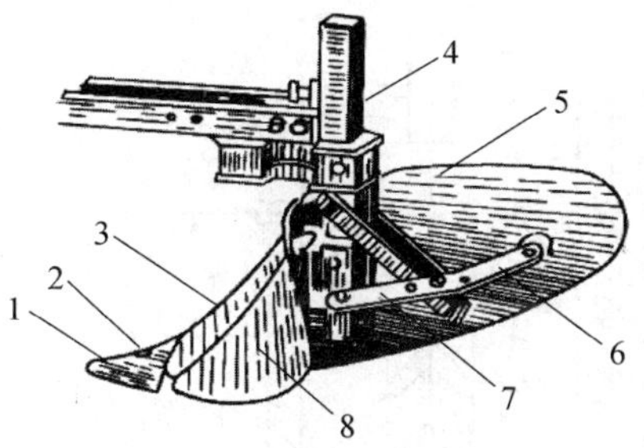

1. 铲尖 2. 特制螺栓 3. 铲胸 4. 铲柄
5. 右培土壁 6. 右调节臂
7. 左调节臂 8. 左培土壁

图3-26 双壁曲面式培土器

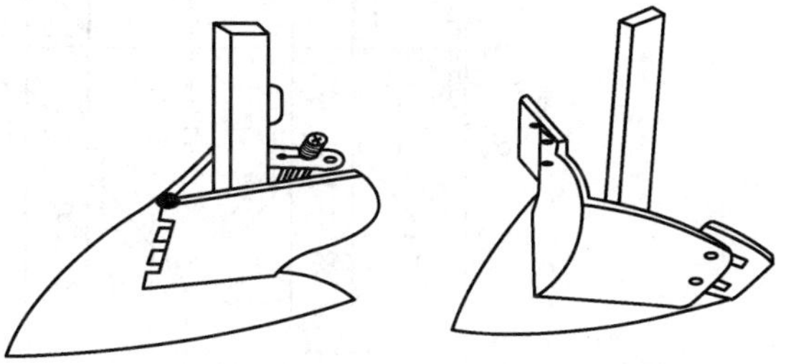

(a) 平面式 (b) 凹面式

图3-27 三角铧式培土器

4. 护苗器

近年来由于中耕作业速度提高，中耕机上普遍装有护苗器，保护幼苗，以防止其被中耕锄铲铲起的土块压埋。护苗器一般采用从动圆盘的形式，如图3-28所示。工作时，苗行两侧的圆盘尖齿插入土中，并因机器前进而转动，除防止土块压苗外，也有一定的松土作用。

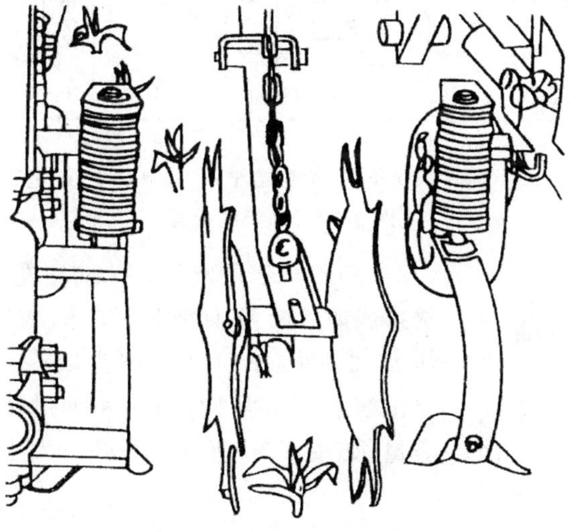

图3-28 圆盘式护苗器

四、中耕锄铲的选择和配置

1. 锄铲的选择

平作第一遍中耕时，一般只要求除草，应选用单翼和双翼除草铲；第二遍及以后的中耕须除草和松土兼顾，可选用双翼通用铲；后期中耕以松土为主，可选用松土铲，需要追肥和培土时，可选用追肥铲和培土器。

垄作行距较宽时（60～70 cm），蹚第一遍地用小铧子，蹚第二遍地时用中铧加装培土板，蹚第三遍地时用大铧加装培土板，且培土板要加大。

2. 锄铲的配置

锄铲的配置以不漏锄、不堵塞、不伤苗为原则。常用的配置方案如图 3-29 所示。

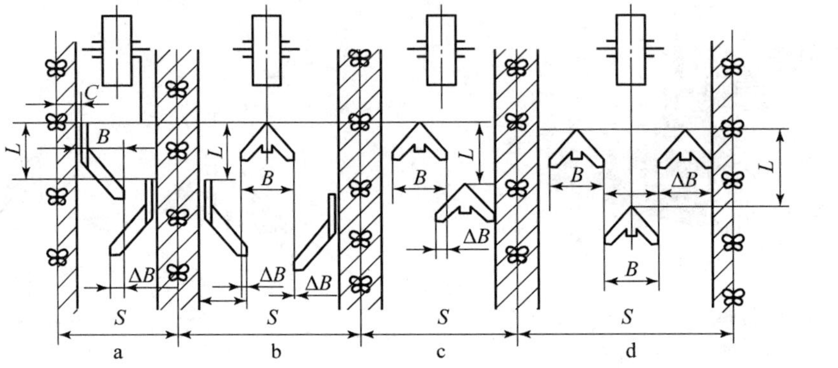

a，b. 苗期除草；c，d. 中期除草松土；e. 除草培土；f. 追肥培土；g. 追肥松土；h. 深松土

图 3-29　锄铲的配置

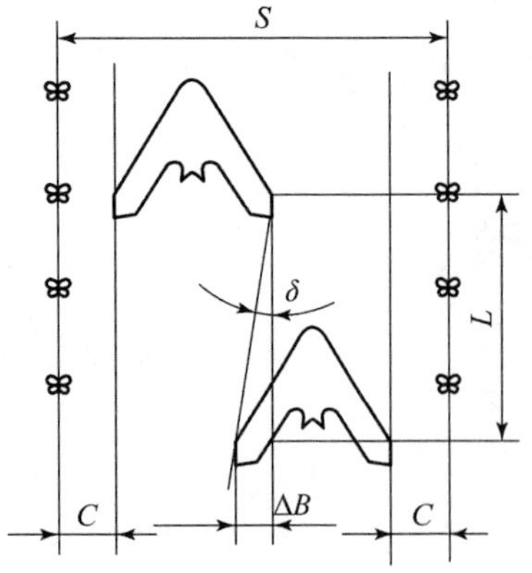

图 3-30　锄铲的配置方案

（1）除草铲的配置。为防止左、右锄铲间拥土堵塞，常将铲排成前后两列，两列锄铲间的纵向距离 L 与耕深有关，当深耕为 10～20 cm 时，L 一般为 40～50 cm。为防止工作时因机器偏摆而产生漏锄，前后两列锄铲横向位置应有一定的重叠量，如图 3-30 所示。重叠量大小可由下式决定：

$$\Delta B = L \cdot \tan\delta$$

式中，ΔB——前后两列锄铲横向重叠量；

L——前后两列锄铲纵向间距；

δ——中耕机工作中的偏摆角，一般为 7°～9°。

（2）松土铲的配置。松土铲由于耕深和起土角都较大，工作时以前方和两侧土壤的影响范围较大，其影响范围的纵向长度为 L，宽为 B。为防止前后两列松土铲工作中互相影响而堵塞，同时不造成漏耕，前后松土铲的纵向间距应大于铲尖前伸量与铲纵向影响范围之和。同列锄铲的横向间距 S 应大于锄铲的影响范围 B 且小于 $2B$，前后列锄铲横向位置有一定的重叠量 ΔB，如图 3-31 所示。

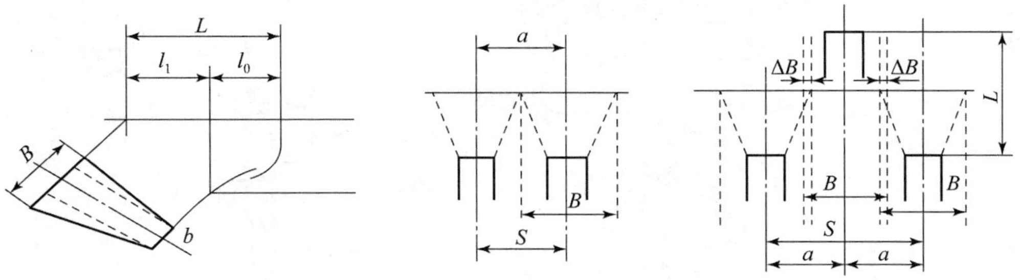

a. 松土铲对土壤的影响范围　b. 同列松土铲的配置　c. 前后列松土铲的配置

图 3-31　松土铲配置

五、中耕机的仿形机构

为保持工作深度的稳定，中耕机的工作部件，一般通过仿形机构与机架铰连，使工作部件在工作中能随地形起伏而上下仿形。常见的仿形机构有单铰接仿形机构、平行四杆仿形机构和多杆双自由度仿形机构等形式。

1. 单铰接仿形机构

单铰接仿形机构有单杆铰接、分组铰接和横梁铰接等形式，但从机构的运动情况看，工作部件通过拉杆与机架单点铰接，工作时，工作部件可绕铰接点上下摆动进行仿形，这种仿形结构简单，耕深不稳，对沟底形状和培土质量有一定影响，应用较少，如图 3-32 所示。

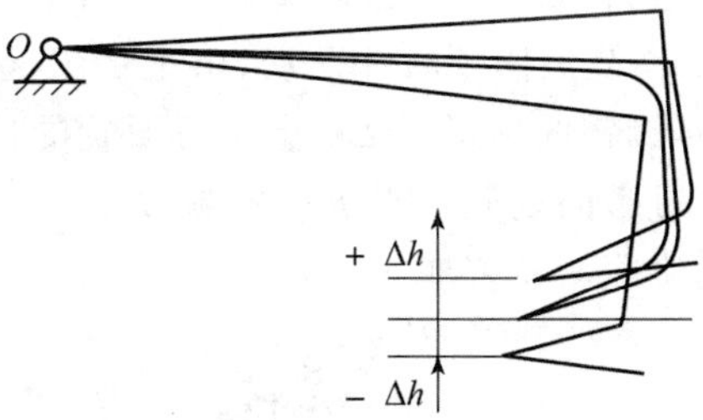

Δh. 仿形量

图 3-32　单铰接仿形机构

2. 平行四杆仿形机构

平行四杆仿形机构是目前国内中耕作物播种机和中耕机上广泛应用的仿形机构，如图 3-33 所示，由前支臂，上、下拉杆和后支架 4 个杆件，两两平行互相铰接而成。前支臂用螺栓固定在机架横梁上，后支架上固定有仿形轮纵梁，纵梁前端装仿形轮，后端部安装锄铲，工作中由仿形轮沿地表仿形运动。

这种机构的特点是：仿形机构在工作中上下仿形时，仿形轮纵梁平行地上下运动，锄的入土角保持不变，前后列锄铲也能保持不一致的耕深。此外，这种机构存在“仿形过敏”和“仿形滞后”的缺点，工作中仿形轮和工作部件随仿形纵梁同时上下仿形，因此，当仿形轮遇到土块残茬等局部障碍时，仿形轮的跳动将敏感地引起工作部件的跳动。由于工作部件位于仿形轮后方一定距离处，工作部件的仿形落后于仿形轮一定距离，这种“仿形过敏”和“仿形滞后”现象，在地表不平、起伏较大的条件下，将影响工作部件的工作质量。

3. 五杆双自由度仿形机构

这种机构的构造如图 3-34 所示。五杆双自由度仿形机构的特点是：犁辕与后支架不是固定连结，而是以一点铰接的，整个机构由 5 根杆件和 5 个转动副构成。在此机构中，犁辕相对机构有两个自由度，由仿形轮和犁踵约束，其工作情况如图 3-35 所示。当仿形轮向上仿形，仿

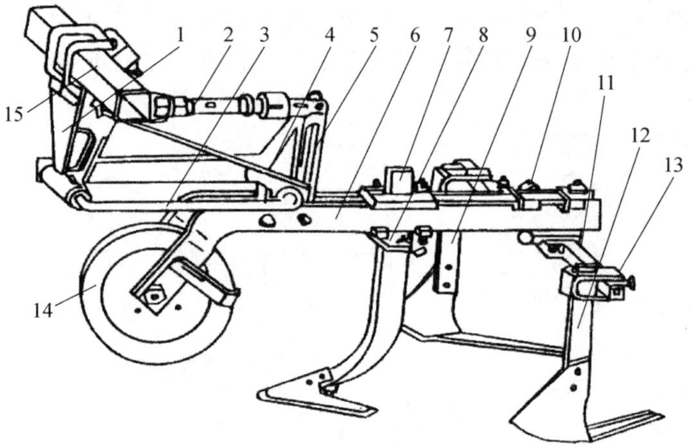

1. 前支臂　2. 上拉杆　3. 下拉杆　4. 提升拉杆　5. 后支架　6. 仿形纵梁　7. 双翼铲
8. 总梁固结器　9. 右单翼铲　10. 固定螺栓　11. 横臂　12. 左单翼铲
13. 除铲固结器　14. 仿形轮　15. 机架横梁

图 3-33　平行四杆仿形机构

形量为 Δh 时，犁辕以犁踵为支点作顺时针方向的摆动，铲尖上翘，上翘量为 h，同时后支架 BCD 绕工作顺时针摆动，由于铲尖上翘形成出土趋势，随着机器前进，耕深逐渐变浅。由图可知，锄铲的仿形量 Δh 小于仿形轮的仿形量 h，因而耕深的变化较缓慢，克服了平行四杆机构仿形过敏的现象。当仿形轮越过土块、残茬时，铲尖稍一上翘，很快又恢复到原来的位置，不致引起耕深的显著变化。

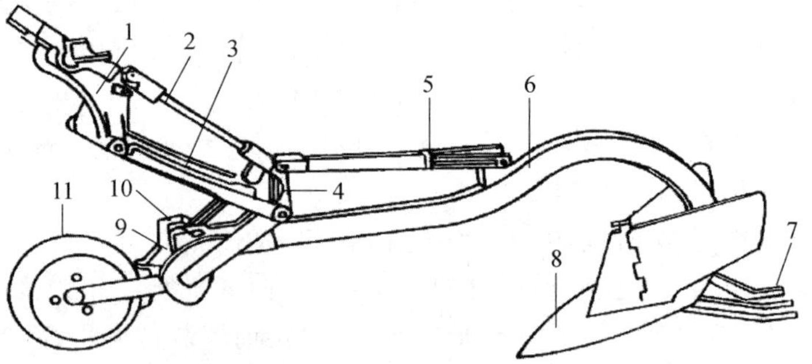

1. 前支臂　2. 上拉杆　3. 下拉杆　4. 后支架　5. 提升杆　6. 前辕　7. 犁踵
8. 三角铧　9. 牵引架　10. 调深机构　11. 仿形轮

图 3-34　五杆双自由度仿形机构

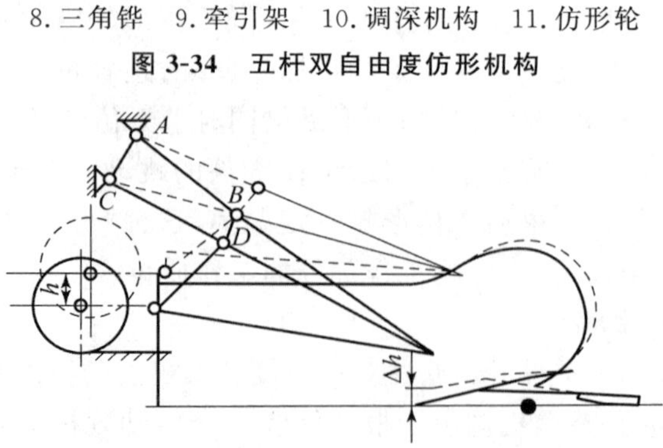

图 3-35　五杆双自由度仿形机构的工作情况

图 3-36 为平行四杆仿形机构和五杆双自由度仿形机构的仿形性能比较示意图。图中Ⅰ为地表起伏线，Ⅱ为平行四杆仿形机构工作部件的仿形曲线，Ⅲ为五杆双自由度机构工作部件的仿形曲线，可以看出，曲线Ⅰ变化突然，且由于“仿形滞后”的缘故，仿形轮自地表 A_1 行进到 B_1 时，工作部件的仿形为 A_2B_2 段，与地表的变化不够协调，耕深不够稳定，而曲线Ⅲ的变化比较缓和，工作部件的仿形与地表的变化比较协调，耕深的稳定性较好。

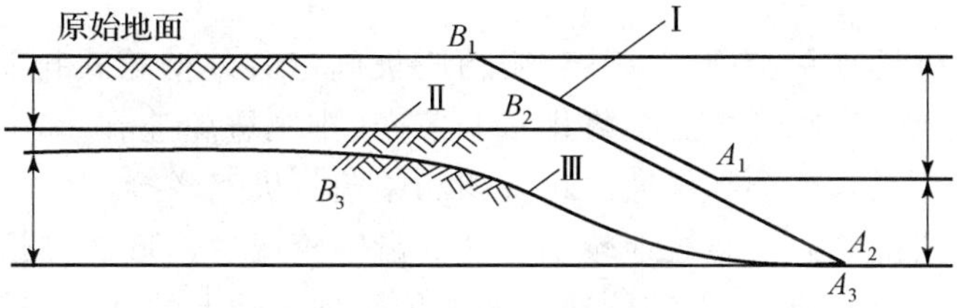

图 3-36　仿形性能比较

(六)悬挂式垄作七铧犁Ⅲ型

该机适用于旱田作物区，用于深松起垄、垄作深松、深松起垄同时施肥、起垄中耕同时深松、搅麦茬等项作业。此外，增加附件后还可进行中耕追肥、行间除草、垄帮松土作业等。

1. 构造

该机主要由机架、地轮、仿形机构、犁铧、深松施肥器、肥箱、中间传动、划印器及脚踏板等部分组成，如图 3-37 所示。

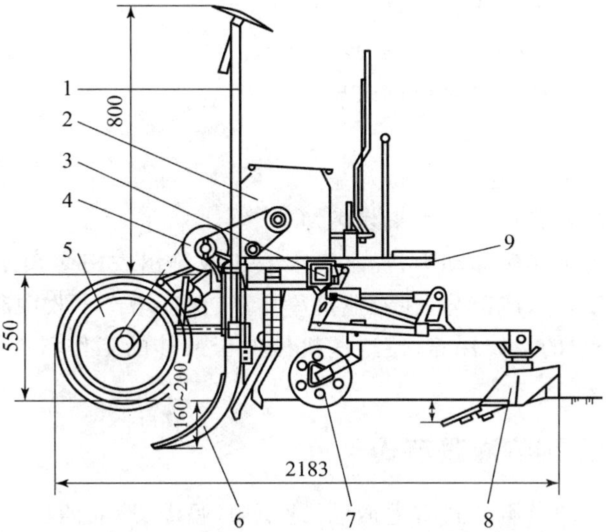

1. 划印器　2. 肥箱　3. 机架　4. 中间传动　5. 地轮
6. 深松施肥器　7. 仿形机构　8. 犁铧　9. 脚踏板

图 3-37　整机结构图(单位:mm)

该机部分结构如机架、地轮、深松施肥器、划印器、起落机构等与 LFBJ-6 型垄耕施肥精播机相同，其他机构如下。

(1)仿形机构。该组件主要由调节支臂、上连杆焊合、调节支架、连动杆焊合组成平行四杆机构，并通过调节支架用铆钉与犁铧顺梁铆接，顺梁前端安装带滚珠轴承的仿形轮，后端铆有铧柄裤，用来安装松土铲、除草铲和施肥开沟器。为保证工作部件不易损坏，在铧柄裤上装有安全销；为保证仿形灵活、减轻磨损，在调节支臂和调节支架轴孔处装有涂油嘴。

(2)犁铧组件。该组件由铧柄、分土板焊合、松土铧等部件组成，用 M16 螺栓将铧柄与铧柄裤联接，该部件比传统三角铧重量减少 1/2，阻力减少 1/3。

(3)脚踏板组件。该组件由脚踏板顺梁、扶手、踏板、卡丝等零件组成，踏板顺梁前端用卡丝直接固定在后梁上，末端同扶手下端联结，在踏板顺梁的尾部装有钢板压制的踏板，可供农具手踏。

(4)肥箱。每台机具有左、右两个肥箱，肥箱底板固定着外槽轮式排肥器，左箱左壁、右箱右壁分别装有排肥轴承座，通过排肥轴将排量调节套、排肥链轮连在一起，可通过转动排量调节套来调节排肥量的大小，整个部件通过箱支架和箱壁与机架联接。

(5)传动装置。该机动力由装在地轮轴上的 9 齿链轮通过钩形链传给中间传动轴上的 12 齿链轮，再由中间传动轴上的 12 齿链轮通过链条传给排肥轴上的 9 齿链轮，实现排肥。

任务 6　排灌机械的使用与维护

知识目标

- 了解排灌机械的结构及工作原理。
- 学会正确使用、维护常见的排灌机械。

能力目标

- 掌握排灌机械的操作方法和维护保养知识。
- 能够完成排灌机械的安装、操作和维护保养。
- 能及时排除中耕机械使用中出现的故障。

素质目标

- 培养团队工作能力、沟通能力、协作能力。
- 探讨排灌机械的创新设计和未来发展趋势。

排灌机械是利用各种能源和动力，提水灌入农田或排出农田多余水分的机械和设备。排灌机械是农业生产的重要组成部分，在农业抗旱排涝、保证增产丰收中起着重要的作用。检修排灌机械，对其进行必要的检修保养，使这些机械处于最佳的工作状态，对保证农业的丰产丰收有着极其重要的意义。

一、农业生产上采用的灌溉方式

农业生产通常采用的灌溉方式有地面灌、地下灌、喷灌、滴灌四种。

(一)地面灌

将水源的水提到地面以上，再由沟渠引水，进行畦灌、沟灌和漫灌的方法在我国沿用已久。该方法简单、投资少，但水量消耗大，不适合我国当前状况。

(二)渗灌(又称地下灌)

在田间地下设置专用管道，借毛细管的作用自下而上浸润土层，这种方法较地面灌能节省沟渠用地，但铺设地下管的工程大、投资多，且供水管路易堵。

(三)喷灌

将水源的水以一定的压力送往田间，然后通过喷头把水喷向空中，呈雨滴状散落于地面浸润土壤。这种方法省水，有利于土壤团粒结构的保持，对地形的适应性强，但投资高，维护要求较高。

(四)滴灌

将水增压后，经过滤再通过低压管送到田间的滴头上，以点滴方式滴入作物根部满足作物对水的需求。该方法省水，有利于增产，是一种较好的灌溉方法，但投资高，滴头维护困难。

喷灌和滴灌是近几年发展起来的先进的灌溉技术，与地面灌溉比较，具有省水、增产等许多优点，是灌溉机械化的发展方向。

二、农田灌溉设备的组成

凡利用各种能源和动力向农田灌水或排水的机械都可称为农田排灌机械。农田喷灌系统的组成如图 3-38 所示。

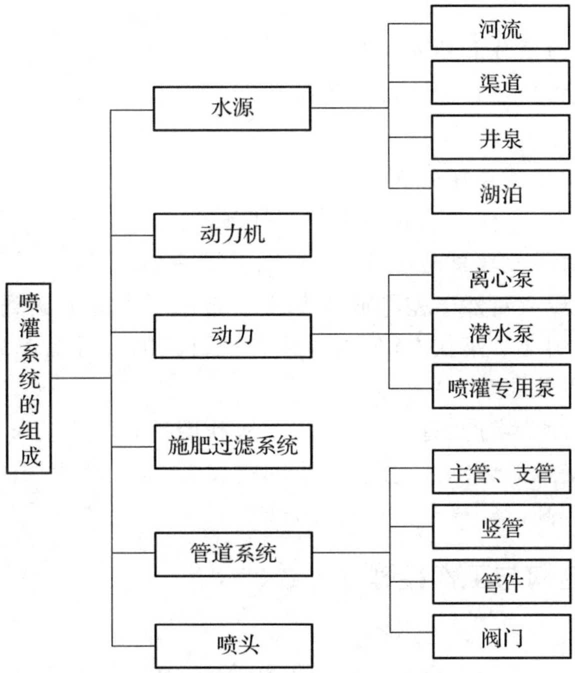

图 3-38　喷灌系统的组成

(一)地面灌溉系统

地面灌溉系统由水源、抽水设备和田间渠道工程组成。抽水设备由水泵动力机组和进水、出水管道组成。

(二)喷灌系统

喷灌系统由水源、喷灌设备和田间工程组成。喷灌设备主要由水泵动力机组、输水管道和喷头组成，有些喷灌系统还有行走、测量、控制等设备。

(三)滴灌系统

滴灌系统由水源和滴灌设备组成。滴灌设备由首部枢纽(加压、施肥、过滤、控制等设备)、管道系统和滴头组成。

(四)地下灌溉系统

地下灌溉系统由水源、抽水设备和地下管道系统组成。抽水设备由水泵动力机组和进水管道组成。

灌溉系统的类型虽然不同,但其都包含动力机、水泵和管道,只是管道系统的组成和供水部件(喷头、滴头、供水管)有所区别。

任务7 喷灌机械的使用与维护

知识目标

- 能够概述喷灌机械的总体结构及特点。
- 会进行喷灌机械的技术状态检查、总体安装、使用调整。

能力目标

- 能完成喷灌机械的操作和维护保养。
- 能及时排除喷灌机械使用中出现的故障。

素质目标

- 具备良好的安全、质量和环保意识。
- 具备团队协作意识、责任意识和爱岗敬业精神;
- 具备自主学习、收集处理信息的习惯。

喷灌是把由水泵加压或自然落差形成的有压水通过压力管道送到田间,再经喷头喷射到空中,形成细小水滴,均匀地洒落在农田,以达到灌溉目的的一种灌溉方式。喷灌适用于除水稻外的所有大田作物,以及蔬菜、果树等。

喷灌技术的优点:省水;增产、省劳力;提高土地利用率和防止土壤冲刷和盐碱化。

喷灌技术的缺点:受风的影响大;在空气中的损失大;对土壤表层湿润效果比较理想,而深层湿润不足;设备投资较高。

一、喷灌机械的结构与工作原理

(一)水泵

根据工作原理和结构形式的不同,水泵可分为三类:第一类是叶片泵,靠转动的叶轮工作;第二类是容积泵,靠活塞、柱塞或转子改变泵腔中的容积进行工作;第三类是特殊类型的泵,如射流泵和水锤泵等。农业生产中常用的是叶片泵,按其结构原理有三种基本类型:离心泵、混流泵和轴流泵,如图3-39至图3-41所示。

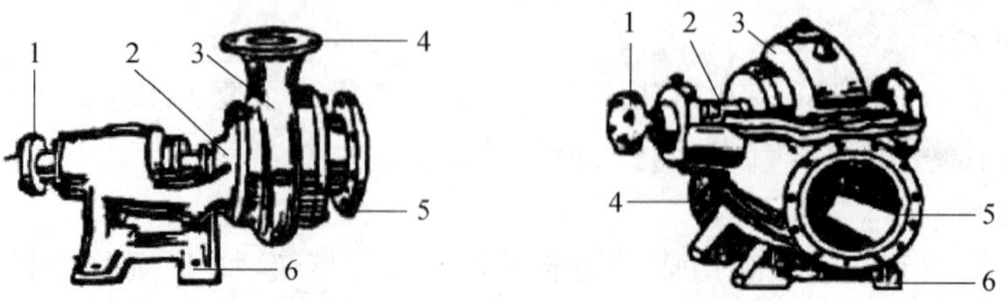

1.联轴器 2.填料涵 3.泵体 4.出水口 5.进水口 6.泵座

图3-39 离心泵

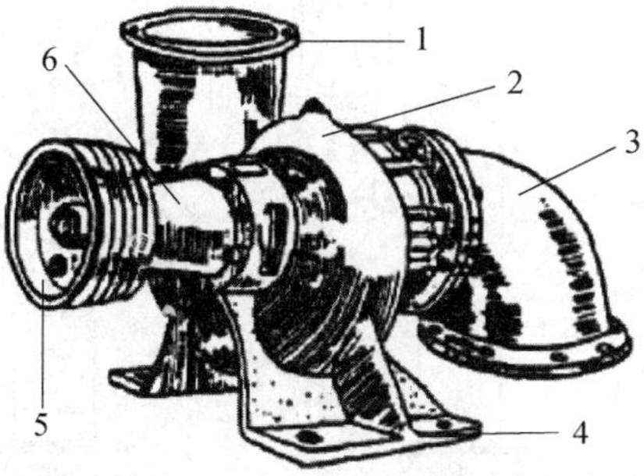

1.出水口 2.泵壳 3.进水弯管
4.底座 5.带轮 6.轴承

图 3-40 混流泵

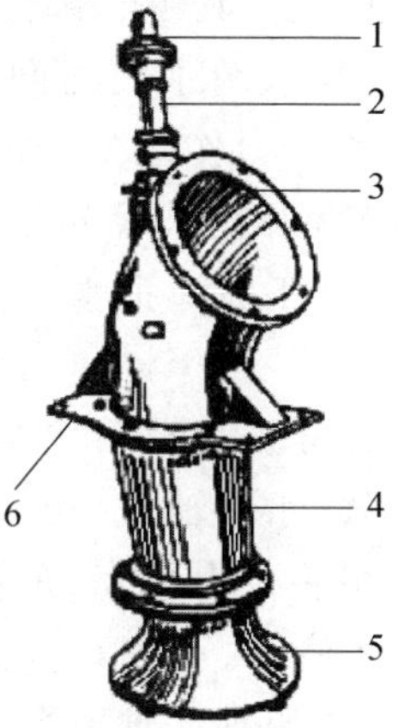

1.联轴器 2.泵轴 3.出水弯管 4.导叶体
5.进水喇叭 6.水泵支座

图 3-41 轴流泵

1.离心泵

(1)离心泵的结构。离心泵是应用最广的一种水泵,离心泵按叶轮的进水方式不同,分为单吸泵(水从叶轮一侧进入)和双吸泵(水从叶轮两侧进入);按叶轮的数量不同,分为单级泵(泵内只有一个叶轮)和多级泵(泵内有两个以上的叶轮)。图 3-42 为单级单吸式离心泵的构造,它由叶轮、泵体(壳体)、填料、密封装置、轴承、托架等组成。

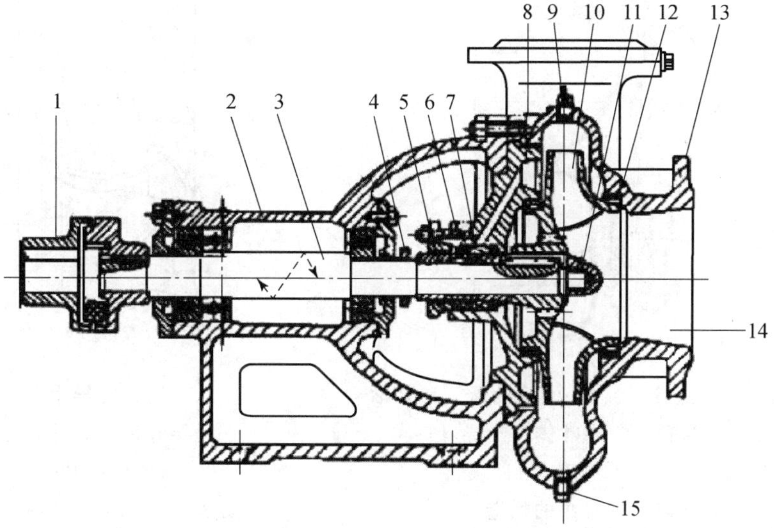

1.联轴器 2.托架 3.泵轴 4.挡水圈 5.填料压盖 6.填料 7.水封环 8.泵盖 9.放气螺栓
10.叶轮 11.叶轮固定螺母 12.减漏环 13.泵体 14.进水口 15.放水螺栓

图 3-42 单级单吸式离心泵的构造

(2)离心泵的工作原理。离心泵使用时一般安装在水面以上一定高度的地方,用进水管和水源相通,如图 3-43 所示。离心泵在抽水前要先将泵体和进水管中灌满水,水泵开动后,叶轮带着水高速旋转,水在离心力的作用下从叶轮槽甩向四周,再受泵壳的限制而导向出水管。同时，叶轮内的水被甩出后，其中心部位，即泵的进口处形成了真空低压区，它与水源水面之间形成了压力差，于是水源中的水在大气压力作用下，冲开滤网内的底阀，沿着进水管进入叶轮，补充被叶轮甩出的水。这样，叶轮不断旋转，离心泵就不断地把水从低处抽送到高处。

2. 轴流泵

(1)轴流泵的结构。轴流泵按泵轴在工作时的位置，可分为立式、卧式(水平轴式)和斜式三类，以立式应用较多。立式轴流泵主要由泵壳、泵轴、叶轮、导叶体等部件组成，如图 3-44 所示。

(2)轴流泵的工作原理。轴流泵的抽水原理与离心泵不同，它主要是利用叶轮旋转时产生的轴向推力来抽水的，与电风扇的原理相仿(图 3-45)。在轴流泵工作时，叶轮在水中高速旋转，不断地把叶片背后的水往前推送，使叶轮上方的水压增加，转动越快压力也越大，水就由低处被抽送到高处。

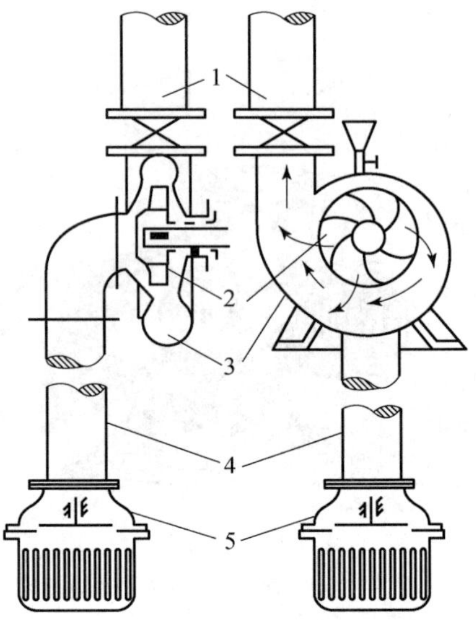

1. 压水管　2. 叶轮　3. 泵壳
4. 进水管　5. 底阀

图 3-43　离心泵的工作原理

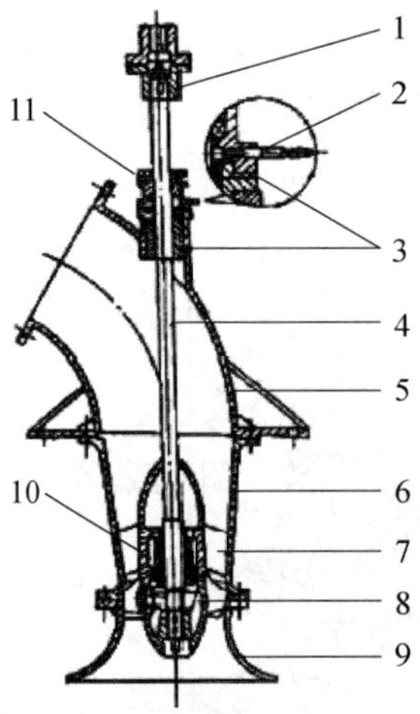

1. 联轴器　2. 短管　3、10. 橡胶轴承　4. 泵轴
5. 出水弯管　6. 导叶体　7. 导叶
8. 叶轮　9. 进水喇叭　11. 填料

图 3-44　轴流泵的构造

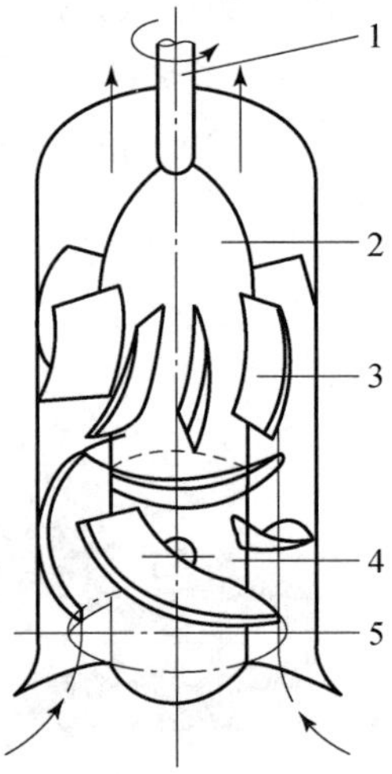

1. 泵轴　2. 导水器壳体
3. 导叶片　4. 叶轮轮壳
5. 叶片

图 3-45　轴流泵的抽水原理

(二)管路与附件

水泵配上动力后，还必须配有管路及其附件才能正常工作。管路系统包括进水管路(吸水管路)和出水管路(压水管路)。管路附件随不同机型而异，以离心泵为例，应包括滤网、底阀、真空表、压力表、闸阀、逆止阀或拍门及充水设备等。如临时使用的小型水泵可根据实际需要只配水管和底阀。如图 3-46 所示为水泵配用的管路及其附件。

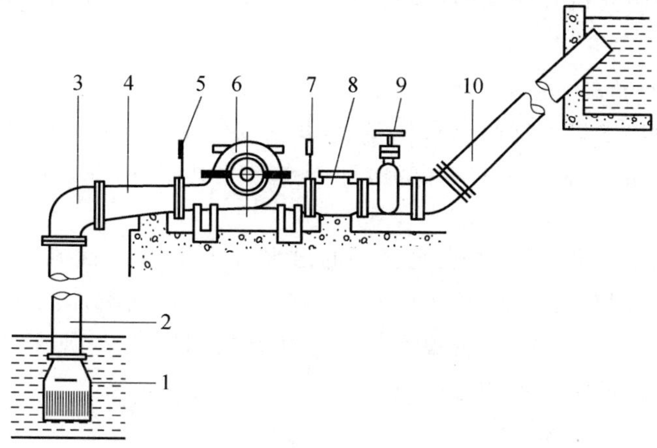

1.底阀 2.吸水管 3.弯头 4.变径管 5.真空表 6.水泵
7.压力表 8.逆止阀 9.闸阀 10.压水管

图3-46 水泵配用的管路及其附件

1.水管

根据所用材料的不同,管路系统所用的水管有橡胶管、铸铁管、钢管、混凝土管和塑料管等。

大型泵站多采用铸铁管、钢管、混凝土管,临时性使用或小型泵多采用橡胶管或塑料管。无论采用哪一种水管,都要求进水管路不漏气、不漏水,出水管路除满足前述要求外,还要求能承受一定的压力。为了减缓管路中水的流速,减少扬程损失,一般水管直径要求比水泵口径略微放大。

为了改变管路中水流的流向,还需要配有弯头,常见的弯头有22.5°、45°、60°和90°等几种规格。

2.底阀

底阀装在进水管路的下端,是一种单向阀,有盘形和蝶形两种,如图3-47所示。其功用是保证水泵启动时,进水管路和水泵内滞留的水不漏掉,水泵工作后,阀门因水流压力差被水冲开,水被泵不断地吸入出水管路。当水泵停止工作时,阀门在自重和进水管路中水的重力作用下自动关闭,使泵内和进水管路内能保存余水,以备再次启动。一般底阀的压力损失大,易引起故障,故常取消底阀,改为无底阀抽水。

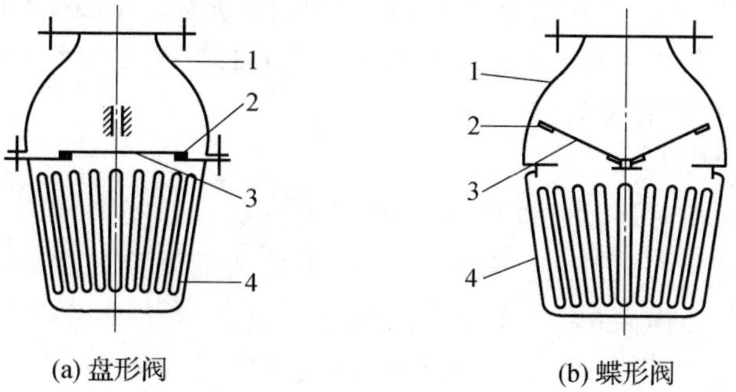

(a)盘形阀 (b)蝶形阀

1.阀体 2.橡皮垫 3.单向阀门 4.滤网

图3-47 底阀和滤网示意图

滤网装在进水管吸水口和底阀的周围，常与阀体制成一体，用来防止水中杂物被泵吸入而造成事故。

3. 闸阀、逆止阀和拍门

闸阀装在离水泵出水口不远的出水管路上，其主要作用是在启动或停机时关闭出水管路，以降低启动功率和防止出水管路的水倒流，冲击水泵及其附件，保证停车安全。闸阀结构如图 3-48 所示。

逆止阀和拍门都是单向阀，装在出水管路的出水口处，阻止水回流。当水泵发生意外或忽然停车时，逆止阀或拍门自动关闭，防止回水冲击损坏水泵及其附件。在扬程较高时，一般都要求安装逆止阀，如果是扬程不高、管道不长的小灌溉面积排灌站，则采用拍门来替代闸阀和逆止阀。逆止阀和拍门的结构如图 3-49 所示。

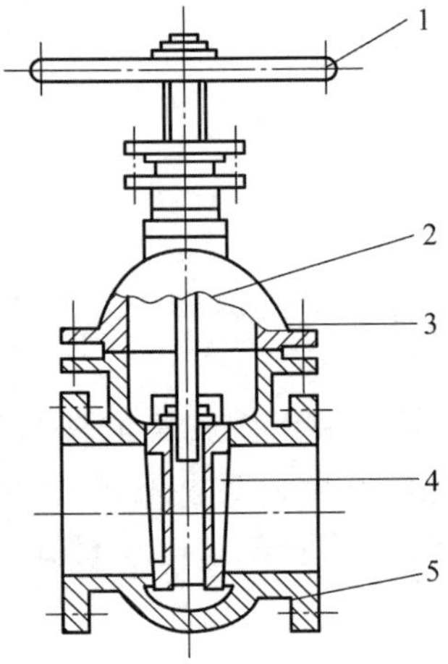

1. 手轮　2. 丝杠　3. 阀盖　4. 阀瓣　5. 阀体

图 3-48　闸阀

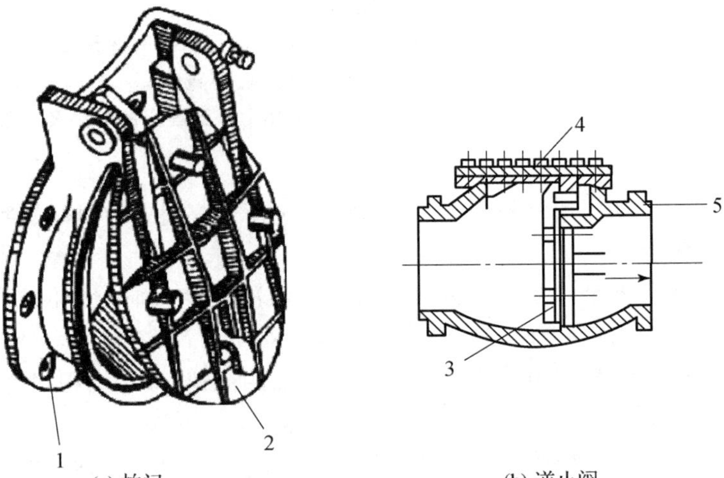

(a) 拍门　(b) 逆止阀

1. 拍门体　2. 拍门　3. 阀门　4. 阀盖　5. 阀体

图 3-49　逆止阀与拍门

(三)喷头

喷头是喷灌机与喷灌系统的重要组成部分，它的作用是把有压水流喷射到空中，散成细小的水滴，并均匀喷洒在要灌溉的土地上。因此喷头的性能、结构形式及制造质量将直接影响喷灌的质量。

喷头的种类很多，按其工作压力和射程的大小可以分为低压喷头(或称近射程喷头)、中压喷头(或称中射程喷头)和高压喷头(或称高射程喷头)；按喷头的结构形式和水流形态，又可将喷头分为固定式、喷洒孔管和旋转式三种。

1. 固定式喷头

喷洒时其零部件无相对运动的喷头称为固定式喷头。这类喷头在喷洒时，水流是全圆周或部分圆周(扇形)同时向外散开，射程较近，近喷头处喷灌强度比平均喷灌强度大得多，一般雾化程度较高。它具有结构简单、工作可靠的优点。这类喷头是近射程喷头的主要形式。根据结构特点和喷洒方式，固定式喷头可分成折射式、缝隙式和离心(漫射)式三种，图 3-50 为几种固定式喷头。

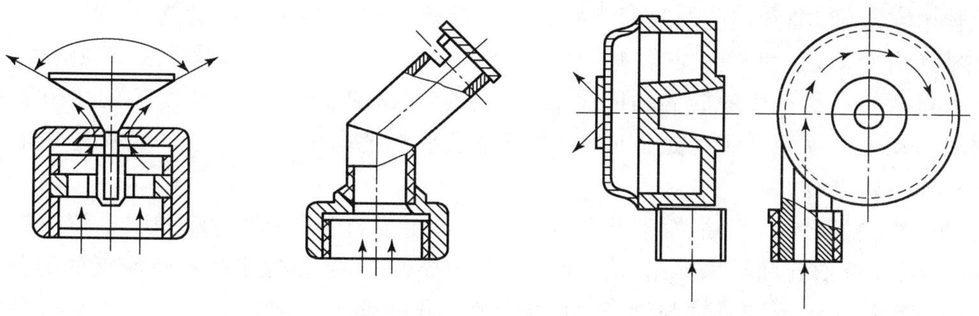

图 3-50　固定式喷头的类型

2. 喷洒孔管

喷洒孔管是一种结构简单的喷洒器，它由一根或几根直径较小的管子组成。在管子圆周上部分布一列或多列喷水孔，孔径仅 1～2 mm。根据喷水孔分布形式，又可分为单列和多列喷洒孔管两种，如图 3-51 所示。

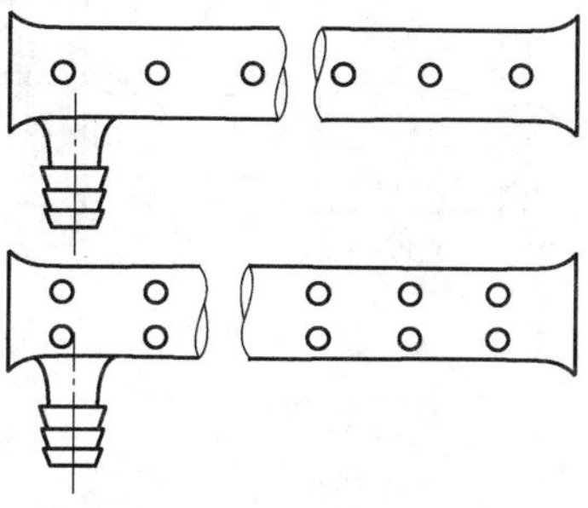

图 3-51　喷洒孔管

喷洒孔管结构简单，工作压力低，但喷灌强度高，由于喷射水流细小，受风影响小，小孔易堵塞，支管内压力受地形起伏的影响较大，一般用于平坦的土地。

(1)旋转式喷头。旋转式喷头由喷嘴、喷管、旋转机构、扇形机构、弯头、空心轴及轴套等组成。来自水泵的压力水通过喷管和喷嘴形成集中的水舌射出。在水舌内部涡流、空气阻力及粉碎机构(粉碎螺钉或叶轮)的作用下，水舌被粉碎成细小的水滴；同时转动机械推动喷头缓慢旋转，使水滴均匀地喷洒在喷头的四周，形成一个半径等于喷头射程的圆形或扇形喷洒面。旋转式喷头水流集中，所以射程较远(可达 30 m 以上)，是中射程和远射程喷头的基本形式。

转动机构是旋转式喷头的重要部件，通常按其特点分为摇臂式、叶轮式和反作用式三种。

(2)摇臂式喷头。这种喷头是目前使用较普遍且比较成熟的一种。它主要由喷嘴、喷管、稳流器、转动机构、扇形机构、摇臂、空心轴和轴套等机构组成，如图 3-52 所示。

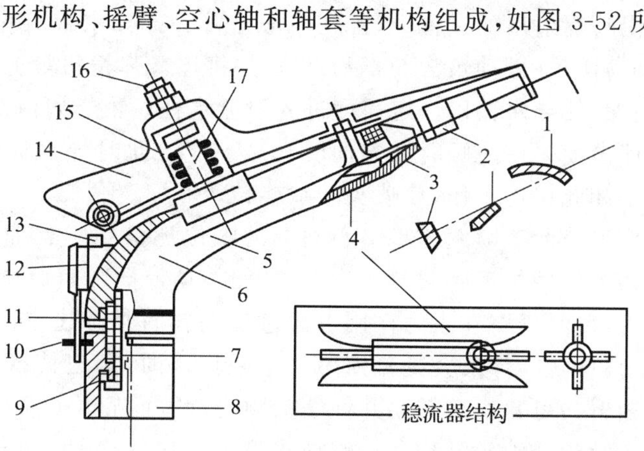

1. 导流板　2. 偏流板　3. 喷嘴　4. 稳流器　5. 喷管　6. 弯头　7. 空心轴　8. 轴套
9. 减磨密封圈　10. 限位环　11. 防沙弹簧　12. 扇形机构　13. 反转钩
14. 摇臂　15. 弹簧　16. 摇臂调节螺钉　17. 摇臂轴

图 3-52　摇臂式喷头结构

喷体由空心轴、轴套、弯头、喷管、喷嘴、稳流器等组成。轴套与喷管连接,固定不动;空心轴可在轴套内转动,它和弯头喷管、喷嘴连成一体,构成水的流道。喷管内装有稳流器,用于消除水流经过弯头后所产生的旋涡和横向水流。喷嘴处做成锥形流道,使水流的压力能最大限度地转化为动能。喷管通常也是锥形的,以便流道平滑地向喷嘴处过渡。喷头通常配有不同内径的喷嘴可供选择。

转动机构由摇臂、摇臂轴、摇臂弹簧和弹簧座等组成,用于粉碎射流和驱动喷头旋转。摇臂由摇臂体、摇臂轴套和导水器组成。导水器俗称摇臂头,包括导水板和偏流板两部分。

密封装置用来封闭空心轴与轴套之间的间隙,防止漏水。

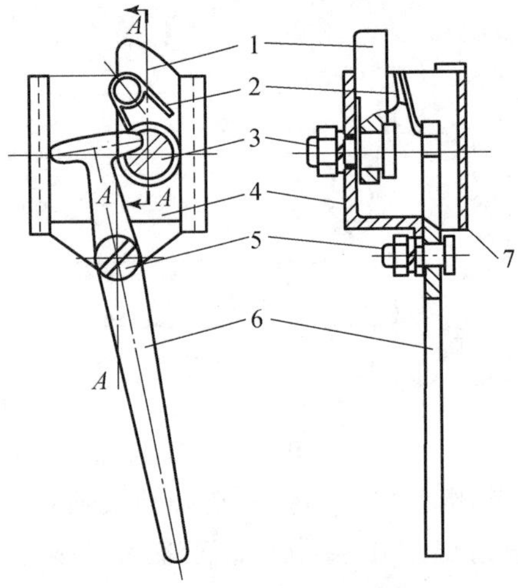

1.摆块　2.换向弹簧　3.摆块轴
4.换向器座　5.拨杆轴
6.拨杆　7.盖板

图 3-53　摆块式换向器

换向机构由换向器、反转钩和限位环组成,用于喷头转向作扇形喷灌。

摆块式换向器固定在喷体弯头上,由摆块、摆块轴、换向弹簧、拨杆、拨杆轴和换向器座组成,如图 3-53 所示。摆块在换向弹簧控制下,只有两个极限位置:一个位置是摆块的凸起能挡住摇臂上的反转钩,限制摇臂的摆幅,摇臂在水力作用下,通过反转钩直接撞击摆块,使喷头反向旋转;另一个位置是摆块收缩,凸起挡不住反转钩,摇臂可自由摆动,使喷头顺时针方向旋转。

限位环安装在空心轴上,用于限制喷体的活动范围,并通过拨杆上端的换向弹簧迫使摆块转向。

摇臂式喷头的工作原理如下:

喷洒:压力水经喷管内的稳流器整流后,沿锥形流道提高流速,将压力逐渐转化成动能,然后从喷嘴高速射出。射流水柱与空气碰撞并受摇臂的拍击而粉碎成细小的水滴。

转动:压力水在由喷嘴射出的过程中,首先冲击摇臂头部导水板,使摇臂获得射流的作用力而向外(逆时针方向)摆动(摆动角为 60°～120°),并将摇臂弹簧扭紧。接着摇臂在弹簧力的作用下顺时针方向回摆,使导水器以一定速度进入射流水柱。由于射流对偏流板的冲击作用,使摇臂加速回摆,并撞击喷体使之顺时针方向转动 3°～5°。此时导水板又受到射流冲击再次外摆,进入下一循环。如此接连工作,使喷头间歇旋转。

转向:转向用于扇形喷灌。喷灌前将空心轴上的限位环移到所需工作位置。当喷体按上述原理转动,至换向器上的拨杆碰到限位环时,拨杆便拨动换向弹簧而迫使摆块转动到凸起能与反向钩相碰的位置。此时摇臂在水力作用下通过反向钩直接撞击摆块凸起,获得反作用力使喷头快速反转。待拨杆随喷体反转到碰撞另一个限位环时,则迫使摆块转到凸起不能碰到摇臂反向钩的位置,摇臂又可自由地转动并使喷头顺时针方向旋转。

(3)叶轮式喷头。叶轮式喷头又称蜗轮蜗杆式喷头。它是靠水舌冲击叶轮转动的,一般通过两级蜗轮蜗杆传动来带动喷头旋转。这种形式的喷头工作可靠,转速均匀,不受振动、风力及安装水平等情况的影响,一般用在远射程喷灌机上。但其结构复杂,加工精度要求严,成本较高。

(4)反作用式喷头。反作用式喷头利用从喷嘴喷出的水流的反作用力，使喷头旋转进行喷灌，其结构简单、制造容易。但因其转速不易控制，工作可靠性差，故已逐渐被前几种喷头所取代。

二、喷灌机械的使用、维护及调整

(一)使用注意事项

(1)水泵启动 3 min 后未出水，应停机检查。

(2)水泵运行中若出现不正常现象如杂音、振动、水量下降等，应立即停机，要注意轴承温度，不可超过 75 ℃。

(3)观察喷头工作是否正常，有无转动不均匀、过快或过慢，甚至不转动的现象。

(4)应尽量避免用泥沙含量过多的水进行喷灌，否则容易磨损水泵叶轮和喷头的喷嘴，并影响作物的生长。

(5)为了适用于不同的土质和作物，需要更换喷嘴、调整喷头转速时，可以通过拧紧或放松摇臂弹簧来实现。

(6)喷头转速调整好的标志是，在不产生地表径流的前提下，尽量采用慢的转动速度，一般小喷头 1～2 min 转 1 圈、中喷头 3～4 min 转 1 圈、大喷头 5～7 min 转 1 圈。

(二)喷灌机械的维护保养

1. 使用前的检查

(1)检查各连接件是否紧固可靠，有无松动现象。如有则需紧固，以免影响工作的可靠性。

(2)检查流道内有无异物堵塞。流道内有异物会使喷水量减小，不但影响射程和喷头转动速度，严重时会导致喷头不转。

(3)检查各转动部分是否转动灵活、轻松。

(4)检查喷头各可调整部位(如 PY 系列喷头的摇臂弹簧、反转钩等)松紧程度是否合适，限位装置是否在规定使用位置等。

(5)检查喷头支架和立管是否放置平稳，支架应使用插杆插牢，立管应垂直，否则工作时喷头会产生忽快忽慢的现象。喷头与立管连接处不得漏水。

(6)检查完毕，无可疑现象，可在各转动部位加注适量的润滑油。需在喷头换向器内适当涂抹一些黄油，以免摆块等零件沾水冻结。

(7)喷头开始工作后，机手不应立即离开现场，应注意观察一会儿，确定有无异常现象。在冬季喷洒时，查看 PY 系列喷头工作是否正常、合适。

2. 使用后的保养

在喷灌季节，每班喷洒后要清洗泥沙，擦净水迹，转动部分加注少量润滑油。对 PY 系列摇臂式喷头，在连续工作一段时间后(许多厂家定为 100h)，应仔细拆检和清洗喷头所有零件，观察受损情况，更换或添加转动部分的润滑油。

3. 长期存放

喷头长期不用时，应先拆检保养，把水擦干并涂油装配，进出口用纸或其他物品包好，以免杂物落入；存放时应放于无腐蚀性物质的通风干燥处，不应将喷头随便堆放。

4. 移动和运输

移动和运输过程中应避免沾上泥沙和碰撞，以免碰伤零件和使连接部位产生松动。

(三)喷灌机械的调节

喷灌作业应按作物的生长规律掌握合理的喷灌时期和喷灌强度,同时要密切注意风向、气温、水质等自然条件的变化,以提高喷灌效果。

以摇臂式喷枪为例有以下几种调节方式。

1. 喷孔大小调节

喷孔口径的大小通过更换备用喷嘴调节。喷孔口径改变后,喷枪的喷水量、射程、水滴直径均相应变化。因此,喷孔口径的大小,应根据喷枪的工作压力和当地对射程、水滴直径的具体要求而定。

2. 喷枪旋转速度调节

喷枪旋转速度的快慢,通过摇臂弹簧的扭紧程度和导流板的上、下位置来调节。摇臂弹簧扭力大、导流板吃水深度大(向下调),摇臂对喷管敲击力增大,旋转速度相应地加快。

使用喷枪喷灌时,喷枪旋转速度应适中,旋转速度越快,对射程的影响越大。如果旋转速度过慢,则容易造成局部积水和产生径流,喷枪旋转速度的调节原则是在不产生径流的前提下,以旋转慢一些为好。

3. 扇面角大小及方位调节

此调节是通过改变轴套上套装的两个限位销的位置来进行的。两个限位销之间的夹角和方向决定了喷枪旋转喷灌时的两个极限位置,即决定了扇面喷灌的范围和方向。因此这个调节应依据地块的需要进行。

三、喷灌机械的常见故障及其排除方法

(一)喷头常见故障及其排除方法

喷头的形式很多,故障不尽相同,因篇幅有限,不可能一一列举,以下仅就广泛使用的摇臂式喷头的常见故障及其排除方法加以重点介绍。

摇臂式喷头的常见故障及其排除方法如表 3-7 所列。

表 3-7　摇臂式喷头的常见故障及其排除方法

故障现象	故障原因	排除方法
水舌形状异常	1. 喷头加工精度不够,有毛刺或损伤; 2. 喷嘴内部损坏严重; 3. 整流器扭曲变形; 4. 流道内有异物阻塞	1. 将喷头打磨光滑或更换喷嘴; 2. 更换喷嘴; 3. 修理或更换; 4. 拆开喷头清除异物
水舌形状尚可,但射程不够	1. 喷头转速太快; 2. 工作压力不够	1. 调小喷头转速; 2. 按设计要求调高压力
喷头转动部分漏水	1. 垫圈磨损、止水胶圈损坏或安装不当; 2. 垫圈中进入泥沙,密封端面不密合; 3. 喷头加工精度不够	1. 换新件或重新安装; 2. 清洗空心轴; 3. 修理或更换新件
摇臂式喷头不转动或转动慢	1. 空心轴与轴套之间间隙太小; 2. 安装时轴套拧得太紧; 3. 空心轴与轴套间被进入的泥沙堵塞	1. 车削或打磨加大间隙; 2. 适当拧松轴套; 3. 拆开清洗干净,重新安装

续表 3-7

故障现象	故障原因	排除方法
摇臂张角太小(或甩不开)	1.摇臂与摇臂轴配合过紧,阻力太大; 2.摇臂弹簧压得太紧; 3.摇臂安装过高,导水器不能切入水舌; 4.水压力不足	1.适当加大间隙; 2.应适当调松; 3.调低摇臂的位置; 4.应调高水的工作压力
叶轮式喷头的叶轮空转但喷头不转	1.换向齿轮没有搭上; 2.叶轮轴与小蜗轮之间的连接螺钉松脱或销钉脱落; 3.大蜗轮与轴套之间定位螺钉松动	1.扳动换向拨杆使齿轮搭上; 2.拧紧; 3.拧紧
水舌正常但叶轮不正常	1.蜗轮、齿轮或空心轴与轴套间锈死; 2.蜗轮蜗杆或齿轮缺油,阻力过大; 3.定位螺钉拧得太紧,致使大蜗轮产生偏心; 4.叶轮被异物卡死	1.清洗干净后加润滑油重新装好; 2.加注润滑油使转动正常; 3.将定位螺钉适当松开; 4.清除异物

(二)水泵的常见故障及其排除方法

水泵的常见故障大体上可分为水力和机械故障两种情况,如抽不出水或出水量不足等属水力故障;泵轴断裂、轴承烧坏等属机械故障。水泵的常见故障及其排除方法如表 3-8 所列。

表 3-8　水泵的常见故障及其排除方法

故障现象	故障原因	排除方法
水泵不出水	1.充水不足或空气未排尽; 2.总扬程超过规定; 3.进水管路进气; 4.水泵转向不对; 5.水泵转速太低; 6.吸水扬程太高; 7.叶轮严重损坏; 8.填料处严重漏气; 9.叶轮螺母及键脱出; 10.进水口被堵塞,底阀不灵活或锈住	1.继续充水或抽气; 2.改变安装位置,降低总扬程; 3.堵塞漏气部位; 4.改变旋转方向; 5.提高水泵转速; 6.降低水泵安装位置; 7.更换叶轮; 8.更换填料; 9.修复、紧固; 10.消除堵塞,修复底阀
水泵出水量不足	1.进水管淹没水深不够,泵内吸入了空气; 2.进水管路接头处漏气、漏水; 3.进水管路或叶轮外有水草、杂物; 4.输水高度过高; 5.功率不足或转速不够; 6.减漏环、叶轮磨损; 7.填料漏气; 8.吸水扬程过高	1.增加进水管长度; 2.重新安装接头,堵塞漏气、漏水; 3.清除水草、杂物; 4.降低输水高度; 5.更换动力机械或提高水泵转速; 6.修理或更换; 7.旋紧压盖或更换填料; 8.调整吸水扬程

续表 3-8

故障现象	故障原因	排除方法
水泵在运行中突然停止出水	1. 进水管路堵塞； 2. 叶轮被吸入的杂物打坏； 3. 进水管口吸入大量空气	1. 清除堵塞； 2. 更换叶轮； 3. 增加淹没水深
功率消耗过大	1. 转速太高； 2. 泵轴弯曲、轴承磨损； 3. 填料压得过紧； 4. 流量与扬程超过使用范围； 5. 直连传动，轴心不准或带传动过紧； 6. 进水口底阀太重，使进水功耗增大	1. 降低转速； 2. 修理或更换； 3. 重新调整； 4. 调整流量扬程使其符合使用范围； 5. 校正轴心位置，调整传动带紧度； 6. 更换底阀
水泵有杂音和振动	1. 基础螺母松动； 2. 叶轮损坏或局部堵塞； 3. 泵轴弯曲、轴承磨损过大； 4. 直连传动两轴心没有对正； 5. 吸水扬程过高； 6. 泵内掉进杂物	1. 旋紧螺母； 2. 更换叶轮或清除杂物； 3. 校正或更换； 4. 重新调整； 5. 降低安装位置； 6. 清除杂物
轴承过热	1. 润滑油不足或油质太差； 2. 轴承装配不当或泵轴弯曲； 3. 传动带太紧； 4. 轴承损坏	1. 加油或更换符合标准的油； 2. 重新装配或校正泵轴； 3. 适当放松传动带紧度； 4. 更换轴承

任务 8　微灌机械的使用与维护

知识目标

- 能够概述微灌机械的总体结构及特点。
- 会进行微灌机械的技术状态检查、总体安装、使用调整。

能力目标

- 能完成微灌机械的操作和维护保养。
- 能及时排除微灌机械使用中出现的故障。

素质目标

- 培养学生热爱农业、服务乡村全面振兴的使命感和责任感。
- 具有团队协作意识、责任意识和爱岗敬业精神。
- 具有吃苦耐劳的优良品质。

微灌是利用微灌设备组装成微灌系统，将有压水输送分配到田间，通过灌水器以微小的流量湿润作物根部附近土壤的一种局部灌水技术。微灌是以少量的水湿润作物根部附近的部分土壤，比地面灌溉节水 50%～70%，比喷灌省水 35%～75%，灌水均匀，均匀度达 0.8～0.9，适用于所有的地形和土壤，特别适用于干旱缺水地区。

一、微灌的特点和组成

（一）滴灌的特点

本书中主要介绍滴灌技术。它是微灌的主要形式之一，是利用低压管道系统（通常使用塑料管），通过滴水装置把灌溉水或化肥溶液，一滴一滴均匀而又缓慢地滴入作物根部的土层中，使作物主要根系活动区的土壤经常保持在适宜于作物生长的最优含水状态的一种先进灌溉技术。滴灌比喷灌省水（35%～75%），不打湿作物的茎叶，地面湿润范围也较小，使作物株间土壤保持干燥状态。这样既减少了病虫害和菌类的滋生，也抑制了部分杂草的生长。滴灌不仅适宜于农作物灌溉，而且对于丘陵山区干旱缺水地区的果园或人工造林，更显示了极大的优越性。对果树使用滴灌，与地面灌溉相比较，能使水果增产20%～40%，果实含糖量高，而且使果树避免大小年。人工造林，历来不能保证灌溉，滴灌为人工造林灌溉开辟了新的途径，它不仅使苗木成活率高，而且能促进苗木生长快、长势好。

滴灌的主要缺点是滴头容易堵塞，因此对滴灌用水的水质要求较高。在选择滴灌水源时，应对水质进行化验分析，了解水源的泥沙及氯、镁、钾、钙离子的含量，pH大小及浮游生物的多少等，以便针对水质情况，采取相应的过滤措施，防止滴灌系统的堵塞。此外，滴灌使用塑料管材较多，投资较高。

（二）滴灌系统的组成

滴灌系统主要由水源、首部控制枢纽、输水管道和滴头四部分组成。

1. 水源

河流、渠道、塘库或井泉均可作为滴灌的水源。

2. 首部控制枢纽

首部控制枢纽包括动力机和水泵、化肥罐、过滤器及控制与测量仪表等。其作用是抽水加压，并在水流中加入可溶性化肥，经过滤后，按时按量把水和化肥溶液输送到管道中去。

3. 输水管道

输水管道包括干管、支管、毛管及一些必要的调节设备，如压力表、阀门及流量调节器等。其作用是将压力水或化肥溶液均匀地输送到滴头。

4. 滴头

滴头是滴灌系统中的重要设备，它直接影响灌溉的质量。其作用是使水流经过微小的孔道，造成能量损失，使水流压力下降成滴灌入土壤中。

（三）滴灌系统的分类

1. 固定式滴灌系统

固定式滴灌系统是指各级管道、滴头和首部控制枢纽在整个灌溉期内是固定不动的。由于毛管和滴头用量很大，设备投资较大。滴灌系统如图3-54所示。

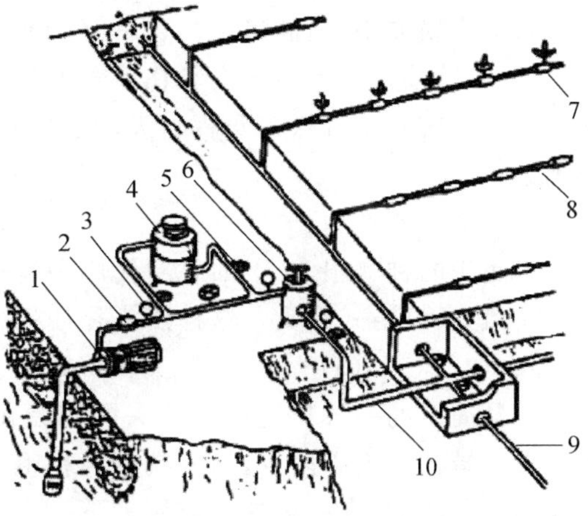

1. 水泵　2. 流量表　3. 压力表　4. 化肥罐
5. 闸阀　6. 过滤器　7. 滴头
8. 毛管　9. 支管　10. 干管

图3-54　滴灌系统示意图

2. 移动式滴灌系统

移动式滴灌系统可分为机械移动式和人工移动式。移动式滴灌系统是干、支管固定不动，毛管在灌溉地段按一定的规律移动，也有控制首部各级管道在灌溉季节全部移动。机械移动，一种是支架平移式，即把一条毛管固定在活动支架上，通过移动支架来移动毛管。另一种是绕中心旋转移动式，类似于喷灌机，通过绕中心旋转来移动支管(长 200 m)和毛管。人工移动虽然比机械移动费工、劳动强度大，但投资低，不受地形的限制，适合在山区使用。果树、蔬菜、花生、棉花的经济价值高，成本收回快，运行操作利于自动化。

二、微灌机械的主要部件

(一)滴头

滴头是滴灌系统的执行机构，又称其为滴灌系统的心脏。滴头一般由塑料制成，它的质量好坏直接影响滴灌系统的正常工作和灌溉效果。

滴头的消能机构主要有长流道消能、孔口消能和长流道孔口组合消能三种方式。

1. 滴头的安装方式

滴头在毛管上的安装方式主要分为管间式、旁插式和端接式三种。三种安装方式的局部水头损失不同，对使用效果也有一定的影响。

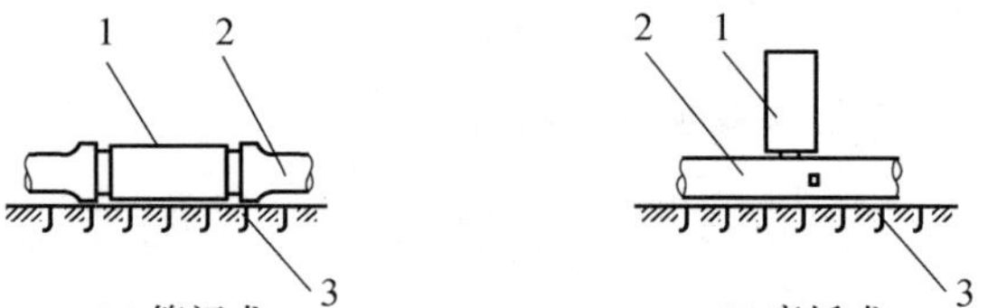

(a) 管间式　(b) 旁插式

1. 滴头　2. 毛管　3. 水滴

图 3-55　滴头的安装

(1)管间式。安装时将毛管剪断，滴头安在毛管上，如图 3-55(a)所示。这种安装方式接头严密，无漏水现象，有助于提高滴水均匀度，但剪断毛管，使毛管的整体性能降低，滴头的局部水头损失也较大。

(2)旁插式。安装时在毛管上打孔，将滴头进水口插入毛管，如图 3-55(b)所示。这种安装方式不剪断毛管，毛管整体性好，局部水头损失小，但插口处结合不够严密，易漏水，对灌溉均匀度有一定影响。

(3)端接式。把滴头安装在毛管的端头，每个滴头配一个毛管三通，把三通安装在毛管上，由三通造成一个端点并安装滴头。这种安装方式的优点因滴头而异，一般介于管间式和旁插式之间。

2. 滴头的结构

滴头的种类很多，下面就对使用最普遍的几种国产滴头做简单介绍。

(1)长流道式滴头。这种滴头是使压力水流通过滴头中长长的细纹孔槽，消耗能量而变成水滴，如图 3-55(a)所示，一般又称管式滴头，是我国目前生产、使用较多的一种滴头。

最简单的一种长流道式滴头两端是由孔径为 0.5～0.6 mm 的软聚氯乙烯管(一般称发丝)，一端插入毛管内壁，另一端缠绕在毛管上构成的，见图 3-56(b)。发丝绕的圈数取决于需要的工作压力，在一定的水流压力下改变圈数就可改变滴头的流量。这种滴头结构简单、成本低，但易被堵塞，工作不可靠。

(2)孔口短流式滴头。其大致有两种类型：一种是水流通过细小的管孔经减压或旋流消耗其能量之后，由出口流出滴入土壤，如图 3-57 所示。另一种也是利用滴头芯上或圆盘上的螺

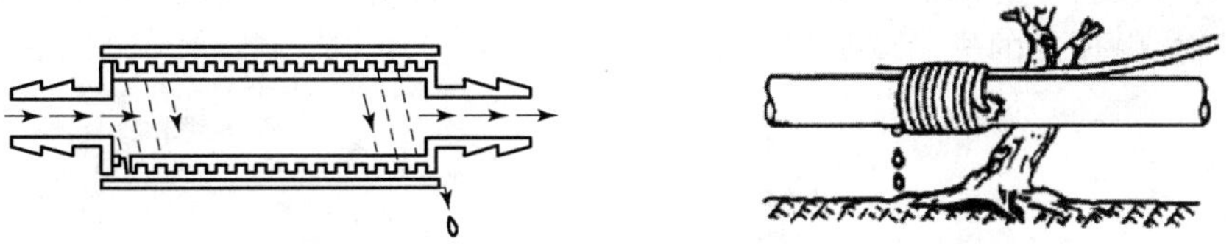

(a) 管式　　　　(b) 微管式

图 3-56　长流道式滴头

纹形成水流能量的消耗，只是流程较短，如图 3-58 所示的滴头一般称为螺帽式滴头，是我国目前应用较多的一种滴头。

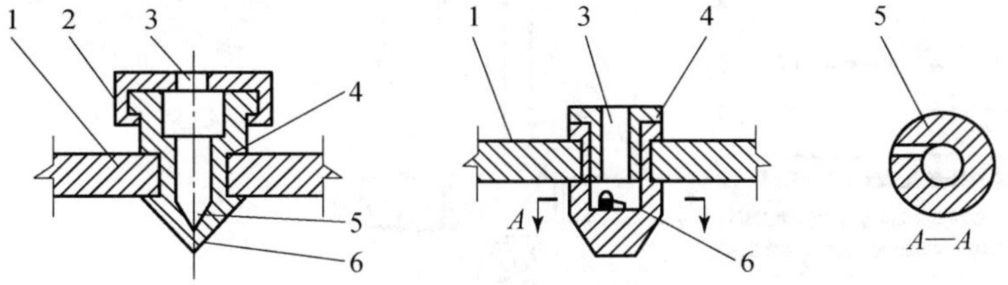

1. 毛管臂　2. 两头罩　3. 出水口
4. 滴头体　5. 减压室　6. 进水孔

图 3-57　孔口短流道式滴头

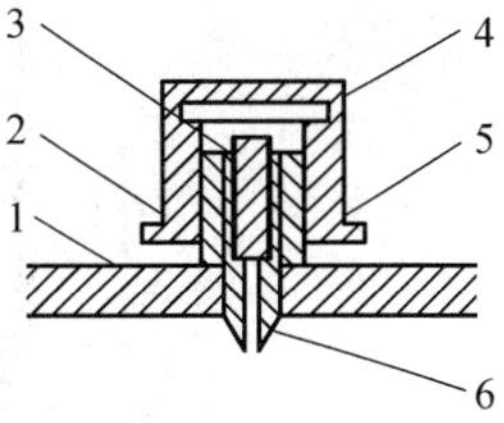

1. 毛管壁　2. 滴头体　3. 滴头芯
4. 滴水帽　5. 出水口　6. 进水口

图 3-58　螺帽式滴头

(二)管道及管件

滴灌系统的输水管道一般包括从水源输水的干管，从干管配水的支管和灌溉的毛管，共三级管道，多采用高压聚乙烯或聚氯乙烯制成。目前常用的干管和支管的管径有 20 mm、25 mm、32 mm、40 mm、60 mm、90 mm 六种，毛管有 10 mm、13 mm、15 mm 三种。各级输水管道在布置时要求尽量互相垂直，而且尽量对称，使整个系统管道短，控制面积大，水流损失小，投资省。毛管和支管之间用旁通管连接，毛管与毛管分支处用毛管三通管连接。管件除旁通管和毛管三通管外，还有管接头、弯头和堵头等，这些管件都是塑料制品。

为了防止管道老化和损坏，同时不影响其他农艺操作，一般将干管和支管埋在冻土层以下 20 cm 深。根据使用经验，啮齿动物会咬坏聚乙烯管，故采用聚氯乙烯管为好。为了防止管道内滋生藻类引起滴头堵塞，最好输水管道由加炭黑的塑料制成。应尽可能少地采用和不采用金属、水泥或石棉泥管，以免锈蚀或发生化学反应而引起沉淀物堵塞滴头。

(三)过滤器

过滤器是滴灌系统中的关键设备之一，是用来清除水流中的污物和杂质，防止滴头堵塞而影响灌溉质量。

最常用的有沙砾石过滤器、离心式过滤器和滤网式过滤器，可单独使用或联合使用。

1. 沙砾石过滤器

它是一个具有相当容量，且覆有顶盖的金属罐(图 3-59)。罐内依次放四层洗净的、粒径大小不同的沙砾石，底层的粒径最大，较厚；中间的两层次之；上层的粒径最细，但最厚。沙砾石上方，金属罐里还留有一定空间，水流即由装在那里的进水管流入，经沙砾层过滤后由罐底阀门流出。为防止上部注水时冲乱沙砾石过滤层，一般使进水管进入罐后分成十字形，水分散由许多孔口注入。这种过滤器应定期倒流冲洗,即关闭进水阀和出水阀,使水经冲洗管由下向上流,冲走污物,由顶部的排污管排出。

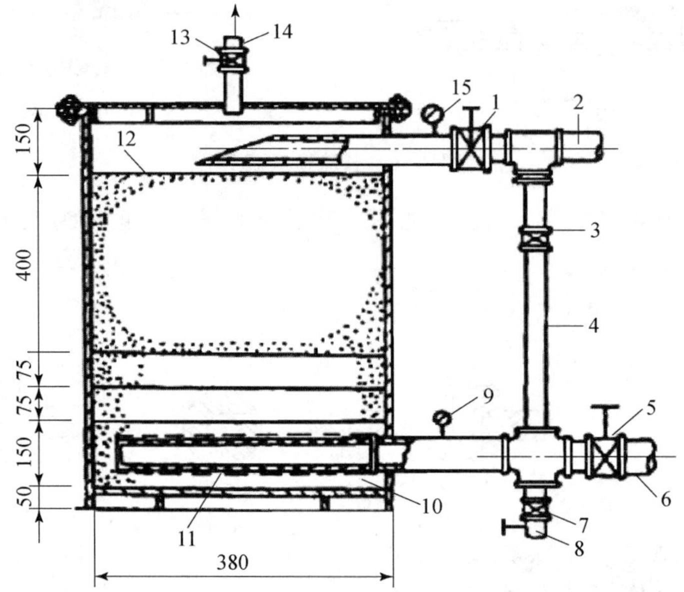

1. 进水阀　2. 进水管　3. 冲洗阀　4. 冲洗管　5. 输水阀　6. 输水管　7. 排水阀　8. 排水管　9、15. 压力表　10. 集水管　11. 筛网　12. 过滤沙　13. 排污阀　14. 排污管

图 3-59　单罐反冲洗沙砾石过滤器(单位:mm)

2. 滤网式过滤器

它的主要元件是内外两层滤网,其由耐腐蚀的金属丝或尼龙丝网制成(图 3-60)。滤网的孔目应该根据水源中泥沙的颗粒粗细决定。为了防止滴头堵塞,一般需要滤网能够清除水中 75 μm 以上的泥沙颗粒,滤网的孔目应在 200 目/cm^2 左右。滤网装在金属外壳里面,水流从进水口进入金属壳内,通过滤网过滤后从滤网中间的管接头流出。被滤出的污物存留在滤网外面,可从排污口排出。

使用滤网过滤器时,要求在滤网孔目被堵塞 50%时,其有效滤孔有效总面积仍大于输水管断面的 3 倍以上。过滤器一般置于滴灌系统的主输水管道中,在山丘地带由蓄水池供水时,可将其潜放在水池里。滤网或过滤器能很好地清除水源中的极细沙粒,但易于被大量的藻类或其他有机物堵塞,需要经常清洗。

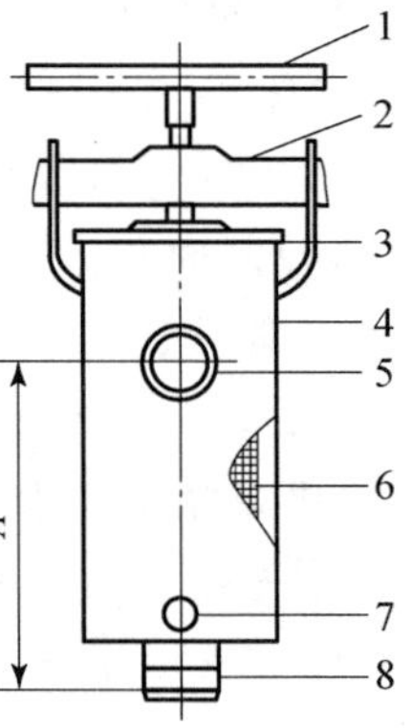

1. 手柄　2. 横担　3. 顶盖　4. 壳体　5. 进水口　6. 不锈钢滤网　7. 冲洗阀门　8. 出水管

图 3-60　筛网过滤器

3. 离心式过滤器

水流一进入过滤器壳体即产生旋转运动,在离心力作用下,将水中比较大的泥沙颗粒从水中抛出,以达到过滤目的(图 3-61)。沉降下来的泥沙可通过阀门由排污口清出。这种过滤器不可能将水流中的全部杂质除掉,应与其他过滤器配合使用。当水中具有大量的泥沙和其他污物时,一般应设立沉沙池,将水澄清后再利用其他过滤器过滤。

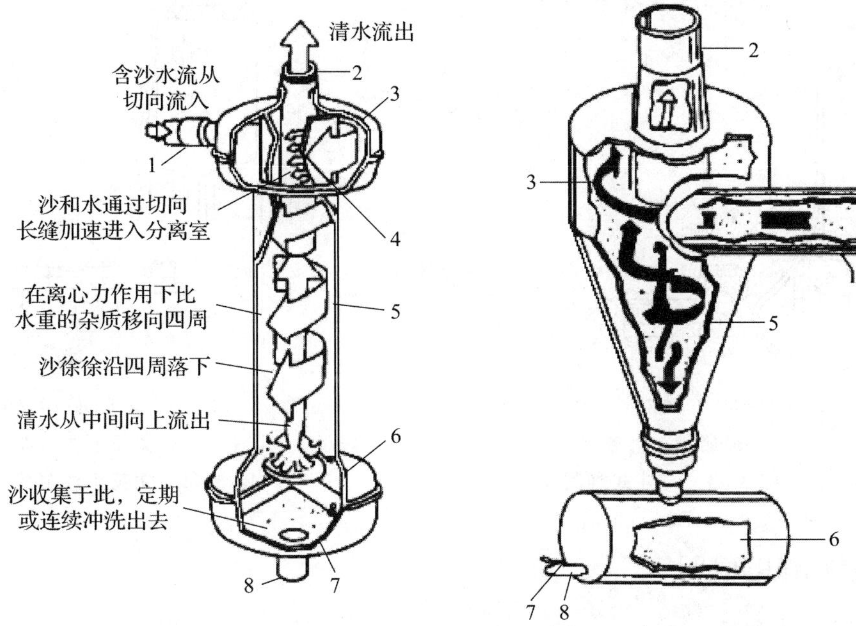

1. 进水管　2. 出水管　3. 旋流室　4. 切向加速孔　5. 分离室　6. 储污室　7. 排污口　8. 排污管

图 3-61　离心式过滤器

(四)肥料注入系统

滴灌系统可以在灌水的同时施用化学肥料，这就需要利用肥料注入系统以一定的方式把化肥液注入滴灌管道中。肥料注入系统主要由化肥液储存器和专门的注入设备两部分组成。不同的注入设备，其注入方式也不同。

1. 压差式肥料注入系统

压差式肥料注入系统由储液罐、进水管、输水管和调压阀等部分组成，如图 3-62 所示。

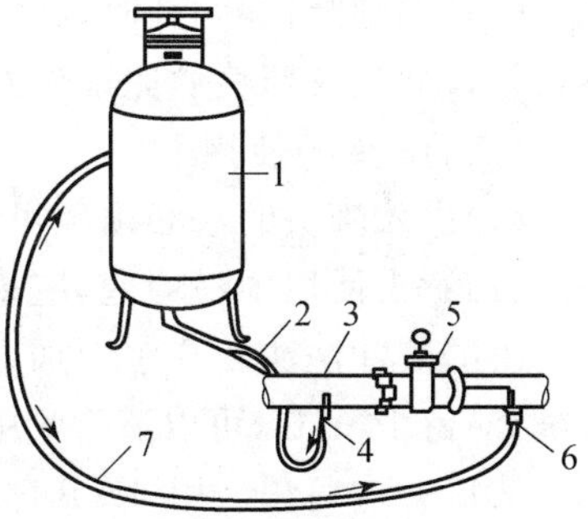

1. 储液罐　2. 进水管　3. 输水管　4. 阀门　5. 调压阀门　6. 供肥液管阀门　7. 供肥液管

图 3-62　压差式施肥罐

2. 泵注式肥料注入系统

这种系统是把化肥溶于一个开放式化肥池中，施肥时用泵把化肥液加压后再送入灌溉输水管中。采用这种注入方式，不需要制作密封承压的化肥罐，因此可降低成本。肥料泵用单独的动力机驱动，如图 3-63 所示。

3. 文丘里注射式肥料注入系统

它是利用缩小水管直径而产生的压力差把化肥液吸入输水管中，类似于混药器(图 3-64)，供水管内的水流通过收缩管道时，过水断面的减小，水流速度的增大，以射流的形式射入断面较大的管道内；在断面突然增大处，产生负压，化肥液在液面大气压力的作用下，被吸入输水管道内，随水流送向滴头。射流式注入系统的主要缺点是消耗供水管中的一部分能量，使系统水头损失增大；另外，吸肥管较细，容易被堵塞。

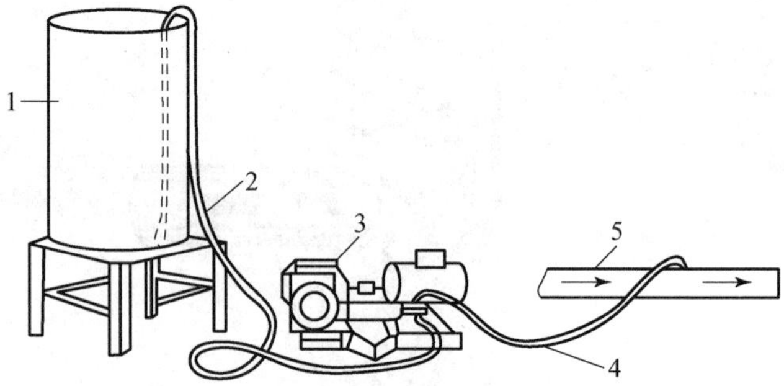

1. 化肥桶 2. 输液管 3. 活塞泵
4. 输肥管 5. 输水管

图 3-63 泵注式施肥泵

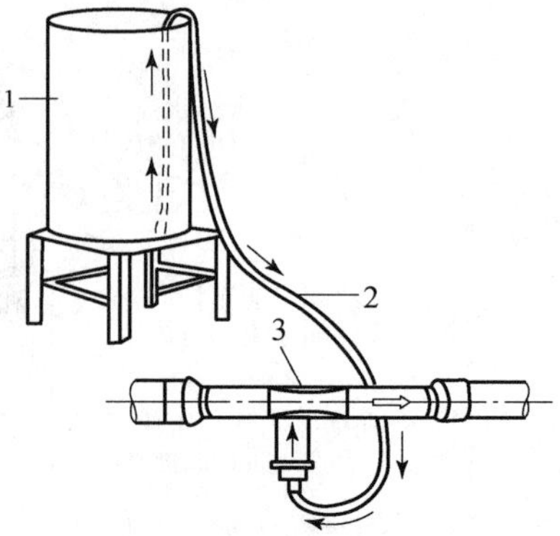

1. 敞开式化肥罐 2. 输液管
3. 文丘里注入器

图 3-64 文丘里注射式施肥器

三、微灌机械的使用

(一)使用注意事项

(1)微灌时间不宜过长。湿润土层深度达到苗床深度即可,一般微灌时间 1 h。

(2)棚室秧苗和菌苗适宜土壤水分为田间最大持水量的 70%~80%,应每天检查,适时适量补水,最好是早、晚补水效果比较明显。

(3)喷洒肥料和农药时,必须先检查每个喷头是否正常,防止因喷头故障而造成局部灌溉不均匀,化肥、农药喷洒完毕应及时关闭施肥罐,延长微灌时间,用清水冲洗管道。

(二)滴头的使用

(1)进入滴头的水必须经可靠过滤,水压应稳定。同一毛细管上的滴头滴水量应一致。

(2)滴头使用中易堵塞,应采用下述方法进行清理维护。

①酸液冲洗法。在水中加入 0.5%~2%的盐酸(浓度为 36%)溶液,用 1 m 水头压入滴灌系统,滞留 10 min,可以清除管中的碳酸钙,使局部堵塞的滴头恢复正常,但对堵死的滴头无效。

②压力疏通法。用 709 kPa(约 7 个标准大气压)的空气和水冲洗滴灌系统,对疏通有机物堵塞效果很好,但易损坏管道,对碳酸钙类堵塞的滴头无效。

③拆卸清洗滴头。对可拆卸的滴头,拆卸清洗能清除任何堵塞物。

四、微灌机械的常见故障及其排除方法

微灌机械的常见故障及其排除方法见表 3-9。

表 3-9 微灌机械的常见故障及其排除方法

故障现象	故障原因	排除方法
管道发生断裂	1. 管材质量不好; 2. 地基下沉不均匀; 3. 管子受温度应力影响而损坏,或因施工方法不当而造成管道破裂	1. 严把进货关,在购买管子时,一定要严格检查管子的质量; 2. 开挖地基检查,对不良的地基应进行基础处理;

续表 3-9

故障现象	故障原因	排除方法
		3.施工时要求管道覆土必须覆最大深度20 cm以下,并注意侧向及管下的土深(侧面有临空面或管道通过涵洞时);加强施工管理,在管沟挖掘、地基处理、铺设安装、管道试压、管沟回填等几道工序上要严格按规范进行,当管道通过淤泥地段时,必须采取加强处理
管道接口渗漏	1.接头安装时加热温度过高,使管头发生裂纹引起漏水; 2.管子加温太低,搭接长度偏短造成漏水; 3.使用时间过长,使已加热的管道冷却,以致接头不牢固而漏水	1.对于因管头发生裂纹而引起的漏水,处理时可用601黏合剂和聚丙塑料在漏水处缠好,或把裂纹处用100目砂布打磨,涂上黏合剂; 2.应把子管和母管各打磨3～6 cm先在内侧涂黏合剂,然后盖在涂了黏合剂的子管上,贴紧母管即可; 3.用黏合剂和防水胶布在漏水处缠好,再用水泥和沙子按1∶2的比例拌好,在漏水处做一水泥外壳,即可修复
管道出现砂眼	由管子制造的缺陷引起	在砂眼周围用100目的砂布打毛,并在砂眼周围打毛部分和管片打毛侧涂上黏合剂,把管片盖在砂眼上,左右移动,使其黏合均匀,片刻即可修复
停机时水逆流	1.进、排气阀(真空破坏阀)损坏; 2.进、排气阀安装位置不正确,管道出现负压(真空)	1.拆卸,进行修复或更换; 2.重新安装
滴水不均匀(一般表现为近水源处滴水过急,远水源处水量不足)	1.滴头堵塞; 2.水的压力不够; 3.管路支管架设不合理,出现逆坡降	1.清堵修复或更换滴头; 2.调高恢复水压; 3.根据地形,合理调整支管的坡度或重新架设支管
过滤器堵塞	进水水质过差或过滤器使用时间过久	1.检验进水水质; 2.对过滤器进行拆卸检修
滴头(灌水器)堵塞	1.物理因素:水不清洁(水中含有泥沙、杂物等); 2.化学因素:水中含有铁、锰、硫等元素进行化学反应,生成溶于水的物质; 3.生物因素:水中含有藻类、真菌等微生物	1.高压水冲洗法; 2.加氯处理法; 3.酸处理法

项目4 收获机械的使用与维护

知识目标

- 了解谷物联合收割机的结构及工作原理。
- 学会正确使用谷物联合收割机。

能力目标

- 能正确调试谷物联合收割机并能掌握技术状态检查。
- 能及时排除谷物联合收割机工作中出现的故障。

素质目标

- 培养团队协作意识、责任意识和爱岗敬业精神。
- 培养学生自主学习、归纳总结和语言表达能力。
- 培养学生对“三农”发展的信心。

任务1 概 述

谷物收获是农业生产中关键性的作业环节，使用机械迅速、及时、高质量地进行收获作业，对保证丰产丰收具有十分重要的意义。

一、谷物收获的方法

谷物收获的方法因各地情况不同而有所差异，常用的有以下几种：

(一)分段收获法

分段收获法是用人工或不同的机器，分别完成谷物的收割、捆运、脱粒和清选等作业。这种方法虽然生产率低、劳动强度和收获损失较大，但所用机具比较简单、设备投资小，目前在我国农村中仍普遍采用。

(二)联合收获法

联合收获法是用联合收割机在田间一次完成收割、脱粒和清选等作业。这种方法生产率高、作业及时、劳动强度和收获损失小，但所用机器复杂、造价高、一次性投资大，且每年使用时间短，因而收获成本较高，对使用技术和作业条件要求也较高。另外，由于作物成熟度不够一致，收后部分籽粒不够饱满、籽粒含水量较大，加大了晒场负荷。

(三)两段收获法

两段收获法是将谷物收获过程分两段进行，先用割晒机或收割机将谷物割倒，成条铺放在一定高度的割茬上，经晾晒后，再用带捡拾器的联合收割机进行捡拾、脱粒和清选。分段收获的特点是能充分利用作物的后熟作用，可提前收割，延长了收割期，籽粒饱满，千粒重增加，产量有所提高，且由于籽粒含水量小，减轻了晒场负荷。机器作业效率高、故障少，但增加了机器进地次数，对土壤的压实程度较大。在多雨潮湿地区，谷物铺放在田间，易发芽霉烂，不宜采用此法。

采用两段收获时必须注意：割茬高度适宜，一般为 15～20 cm；条铺的形状适当。为便于捡拾，禾秆的穗部应相互搭接，方向与机器平行或呈 45°以内倾角，勿使穗部着地；割晒时间适宜，一般在谷物蜡熟中期进行。

二、谷物收获机械的种类

(一)按动力的配套形式分

1. 牵引式

牵引式联合收割机，工作时由拖拉机动力输出轴驱动工作，如图 4-1(a)所示。有些机型为联合收割机本身备有发动机，只带动工作部件工作，拖拉机仅作为牵引动力。该机结构较简单造价较低，但机组较长，机动性差，不能自行开道。

2. 自走式

自走式联合收割机自备动力和行走部分，能独立行走工作，如图 4-1(b)所示。收割台配置在机器前方，具有结构紧凑、机动性高、操纵方便、能自行开道等优点，但结构复杂、造价高、动力和底盘利用率低。自走式联合收割机是应用较广的一种机型。

3. 悬挂式

悬挂式联合收割机是将割台和脱粒等工作装置悬挂在拖拉机上，由拖拉机驱动工作，如图 4-1(c)所示。悬挂式联合收割机有全悬挂和半悬挂两种形式，具有自走式机动性高，能自行开道的优点，且造价较低，拖拉机利用率高。但悬挂拆卸不够方便，性能也受一定限制。目前在我国农村有一定的适用性。

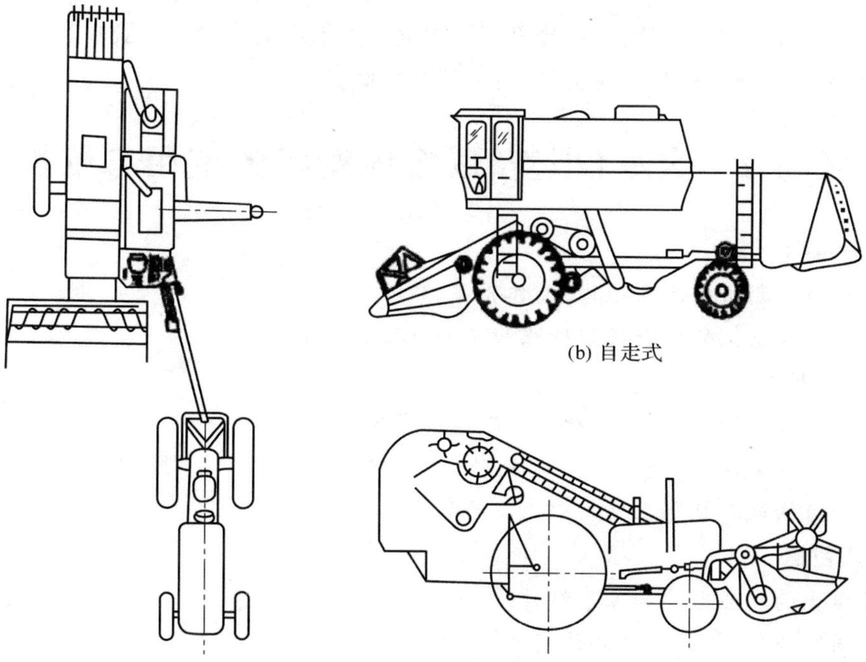

(a) 牵引式　(b) 自走式　(c) 悬挂式

图 4-1　联合收割机的种类

(二)按谷物的喂入方式分

1. 半喂入式

半喂入式联合收割机多采用立式割台,用夹持链夹持作物茎秆,只将穗部喂入脱粒装置,因而脱穗后茎秆保持完整,但生产率较低,适用于水稻收获。

2. 全喂入式

全喂入式联合收割机,工作时作物全部喂入脱粒装置,是应用最广的机型。按作物进入脱粒装置的流向,有切流型和轴流型两种。切流型是传统形式,作物由滚筒切向喂入,经脱粒后由切向抛出,联合收割机须配有庞大的分离装置。轴流型是用轴流滚筒代替传统的纹杆滚筒和键式逐稿器。工作时,作物在滚筒的一端切向排出。作物在脱粒的同时,也完成分离过程。

(三)按作物在整个机器中的流程分

1. "T"形

"T"形联合收割机,割台配置在脱粒部分的前方,割幅比脱粒部分宽,割下作物先从割台两侧向中央输送,再纵向进入脱粒部分。

2. "F"形

"F"形联合收割机,割台配置在脱粒部分右侧,作物先横向输送,然后转向纵向进入脱粒部分。

3. "□"形

"□"形联合收割机,多用于全悬式联合收割机,割台配置在拖拉机正前方,脱粒机在后方,侧面用中间输送配置连接,整机配置呈"□"形。

4. 直流型联合收割机

割台配置在前方,割幅与脱粒部分等宽。割下作物沿纵向直接进入脱粒装置,喂入作物层厚薄均匀,有利于提高脱粒和分离质量,但生产率较低。

任务2　大豆(小麦)联合收割机的使用与维护

知识目标

- 概述联合收割机的基本结构、工作原理。
- 知道联合收割机的安全操作规程和安全教育的重要性。

能力目标

- 能够进行日常检查和维护,确保机械的正常运行。
- 能够正确使用联合收割机,提高作业效率和安全性。
- 能及时排除联合收割机使用中出现的故障。

素质目标

- 培养学生的职业道德和工匠精神。
- 提高团队合作意识、沟通协作能力。
- 培养创新意识和持续学习的能力。
- 培养学生的环保意识和安全意识。

一、大豆(小麦)联合收割机的结构及工作原理

大豆(小麦)联合收割机的机型很多,其结构也不尽相同,但其基本构造大同小异。现以自走式联合收割机为例,说明其构造和工作原理。

自走式联合收割机主要由收割台、脱粒(主机)部分、发动机、液压系统、电气系统、行走系统、传动系统和操纵系统八大部分组成。自走式联合收割机的结构如图4-2所示。

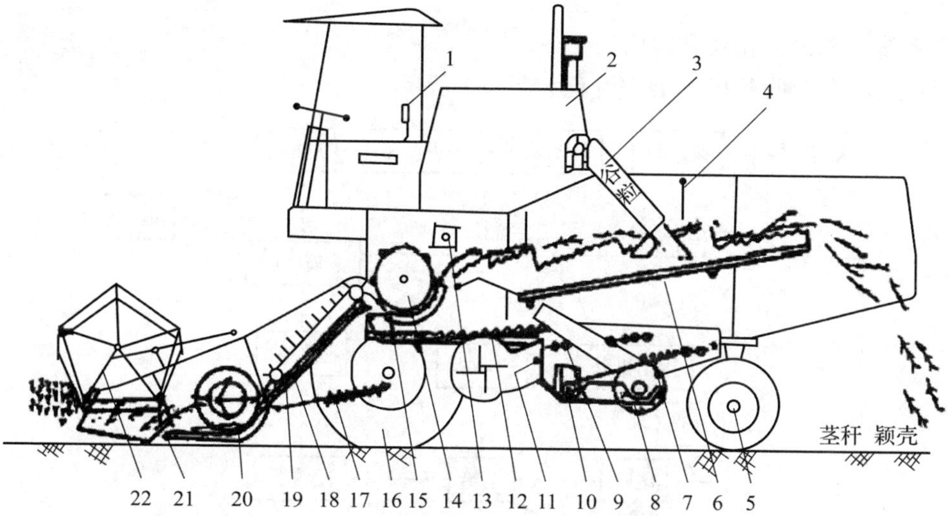

1.驾驶室倾斜输送器 2.发动机 3.卸粮管 4.挡帘 5.转向轮 6.逐稿器 7.下筛 8.杂余推运器 9.上筛 10.粮食推运器 11.风扇 12.阶梯状输送器 13.逐稿轮 14.滚筒 15.凹版 16.驱动轮 17.收割台升降油缸 18.倾斜输送器 19.输送链耙 20.收割台推运器和伸缩扒指 21.切割器 22.拨禾轮

图4-2 自走式联合收割机的结构示意图

1.收割台

为适应农业技术中各系列机型的要求,收割台割幅有3.66 m、4.27 m、4.88 m、5.49 m四种及大豆挠型割台。

收割台由台面、拨禾轮、切割器、收割台推运器等组成。

2.脱粒部分

脱粒部分由脱粒机构、分离机构、清选机构、输送机构等构成。

3.发动机

发动机采用法国纱朗公司生产的6359TZ02增压水冷直喷柴油机,功率为110 kW。

4.液压系统

液压系统由操纵和转向两个独立系统所组成,分别对割台的升降和减振、拨禾轮的升降,行走的无级变速、卸粮筒的回转、滚筒的无级变速及转向进行操纵和控制。

5.电气系统

电气系统分电源和用电两大部分。电源为1个12 V的6-Q-126型蓄电池和1个9管硅整流发电机。用电部分包括启动机、报警监视系统、拨禾轮调速电机、燃油电泵、喷油泵电磁切断阀、电风扇、雨刷、照明等。

6. 行走系统

行走系统由驱动、转向、制动等部分组成。驱动部分使用双级增扭液压无级变速、常压单片离合器、四档变速箱、传动装置。制动器分脚制动和手制动，均为盘式双边制动，由单独液力系统操纵。转向系统为液力转向。

7. 传动系统

动力由发动机左侧传出，经皮带或链条传动，传给割台、脱粒部分和行走部分。

8. 操纵系统

操纵系统主要设置在驾驶室内。

大豆（小麦）联合收割机的工作过程如图 4-3 所示。

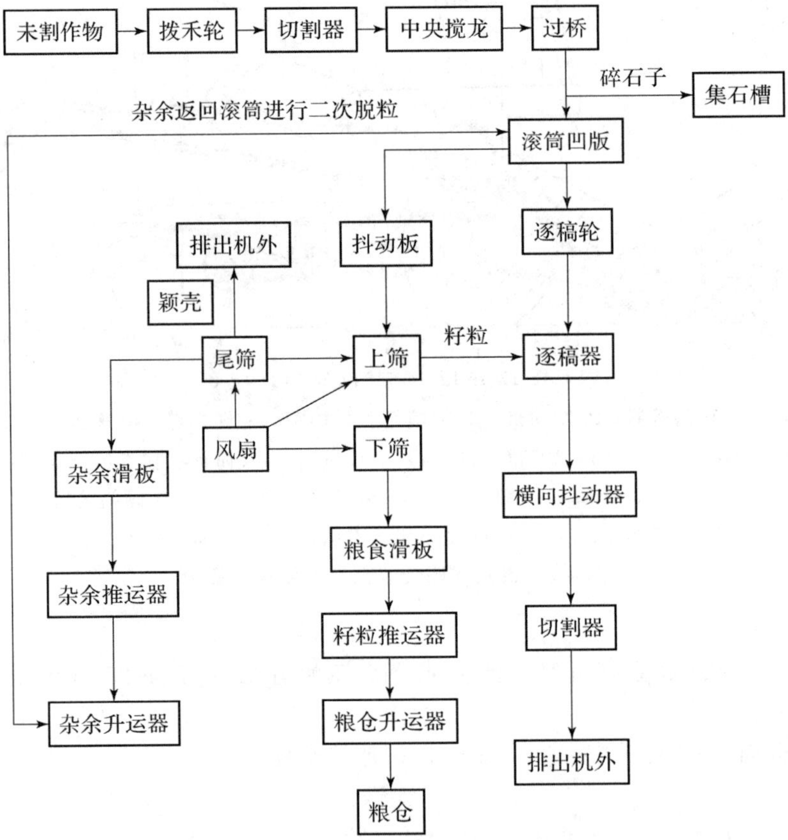

图 4-3 大豆（小麦）联合收割机的谷物流程图

二、大豆（小麦）联合收割机的主要工作部件

1. 收割台

收割台的作用是在尽可能低的情况下完成正确的收割和输送。

(1)收割台类型。收割台分为卧式和立式两大类型。卧式割台按输送部件的不同可分为平台式和螺旋式两类。平台式多用于收割机、割晒机和半喂入式联合收割机，螺旋式多用于全喂入式联合收割机。立式割台可分为带前输送、带后输送、机后铺放及扶指式几种形式。扶指式仅用于半喂入式联合收割机。

(2)收割台结构。卧式收割台由割台体、分禾器、切割器、拨禾轮及输送装置等组成。切割器安装在收割台体前部护刃器梁上。分禾器安装在左右侧壁前端。拨禾轮安装在侧壁上部左右臂上。收割台体下部装有滑板。收割机割台，其后部与拖拉机悬挂架相连接。联合收割机收割台，其后部与倾斜喂入室连接，并由两个油缸支承，用以控制收割台的高低位置。

立式收割台由机架、主传动箱、切割器、上下输送带、拨禾星轮和分禾器等组成。带后输送的还设有换向阀门，可实现左右放铺。机后铺放的结构有所不同，在收割台前方每间隔300 mm装有一组带拨齿的三角带(简称拨禾带)和压禾弹条，可将割幅内的谷物分成若干小束引向切割器，待谷物被切断后，由星轮将其拨向收割台。禾秆在压条、弹条的扶持下横向输送至纵向输送机构，将禾秆运至后方转向铺放在割幅内，如图4-4所示。为了适应严重倒伏作物的收割，在水稻联合收割机上采用带扶禾器的立式收割台，如图4-5所示。

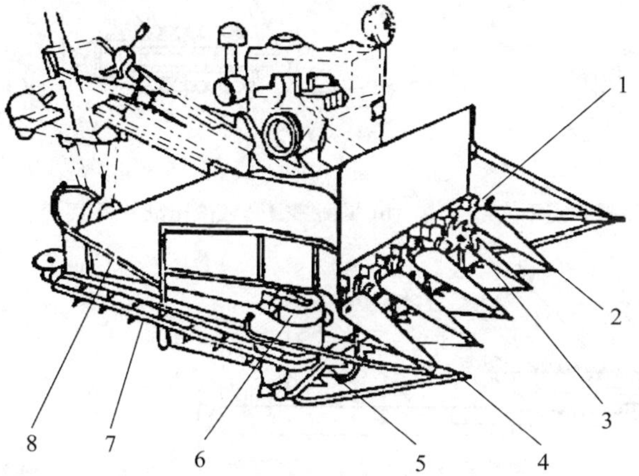

1上输送带 2.扶禾器 3.拨禾星轮 4.分禾器 5.切割器 6.转向机构 7.转向输送带 8.导向杆

图4-4 装有拨禾带的收割机

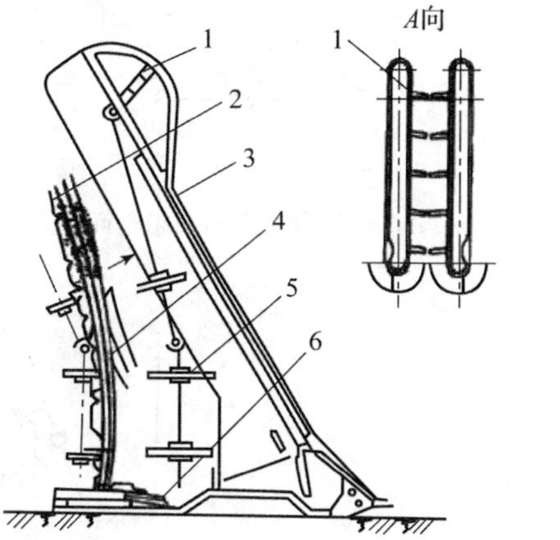

1.拨禾输送装置 2.谷物 3.扶禾器 4.输送链 5.拨禾指 6.收割台梁架

图4-5 带扶禾器的立式收割台

(3)收割台的升降仿形装置和挂接结构。收割台的升降装置，用来随时调节割茬高度及运输状态和工作状态的转换。仿形装置，可使收割台随地形起伏而升降以保持一定高度的割茬。升降装置多采用单作用油缸液压升降装置。仿形装置大都采用机械式，利用平衡弹簧将收割台大部分重量转移到机架上，使收割台下面的滑板轻贴地面，并利用弹簧弹力，使收割台适应地形起伏。收割台升降仿形装置常用三种不同的平衡弹簧配置方式。

收割台体由左右两组平衡弹簧吊挂在倾斜喂入室上，如图4-6(a)所示。提升时，液压缸进油，顶起倾斜喂入室，平衡臂顶住托架，带动铰接吊杆升起收割台。下降时，液压缸排油，收割台下降，滑板支地，平衡臂和托架分开，平衡弹簧全部受力，滑板对地面压力较小。此型收割台下部球铰接在倾斜喂入室支架上，所以可做纵、横向仿形。

平衡弹簧套在液压缸外壳上，如图4-6(b)所示。下降时，液压缸排油，收割台落地，平衡弹簧受力而压缩。如遇障碍时，收割台即抬起，起上下浮动作用。移动调节板位置可调节滑板接地压力，此型收割台只可做纵向仿形。

平衡弹簧配置在液压缸外与柱塞销连接，如图4-6(c)所示。弹簧用螺杆调节预紧力。前后槽钢用调节螺杆连接成一体，可在与中间槽钢成一体的滑套内滑动。中间槽钢与柱塞销连接。收割台受力起仿形作用。此型收割台只可做纵向仿形。

收割台的挂接结构随着全喂入式联合收割机的生产率不断提高，割幅逐渐变宽。为便于运输，一般可将收割台从倾斜喂入室脱开，架在运输车上，用联合收获机牵引行走。因此，要求收割台与倾斜喂入室的挂接快捷、灵便。目前大都采用上托下固定的连接方式，即在倾斜喂入室的上部设有托轴，凸台式凹槽用以托住收割台；下部则为插销轴与收割台固定。

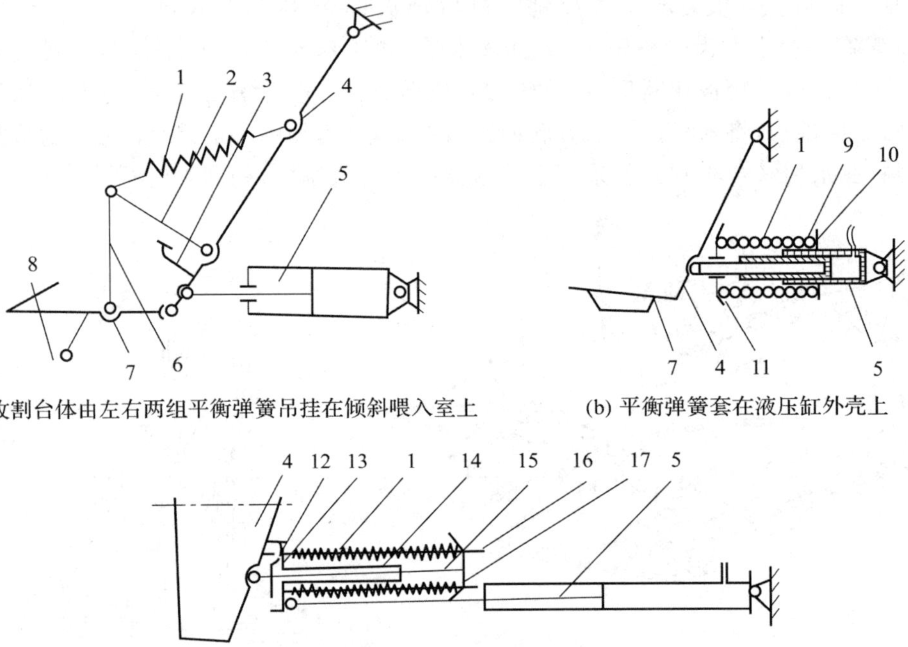

(a) 收割台体由左右两组平衡弹簧吊挂在倾斜喂入室上　(b) 平衡弹簧套在液压缸外壳上

(c) 平衡弹簧配置在液压缸外与柱塞销连接

1. 平衡弹簧　2. 托架　3. 平衡臂　4. 中间输送装置　5. 升降液压缸　6. 铰节吊杆　7. 收割台　8. 滑板　9. 柱塞杆　10. 调节板　11. 弹簧室　12. 前槽钢　13. 中间槽钢　14. 滑套　15. 连接轴　16. 调节螺杆　17. 后槽钢

图 4-6　收割台升降仿形装置

2. 拨禾装置

(1)拨禾轮的作用与类型。拨禾轮的作用是把谷物拨向切割器；扶持茎秆，配合切割器进行切割；及时将割下的谷物铺放到输送装置，并清理割刀以利于切割器继续工作。

常用的拨禾轮类型有普通拨禾轮和偏心拨禾轮。

(2)拨禾轮的结构。

①普通拨禾轮。普通拨禾轮的结构如图 4-7 所示，主要由轮轴、辐盘、辐条、压板、拉筋等组成。管轴用轴承安装在割台支臂上，动力由管轴左端链轮或皮带轮传入。支承杆用来保持辐条的正确位置。拉筋用来防止管轴因自重或工作时受力产生弯曲变形。拨板固定在辐条外端。

②偏心拨禾轮。偏心拨禾轮由普通拨禾轮发展而来，其性能优于普通拨禾轮，尤其是对倒伏作物适应性较强，在谷物联合收割机上广泛应用。

偏心拨禾轮的结构如图 4-8 所示，与普通拨禾轮比较，多了偏心辐盘，偏心辐盘以偏心环支承在滚轮上，其回转中心与拨禾轮中心有一偏距。固定有弹齿的弹齿轴穿过主辐条，通过轴端曲柄与偏心辐条铰接。

偏心拨禾轮的特点：由于结构上的特点，即主辐条、偏心辐条、曲柄及两辐盘中心连线组成一组平行四杆机构，当拨禾轮工作时，曲柄方向因始终保持与两中心连线平行而不变，固定在弹齿轴上弹齿方向不变，即弹齿相对地面的倾角保持不变(图 4-9)。

1.辐条 2.轮轴 3.辐盘
4.拉筋 5.压板 6.胶皮
7.传动皮带轮

图 4-7 普通式拨禾轮结构图

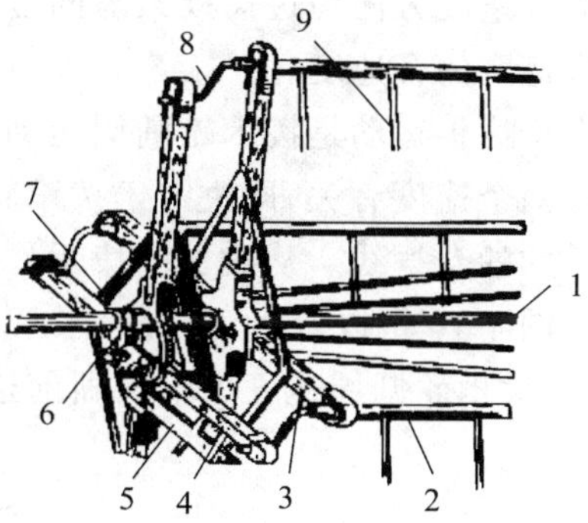

1.拨禾轮轴 2.弹齿轴 3.主动辐盘辐条
4.偏心辐盘辐条 5.弹齿角度调节杆
6.偏心环 7.偏心导杆
8.曲柄 9.辐板

图 4-8 偏心式拨禾轮结构图

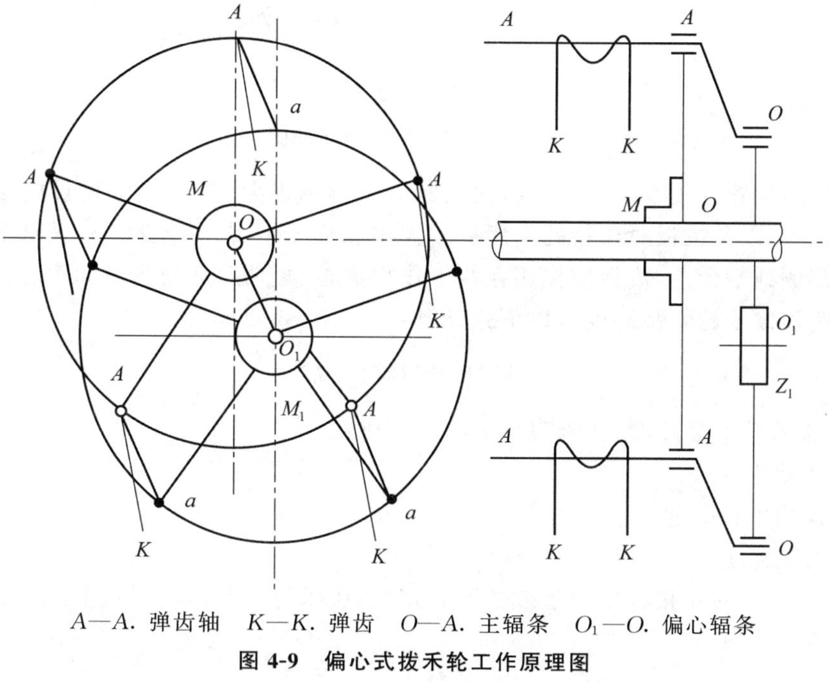

A—A. 弹齿轴 K—K. 弹齿 O—A. 主辐条 O_1—O. 偏心辐条

图 4-9 偏心式拨禾轮工作原理图

为适应在各种情况下工作，弹齿倾角可以调整，此时只需通过调节机构，改变偏心辐盘中心位置即可。因偏心辐盘中心位置改变，从而改变了两中心连线方向，使曲柄方向变化，弹齿方向随之改变。

(3)拨禾轮的工作。

①拨禾轮拨板运动。拨禾轮工作时，拨板一面绕拨禾轮轴做回转运动，一面随机器前进做直线运动，因此拨板相对于地面所做的运动是这两个运动的合成，其运动轨迹为一余摆线(图 4-10)。

拨板速度方向为过拨板某瞬间位置做余摆线的切线方向，其大小为拨禾轮圆周速度与机器前进速度的合速度。

由于拨板运动是拨禾轮圆周运动和机器前进运动的合成，因此，其运动轨迹余摆线的形状就与这两个速度有关，即决定于拨禾轮圆周速度/机器前进速度(λ)值的大小。当 $\lambda>1$ 时，形成有结扣的余摆线。从拨板的拨禾作用看，当拨板作用到作物上时，应有向后的水平分速度。

从图 4-10 可以看出，向后的水平分速度，只有余摆线结扣最大横弦以下部分才有。因此，$\lambda>1$，即拨禾轮圆周速度大于机器前进速度是拨禾轮能正常工作的必要条件。

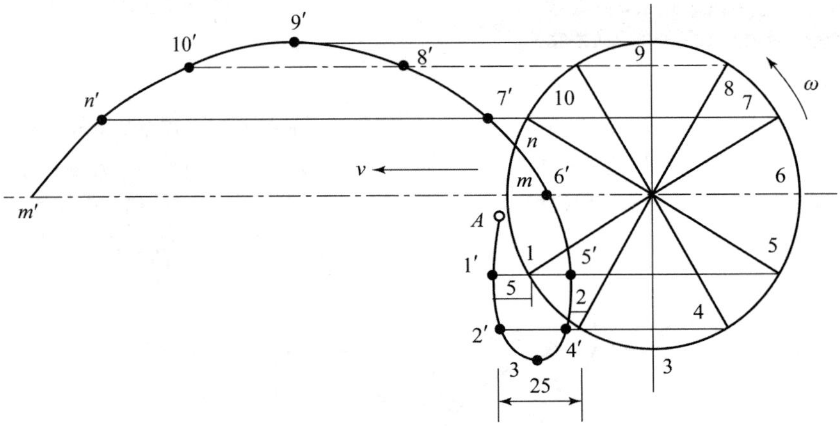

图 4-10　拨禾轮压板运动图

②拨禾轮的位置。拨禾轮的位置对拨板的工作影响很大，其高低位置直接影响到拨板入禾和出禾的位置，以及拨板对作物的作用程度大小和推禾情况。一般情况下使拨板把割下的作物很好地推倒到割台上，拨板应作用在割下作物重心的上方(从穗头算起重心约在割下作物的 1/3 处)，所以拨禾轮安装高度可以下式计算：

$$H=R+2/3(L-h)$$

式中：H——拨禾轮安装高度，从割刀至轴心的距离；

R——拨禾轮半径；

L——作物生长高度；

h——割茬高度。

当收割后期，为减小拨板击穗造成的脱粒损失，拨禾轮安装高度可按下式计算：

$$H=L+\frac{R}{\lambda}-h$$

拨禾轮的前后位置影响拨板的作用范围大小，即扶禾、推禾能力，如图 4-11 所示，拨禾轮前移，拨板作用范围加大，扶禾能力增强，而推送能力减弱，反之相反。

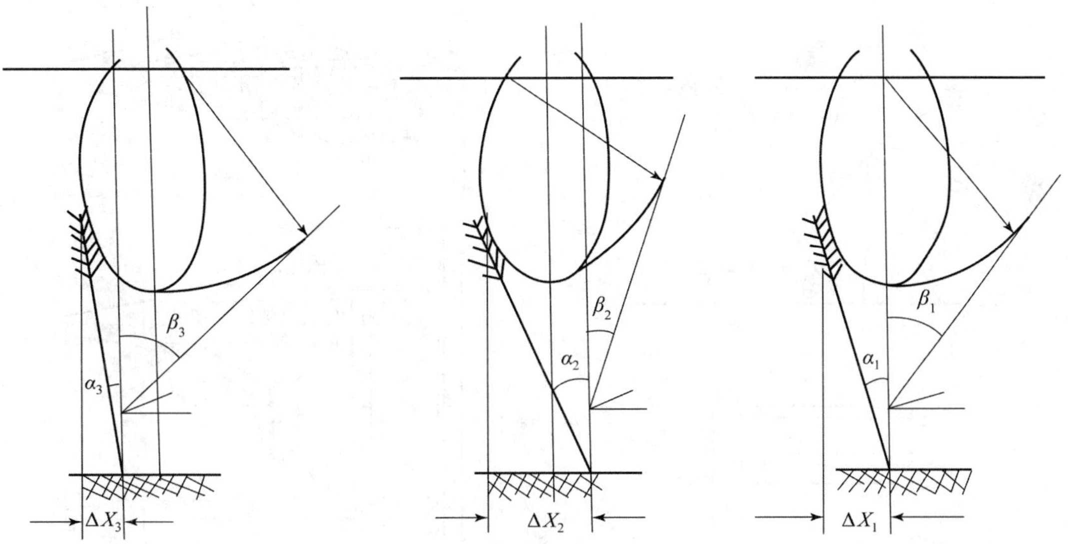

(a) 位于割刀正上方时　(b) 前移时　(c) 后移时

图 4-11　拨禾轮水平位置对工作的影响

(4)拨禾星轮。拨禾星轮用于立式收割台,其作用是将割幅内的作物拨集并配合输送装置输送割下的作物。其形式有八角星轮、拨禾指轮和多齿拨禾星轮等。

(5)扶禾器。扶禾器用于半喂入立式收割台水稻联合收割机。它由若干对回转的拨指扶禾链(包含在扶禾器中)和分禾器组成,如图 4-12 所示。

工作时,拨指从根部插入作物,由下至上将倒伏作物扶起,在拨禾星轮配合下,使茎秆在直立状态下切割,然后进行交接输送。

3. 切割器

切割器是收割机上重要的部件之一,作用是将谷物分成小束,并对其进行切割。其工作性能应满足切割顺利、割茬整齐、无漏割、不堵刀、功耗小、适应性广等要求。切割器有回转式和往复式两种,其中往复式切割器应用较广。

(1)往复式切割器。往复式切割器利用动刀片相对于护刃器上的定刀片做往复的剪切运动,将禾秆切断。适用于小割幅的收割机和联合收割机。

现常用往复式切割器为标准型切割器,其割刀行程等于相邻两动力片中心线之间的距离,也等于相邻两护刃器之间的距离,即 76.2 mm(图 4-13)。

标准型往复式切割器,分Ⅰ、Ⅱ、Ⅲ三种类型。其Ⅱ型(带摩擦片)应用较多。

(2)往复式切割器的构造。往复式切割器的构造如图 4-13 所示,其由割刀、护刃器、压刃器、摩擦片及驱动机构等组成。

割刀由动刀片、刀杆、刀杆头等铆合而成。刀头与驱动机构相连,以带动割刀做往复运动。动刀片呈六边形,两斜边为刀刃,刀刃多为齿状,工作中不易磨钝。刀杆的断面形状为矩形扁钢,刀杆应平直。动刀片铆在刀杆上,铆接要牢固紧密,并在同一平面上。

护刃器为双联,其上铆有定刀片(JL-1075 无定刀片)。护刃器用螺栓固定在护刃器梁上,工作时,将作物分成小束,切割时构成支承点。

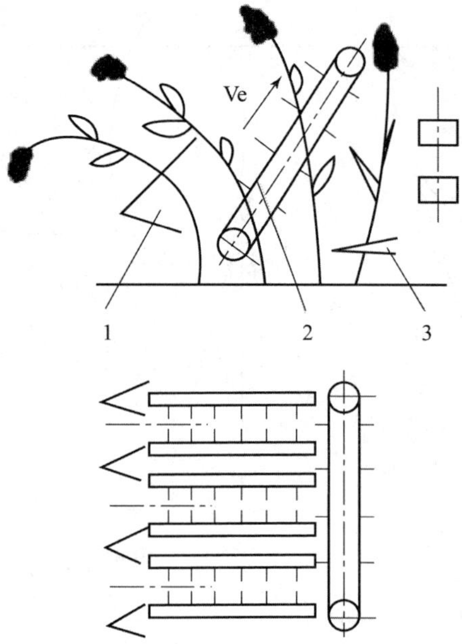

1.分禾器　2.扶禾器
3.切割器

图 4-12　扶禾器

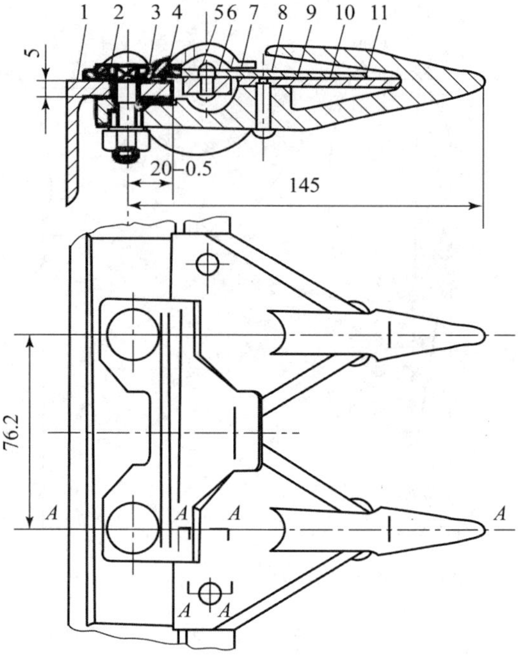

1.护刃器梁　2.螺栓　3.螺母　4.摩擦片
5,8.铆钉　7.压刃器　6.刀杆　9.动刀片
10.定刀片　11.护刃器

图 4-13　往复式切割器(单位:mm)

压刃器用螺栓固定在护刃器梁上(间隔 30～50 cm),其前端将割刀压向定刀片,以保证动刀片与定刀片有正常的切割间隙。

摩擦片用螺栓固定在护刃器梁上,对割刀有垂直和水平方向的支承定位作用,避免刀杆对护刃器的磨损。摩擦片磨损后,可上下和前后调整。

(3)割刀的驱动机构。往复式切割器的割刀驱动机构用来把传动轴的回转运动变成割刀的直线往复运动。驱动机构有多种类型,按结构原理可分为曲柄连杆机构、摆环机构和行星齿轮机构。

①曲柄连杆机构。曲柄连杆机构的常见形式如图 4-14 所示。

图 4-14 中(a)和(b)为一线式曲柄连杆机构,曲柄、连杆、割刀在同一平面内运动,其中(a)为卧轴式、(b)为立轴式,其特点是结构简单,但横向占据空间较大,多用于侧置割台。(c)和(d)为转向式曲柄连杆机构,其中(c)为三角摇臂式、(d)为摇杆式,其特点是横向占据空间小,适用于前置式收割台。

图 4-14 中(e)为曲柄滑块式,是曲柄连杆机构的一种变形,结构较紧凑,但滑块、滑槽易磨损。

摆环机构的结构与工作原理如图 4-15 所示。摆环机构由主轴、主销、摆环、摆叉、摆轴、摆杆和小连杆等组成。主销与主轴中心线有 α 倾角。轴承装在主销上,其外为摆环,摆环外缘上有两个凸销,与摆轴的摆叉相铰连,摆轴一端固定摆杆,摆杆通过小连杆与割刀连接。

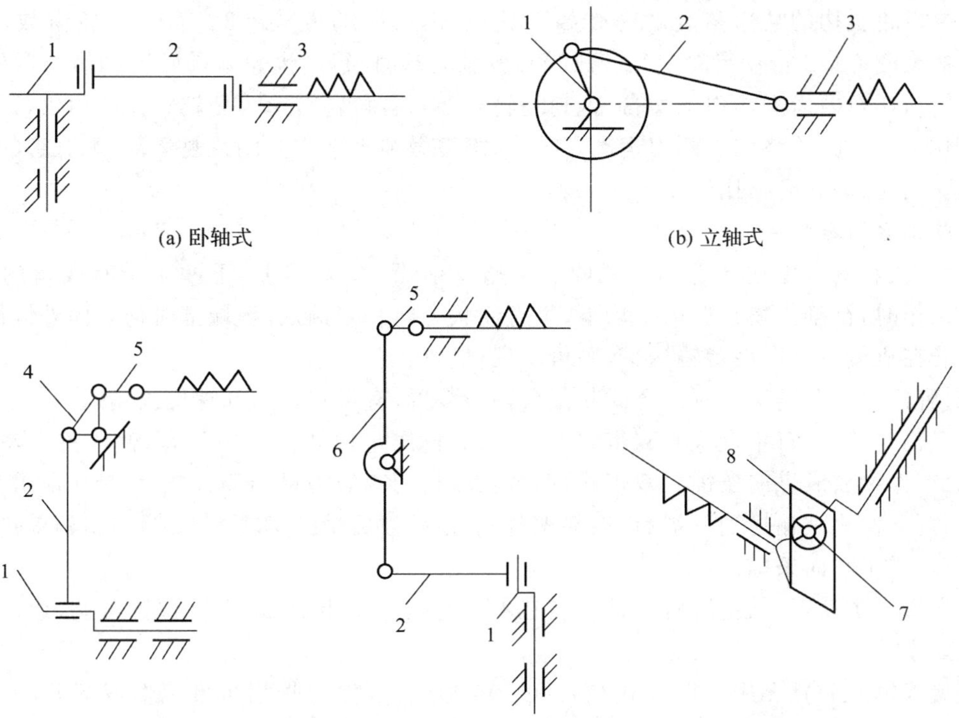

1. 曲柄　2. 连杆　3. 导向器　4. 三角摇臂　5. 小连杆　6. 摇杆　7. 滑块　8. 滑槽

图 4-14　曲柄连杆机构

摆环机构工作时，主轴转动，摆环在主销上绕 O 点做左右摆动，摆动范围为 $\pm\alpha$。摆环摆动时，通过摆叉使摆轴在一定范围内来回摆动，带动摆杆左右摆动，再通过小连杆，带动割刀做往复运动。摆环机构的结构紧凑、工作可靠，在联合收割机上广泛应用。

行星齿轮驱动机构是近年来新采用的割刀驱动机构，它主要由直立的转臂轴，套在转臂上的行星齿轮，固定在行星齿轮上的曲柄及固定齿圈等组成，如图 4-16 所示。

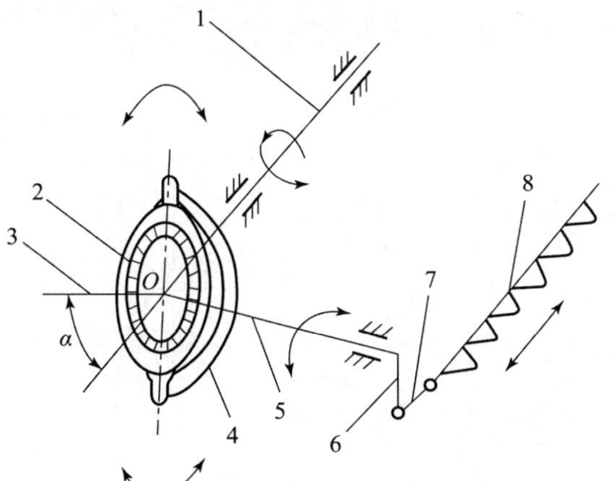

1. 主轴　2. 摆环　3. 主销　4. 摆叉　5. 摆轴
6. 摆杆　7. 小连杆　8. 割刀

图 4-15　摆环机构

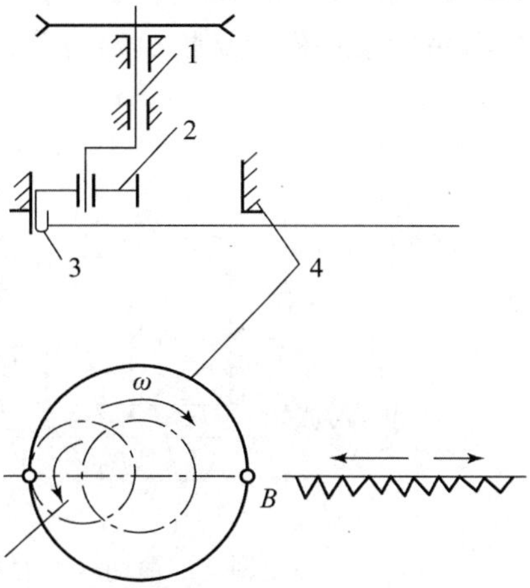

1. 曲柄轴　2. 行星齿轮
3. 销轴　4. 固定齿圈

图 4-16　行星齿轮驱动机构

行星齿轮机构的结构参数之间有如下关系：内齿圈的齿数＝2×行星齿轮齿数，转臂长度＝曲柄长度＝1/2 行星齿轮直径。故当转臂轴转动时，行星齿轮除随转臂轴做公转外（轮心绕轴心转），还在内齿圈作用下做自转（轮绕轮心转），若自转转速为公转转速的两倍，则曲柄端点（与刀头连接处）始终位于割刀运动直线上，割刀做纯水平方向的往复运动，无有害的垂直方向分力作用，振动和磨损比较小。

4. 收割台输送装置

（1）立式收割台输送装置。立式收割台输送装置，多采用上、下两条带有拨齿的输送带（链）。工作时，被割作物在拨齿带动下，呈直立状态向一侧输送，至端部时穗头向外倾倒，铺放于地。若在机侧设纵向夹持输送带，则可实现机后放铺。

（2）卧式收割台输送装置。卧式收割台输送装置，有带式输送和螺旋式输送。

带式输送装置，有单带式和双带式。单带式，输送带比切割器短且宽，使收割台左端形成一排禾口，作物放成纵向条铺。双带式，前带长度与切割器割幅相等且窄，后带比前带长且宽。工作时，割下作物被输送到一端后，根部先落地，穗部被后带继续输送，并且与机器前进速度配合，禾秆形成了转向条铺。

输送带由主动辊、从主动辊及其上装有木条的帆布带组成，从动辊位置可调，用以调整输送带松紧度。

螺旋式输送装置多用于前置式割台联合收割机上，称为收割台推运器或搅龙，其结构如图 4-17 所示。其主要由圆筒、螺旋叶片、扒指、推运器轴及调节机构等组成。螺旋叶片分左右两段，焊在圆筒上，旋向相反。伸缩扒指位于推送器中间段，内端铰接在圆筒内扒指轴上，外端从圆筒上套筒穿出。推运器轴分左半轴、右半轴、短轴和扒指轴。左半轴用轴承支承在收割台左侧臂上，外有链轮由传动机构驱动，内固定有圆盘与圆筒连接。右半轴外端用轴承支承在收割台右侧臂上，外端有调节手柄，内端用轴承支承在圆盘上。短轴用轴承支承在圆盘上。右半轴和短轴分别固定一曲柄，曲柄另一端与扒指轴固定连接。工作时，传动机构驱动左半轴转动，通过圆盘带动圆筒转动（右半轴、短轴不转）。圆筒拨动扒指绕扒指轴转动。由于扒指轴与圆筒轴不同心有一偏距，所以扒指伸出圆筒的长度在转动中有变化，即在前方时伸出长，以抓取作物，到后方时伸出短，以免将作物带回。工作时，割下的作物由螺旋叶片从两侧向中间推送，再由扒指将作物从推运器与收割台台面间的间隙向后输送至倾斜喂入室。

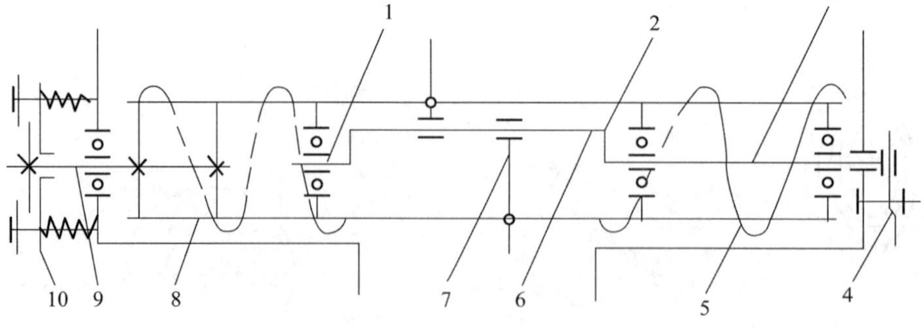

1. 短轴　2. 曲柄　3. 右半轴　4. 调节手柄　5. 螺旋叶片　6. 扒指轴（曲轴）
7. 扒指　8. 圆筒　9. 左半轴　10. 传动链轮

图 4-17　螺旋推运器示意图

5. 中间输送装置

中间输送装置，连接收割台和脱谷部分，完成将作物从收割台向脱谷部分的输送。在联合收割机上，此装置称为倾斜喂入室或过桥。中间输送装置多为链耙式，链耙式输送器如图4-18所示，其主要由主动轴、从动轴、输送链、齿耙、壳体及调节机构等组成。主动轴右端有皮带轮和安全离合器，从传动系统输入动力并把动力通过离合器传给主动轴，通过皮带轮传动割台。当输送器负荷过大时，离合器自动分离。主动轴上有3个链轮，带动输送链和从动轴转动。齿耙按一定间隔固定在输送链上，从下端抓取作物，从齿耙与壳体下底板间向上输送。从动轴为浮动式，工作时可绕其支臂固定轴上下摆动。

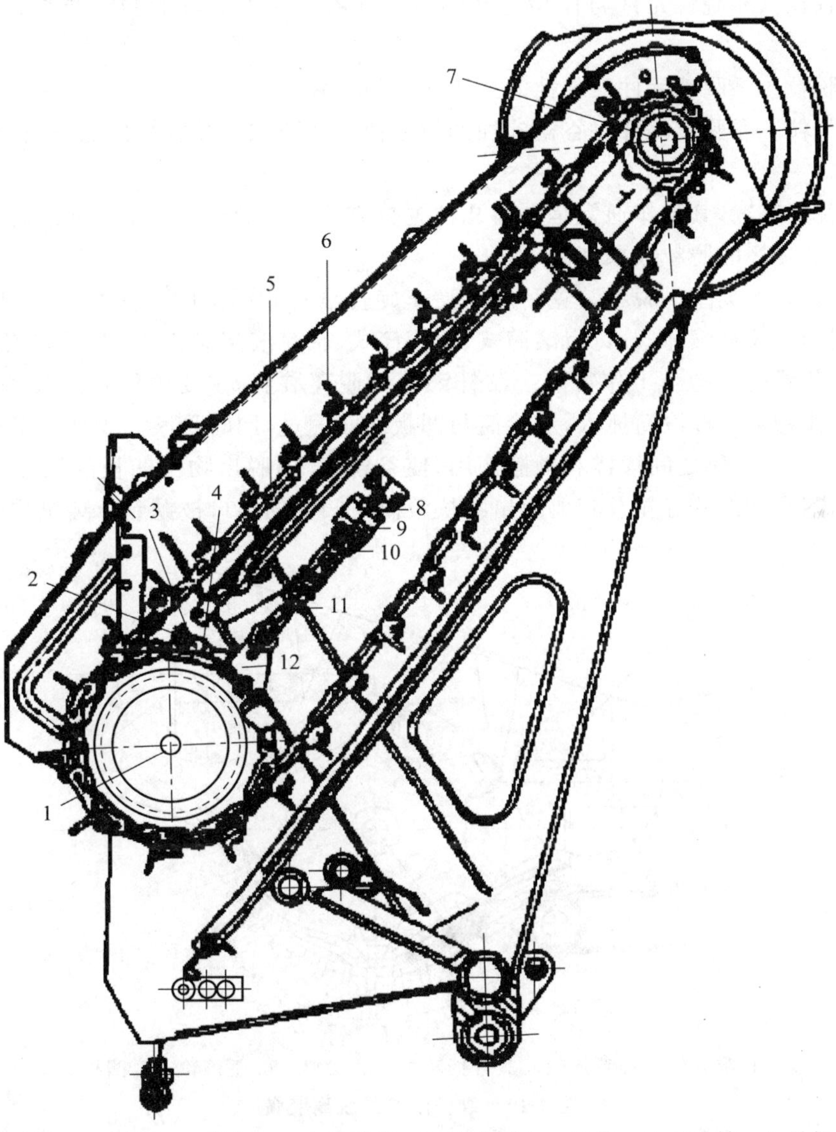

1. 被动轴 2. 螺杆 3. 弹簧 4. 支承吊杆 5. 输送链 6. 齿耙 7. 主动轴 8. 吊杆螺母 9. 弹簧支承 10. 纵向吊杆弹簧 11. 弹簧调整螺母 12. 浮动臂

图4-18 链耙式输送器

6.脱粒装置

脱粒装置是脱粒机和联合收割机的核心部分，其功用主要是把谷粒从谷穗上脱下来，并尽可能多地将谷粒从脱出物中分离出来。脱粒装置的性能不仅在很大程度上决定了脱粒质量和生产率，而且对分离和清选也有很大影响。

(1)脱粒原理。一般是利用脱粒装置产生一定的机械力，破坏谷粒与谷穗的自然结合力，使谷粒脱粒，常见的方式有以下几种：

①冲击脱粒。靠脱粒元件与谷穗的相互冲击作用使谷粒脱粒。其脱粒效果与冲击强度有关，而冲击强度可用冲击速度来衡量。

②搓擦脱粒。靠脱粒元件与作物之间的摩擦使谷粒脱粒。其脱粒效果取决于摩擦力的大小。

③碾压脱粒。靠脱粒元件对谷穗的挤压作用使谷物脱粒。

④梳刷脱粒。靠脱粒元件对谷穗施加的拉力使谷物脱粒。其脱粒性能与脱粒元件的速度有关。

现有的脱粒装置，其工作通常是上述几种脱粒方式的综合作用，以一种方式为主，其他方式为辅，以得到良好的脱粒效果。

(2)脱粒装置的类型。脱粒装置一般由高速旋转滚筒和固定的凹板组成。但其种类和形式不同，常用的有纹杆滚筒式、钉齿滚筒式、双滚筒式、轴流滚筒式、叶轮式、弓齿滚筒式等。

(3)脱离装置的结构与工作特点。纹杆滚筒式脱离装置，主要由纹杆滚筒和栅状凹板组成。工作时，作物由纹杆滚筒抓入，从滚筒与凹板之间通过，同时受滚筒纹杆的多次打击，以及滚筒与凹板之间和谷物之间揉搓和碰撞作用，使谷粒脱下，脱出物由凹板的筛孔分离出去，落到抖动板上，茎秆和部分谷粒及其他脱出物从滚筒与凹板的出口被抛到分离机构(图 4-19)。

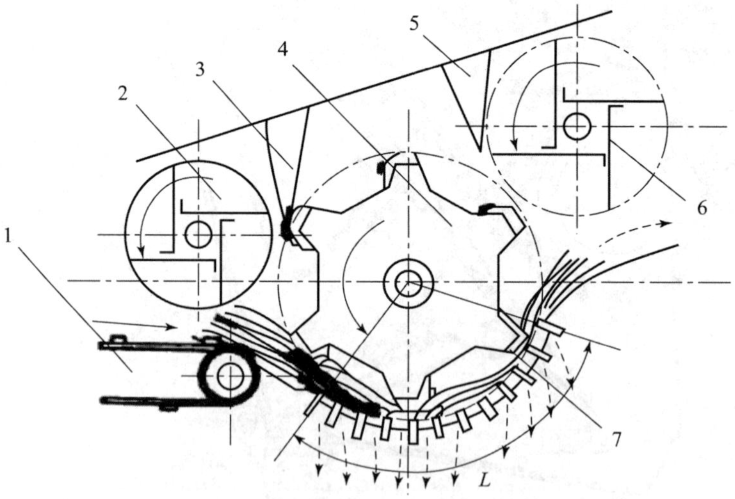

1.喂入链　2.喂入轮　3、5.挡草板　4.滚筒　6.逐稿轮　7.凹板

图 4-19　纹杆滚筒式脱离装置

纹杆滚筒式脱粒装置具有结构简单，适应性好，有良好的脱粒、分离性能，茎秆破碎小等优点；缺点是喂入不均，对潮湿作物适应性较差。

纹杆滚筒由轴、辐盘、纹杆等组成。轴用轴承支承在脱谷机侧壁上，轴端有动力输入皮带轮。辐盘有多个，为钢板冲压而成的多角盘，两端幅盘有轮毂，用键与轴相连，中间辐盘则空套在滚筒轴上。纹杆用螺栓固定在多角副盘的凸起部分上。

纹杆工作表面为曲面，上有斜凸纹，以增强抓取和搓擦作物的能力。斜凸纹分左右，安装时应交错安装，以便抵消脱粒时产生的轴向力，并防止作物移向滚筒一侧。纹杆有A形和D形，如图4-20所示。A形用于老式滚筒，辐盘为圆形，有纹杆座，纹杆用螺栓固定在杆座上。D形用于现用滚筒，螺旋栓直接固定在多角辐盘上。

凹板配合滚筒起脱粒作用，同时分离脱出物，使大部分谷粒很快分离出来，减少谷粒的破碎，同时减轻了分离装置的负担。栅格状凹板由横格板、侧弧板、筛条等组成，一般为整体式(图4-21)。

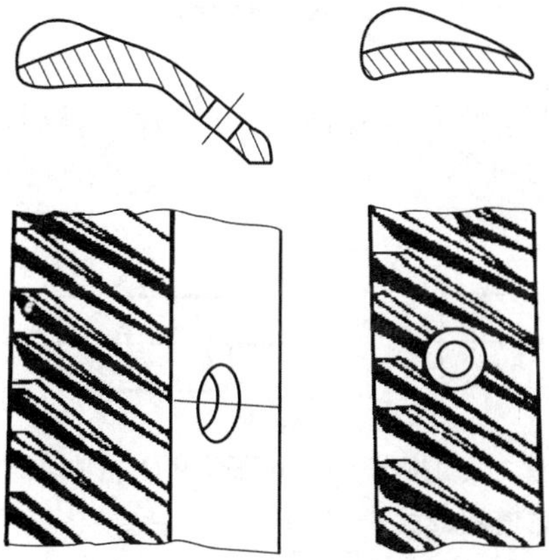
(a) D形纹杆　(b) A形纹杆

图4-20　纹杆的形状

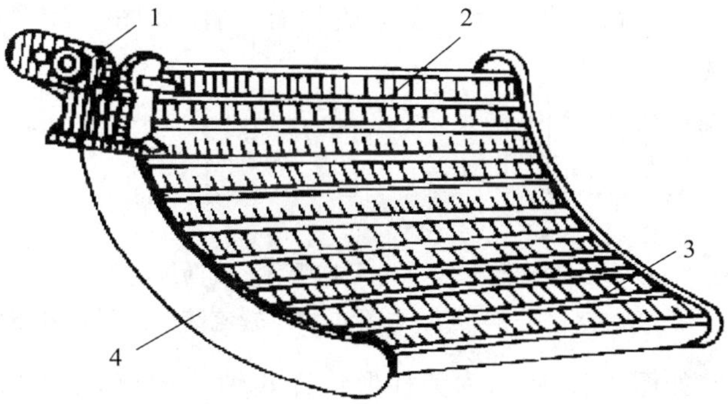

1. 侧弧板　2. 横格板　3. 筛条　4. 侧板

图4-21　栅格式凹板

凹板与滚筒之间形成的间隙，称为脱粒间隙。凹板前后端与调节机构相连，通过调节机构，可调节脱粒间隙的大小。凹板圆弧长所对的圆心角，称为凹板包角。包角大(滚筒直径一定时)，凹板圆弧长，脱粒分离能力增强，生产率高，但脱出物中碎稿增多，功率消耗增大。包角过大时，易使茎秆缠绕滚筒。

提起操纵杆，能使滚筒与凹板间隙急速放大，可防止滚筒堵塞。

钉齿滚筒式脱粒装置主要由钉齿滚筒和钉齿凹板组成。工作时，作物被钉齿滚筒抓入，受高速回转滚筒离心力的作用，贴着凹板弧面拖过钉齿凹板，在钉齿的冲击和齿侧、齿顶间的搓擦、梳刷作用下被脱粒，脱出物通过凹板上的筛孔被分离出来。

钉齿滚筒式脱粒装置有较强的抓取能力和脱粒能力，对喂入不均匀物料的适应性好。

JL-1075型联合收割机，在收获水稻时，采用钉齿式脱粒装置。钉齿为楔形，在滚筒上按四头螺旋线排列，钉齿凹板为齿杆、栅格组合式(前三四排装钉齿，后三排装筛格)。

弓齿滚筒式脱粒装置，主要用于半喂式脱粒装置，弓齿滚筒用薄铁板卷成封闭式圆筒，其上固定弓齿。滚筒前端为锥形，便于作物喂入，滚筒末端铰装有几块铁皮制成的击禾板，用以抖落茎秆中的谷粒和排除断秆、断穗。弓齿用直径为4～5 mm的钢丝制成，按螺旋线排列在滚筒上。

在用单滚筒脱粒时，由于谷物成熟度不一致等原因，存在着脱净与碎粒的矛盾，往往成熟饱满的谷粒易破碎，而未成熟的谷粒尚不能完全脱下来，因此有的脱粒机或联合收割机的脱粒装置，采用双滚筒脱粒装置。第一滚筒转速较低，易脱谷粒先脱下并分离出来，难脱谷粒进入第二滚筒，保证既脱粒干净又不破碎。

双滚筒脱粒装置，第一脱粒滚筒大多采用钉齿式滚筒，第二脱粒滚筒采用纹杆式滚筒。钉齿式滚筒抓取作物，脱粒能力强，纹杆式滚筒有利于提高分离率，减少茎秆破碎，如叶尼塞联合收割机的脱粒装置，均采用两个滚筒的脱粒装置。

双滚筒脱粒装置具有生产率高、脱净率高、破碎率低、对潮湿作物适应性好等优点，但碎秸草多，功率消耗较大。

轴流滚筒式脱粒装置，主要由滚筒、凹板、导板和盖等组成。工作时，作物由滚筒的一端喂入，随着滚筒的转动，作物做螺旋运动，沿滚筒轴线方向流过脱粒装置，脱出物在滚筒离心力作用下由凹板筛孔落下，秸草则从滚筒另一端排出。

轴流式脱粒装置，轴流滚筒有圆柱形和圆锥形两种，其脱粒元件有杆齿式、叶片式、纹杆式等。作物在脱粒装置的工艺流程有4种，如图4-22所示。

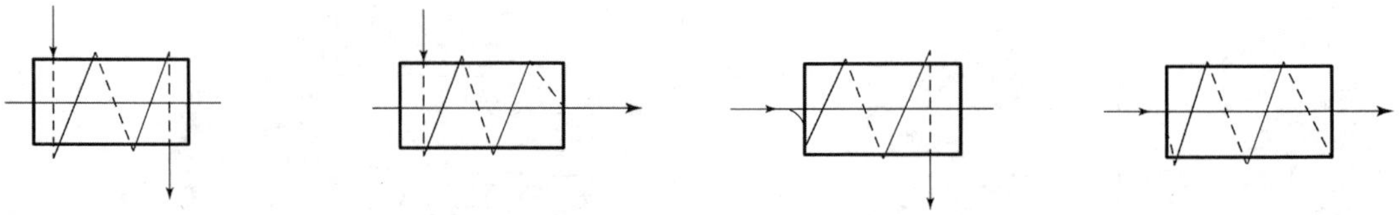

(a) 径向喂入，径向排出　(b) 径向喂入，轴向排出　(c) 轴向喂入，径向排出　(d) 轴向喂入，轴向排出

图4-22　轴流滚筒式脱粒装置的工艺流程形式

如图4-23所示为圆柱形纹杆式轴流滚筒，轴流喂入和排出。其前段装有螺旋叶片，工作时可产生较强的气流，并和锥壳内的导板配合，使谷物强迫喂入。采用纹杆式脱粒元件可降低茎秆的破碎程度。

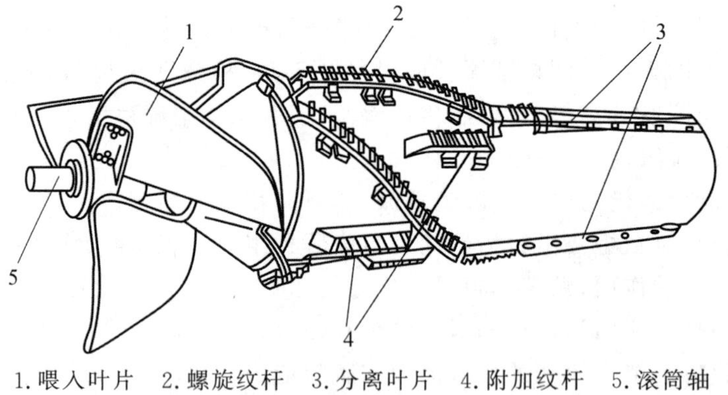

1.喂入叶片　2.螺旋纹杆　3.分离叶片　4.附加纹杆　5.滚筒轴

图4-23　纹杆式轴流滚筒

轴流滚筒式脱粒装置，因作物在脱粒装置内的时间长（为2～3 s，切流式仅为0.10～0.15 s），故能充分进行脱粒和分离，脱净率高，破碎率低，对不同作物适应性好，省去专用的分离机构也可满足脱粒后分离的技术要求，但功率消耗较大，茎秆破碎严重，谷粒含杂较多增加清选困难。

（4）滚筒的平衡。制造和修复滚筒时，由于结构设计不当，材质不均以及加工和装配误差等原因，造成滚筒的重心偏移，滚筒在高速旋转时，产生很大的离心力，使机器振动，加速轴承磨损，降低使用寿命，甚至造成事故，因此滚筒在制造和拆卸修理后，必须进行适当的平衡。

滚筒的平衡，有静平衡和动平衡，因动平衡需专门的设备，一般只进行静平衡。

滚筒的静平衡检查如图4-24所示。检查时，将滚筒两端放在支架的滚轮上，用手轻拨滚筒，反复多次，如滚筒转到任意位置均可停住，说明滚筒平衡。如每次总是回摆到某一位置停住，说明不平衡。平衡的方法是在停摆位置对面的纹杆上加配重，或在下面钻孔，减去部分质量，加重或减重都应尽可能在距离两端相等的中间部位，以免产生不平衡问题，如此反复进行，重复检查直至平衡为止。

7. 分离装置

分离装置位于脱粒装置的后方，其功用是将脱粒后茎秆中夹带的谷粒分离出来，把茎秆排出机外。由于作物的茎秆量较大，分离装置的负荷较大，往往成为限制脱粒机和联合收割机生产能力的薄弱环节。

对分离装置的要求是：谷粒夹带损失小，一般小于1%；分离出来的谷粒中含杂质少；有利于减轻清选的负荷；生产率高，结构简单。

按工作原理不同，分离装置可分为两大类：一类是利用抛扔原理进行分离，称为逐稿器，逐稿器又分平台式和键式两种；另一类是利用离心力原理进行分离，如分离轮式和转筒式。

(1)平台式逐稿器。平台式逐稿器，是一个具有筛孔的平台，用前后两对吊杆铰接在机架上，由曲柄连杆机构驱动做前后摆动，如图4-25所示。

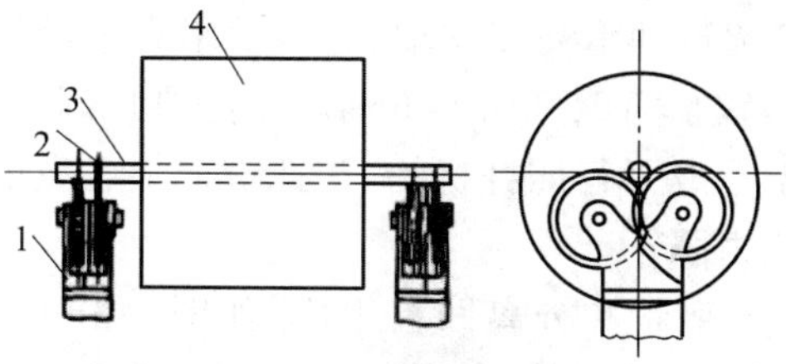

1. 支架 2. 滚轮 3. 滚筒轴 4. 滚筒

图4-24 滚筒的静平衡检查

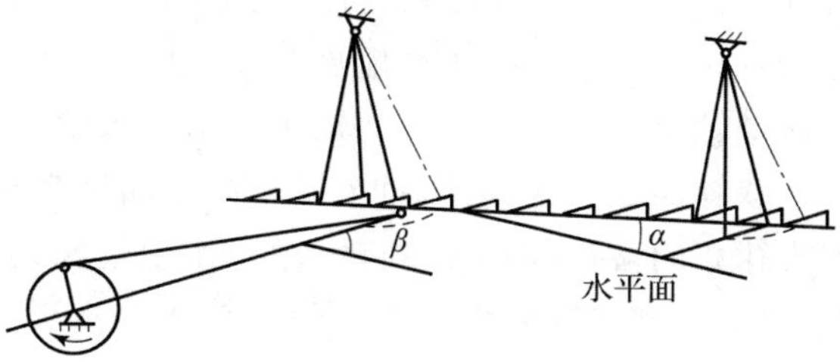

α. 台面倾角 β. 摆动方向角

图4-25 平台式逐稿器

工作时，茎秆受台面的抖动和抛扔，由前向后逐步被逐出机外，同时使茎秆中夹带的谷粒断穗等穿过茎秆层抖落，并由台面孔漏下。为增强对茎秆的抖松能力，改善其分离性能，台面上有阶梯、齿板及抖松指杆。

平台式逐稿器结构简单，但抖动分离能力较低，多用于中、小型脱粒机上。

(2)键式逐稿器。键式逐稿器是目前联合收割机上应用最广的一种分离装置，其特点是对脱出物抖松能力较强。

键式逐稿器是由几个相互平行的狭长形键箱组成，如图4-26所示。键箱通过轴承安装在曲轴上，工作时，曲轴转动，各键箱做交替上下运动，将键面上脱出物不断抖动和抛扔，使谷粒从茎秆中分离出来，并将茎秆逐出机外。

键式逐稿器按键箱数有三键、四键、五键、六键之分，按曲轴数有单轴和双轴之分，其中以双轴四键式最为常用。

键箱用铁皮制成，键面为阶梯形，形成落差以促进分离作用，并可降低后部高度。键面上有筛孔，键箱两侧壁有立齿，立齿高出键面，以支托茎秆，并可防止茎秆向一侧滑移。为增强分离效果，键箱上方设有挡帘，以延缓茎秆向后运动速度，增长分离时间和防止茎秆被滚筒抛出

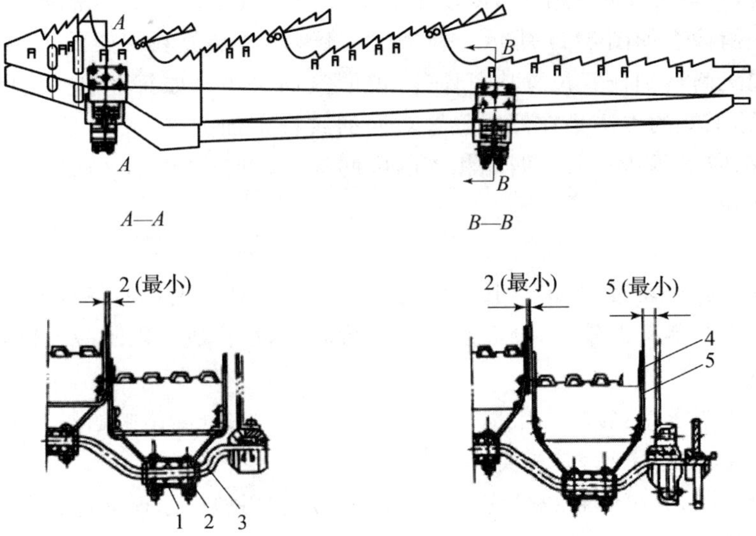

1. 下半轴承　2. 上半轴承　3. 曲轴　4. 键面筛孔　5. 键箱壁

图 4-26　双轴四键式逐稿器

机外。为使相邻键箱交错抖动，以得到好的效果，又使键箱运动时产生的惯性力得以平衡，曲轴轴颈相位互差 90°，工作顺序为 1—3—2—4。键箱通过轴承装在曲轴颈上，轴承有滑动轴承和滚动轴承两种形式。滑动轴承有木瓦和铁瓦之分，轴承间隙可用上下轴承盖间垫片调整。

双轴四键式逐稿器，每个键箱前后曲轴颈和机架形成平行四杆机构，因此键面上各点的运动规律相同，对脱出物的抖动，抛扔作用较好，分离能力强。

(3)分离轮式分离装置。分离轮式分离装置，由分离轮和分离凹板组成，如图 4-27 所示，其结构及分离原理类似滚筒式脱粒装置。工作时，滚筒脱出物被分离轮轮齿抓入，进入分离轮与凹板组成的间隙中，在连续几组旋转的分离轮作用下，脱出物中的谷粒靠离心力穿过凹板筛孔分离出来，茎秆则被分离轮抛出。

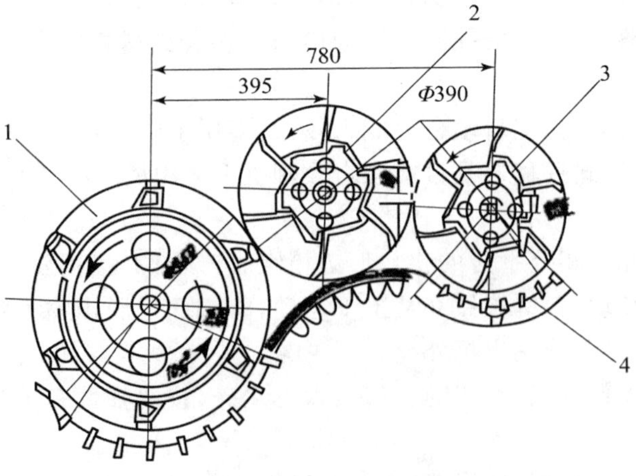

1. 滚筒　2,3. 分离轮　4. 分离凹板

图 4-27　分离轮式分离装置(单位：mm)

分离轮式分离装置具有较强的分离能力，生产率高，对潮湿作物适应性好，分离能力受地面变化影响较小，但碎茎秆较多，功率消耗较大，仅用于脱粒机。

(4)轴流分离装置。轴流分离装置主要由轴流分离滚筒与分离壳体组成。它取代了传统型联合收割机的分离部件——键式逐稿器，具有体积小、分离能力强，并具有一部分脱粒能力的特点。分离滚筒的结构为四叶板板齿结构或杆齿式分离滚筒，分离壳体上部带有导板，下部为带冲孔的分离筛或栅格式分离凹板。当作物经过第一滚筒脱粒后抛向分离滚筒，分离滚筒带动作物由右向左运动，在分离滚筒与壳体的筛板与导板的作用下部分没脱净的谷物继续被脱粒，靠离心力将籽粒从筛孔分离并落到分布搅龙上，茎秆在分离滚筒末端被排出体外。轴流分离装置如图4-28所示。

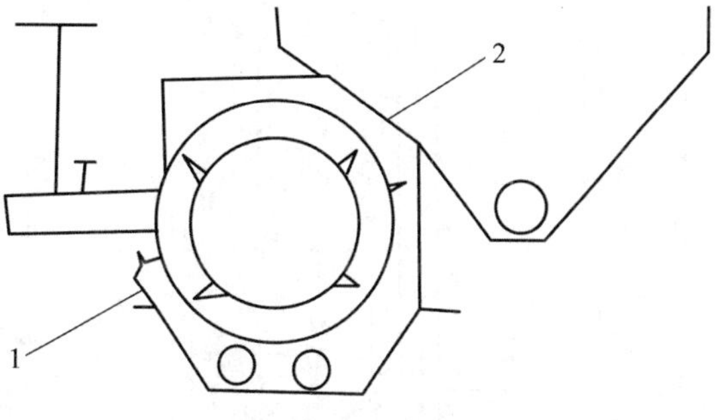

1.左封闭板　2.盖板

图4-28　轴流分离装置

8.清选装置

清选装置用以承接从脱粒和分离装置落下的谷粒、碎茎秆、颖壳等混合物，并从中清选出谷粒。

对清选装置的要求：谷粒清率高，一般不低于90%；损失率低，一般不超过0.5%；生产率高、结构简单、使用调整方便。

谷物的清选，一般常采用气流清选、筛选和综合清选三种方式。

气流清选是利用谷粒和混合物的空气动力特征的差异进行清选。不同物体在气流相对运动时受到的气流作用力不同，利用这一差异，即可把它们分开。

(1)扬场机清选。如图4-29所示，工作时，脱出物被扬谷带以高速向空中抛扔，其中迎风面积大、质量轻的混杂物，因惯性力小，受空气阻力大，落地距离较近。而迎风面积小、质量大的谷粒则因惯性力大、受空气阻力小，落地较远，从而把谷粒和混杂物分开。

(2)风扇清选。如图4-30所示，工作时，利用风扇产生的气流，吹向垂直下落的脱出物，质量较轻的混杂物，受气流作用大，被吹得较远，质量大的谷粒，受气流作用力较小，落得较近，从而把它们分开。

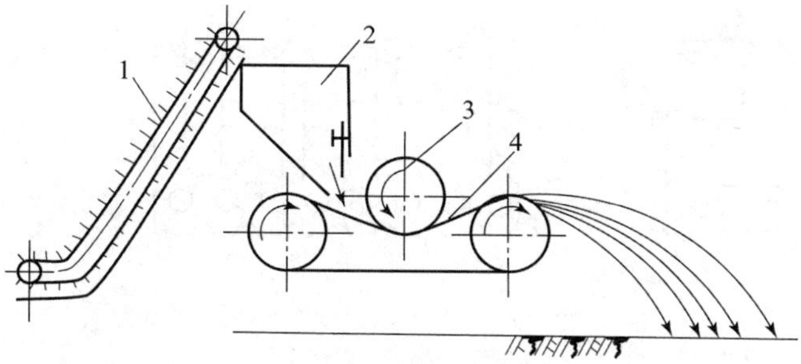

1.输送带　2.料斗　3.压紧轮　4.扬谷带

图4-29　扬场机清选

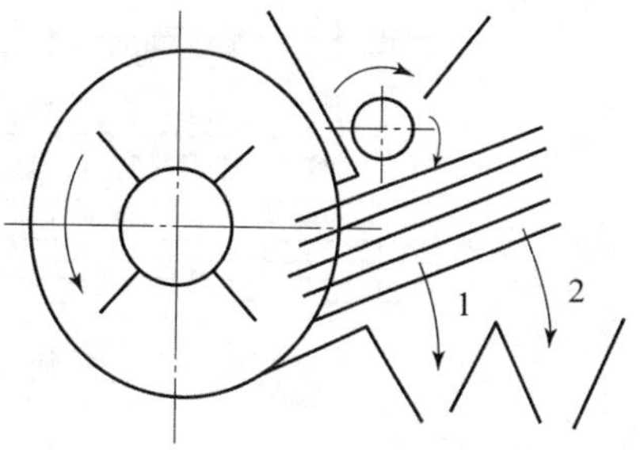

1.谷粒　2.混杂物

图4-30　风扇清选

(3)气吸清选。如图4-31所示，为气吸清选装置工作示意图。工作时，风机产生垂直向上的吸气流，脱出物由扬谷器抛入下分离器，谷粒由于质量较大而沿筒下落，质量较轻的混杂物，则被吸气流吸走，进入上分离器，由于容积突然增大，气流流速骤然降低，较大的混杂物下落，自排杂筒排出，小而轻的混杂物随气流继续上升，经吸气管、风机排出。

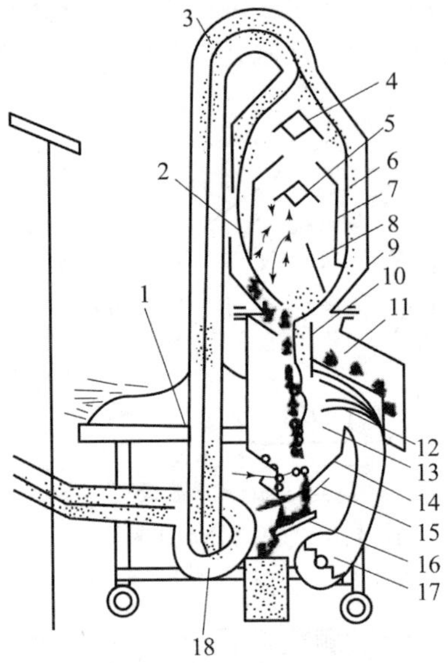

1.料斗　2.监视窗　3.吸气管　4.上挡料器　5.下挡料器　6.上分离器　7.内筒　8.风料分离器　9.外筒　10.中央吸气管　11.排杂筒　12.分层板　13.下分离器　14.分离筒　15.扩散器　16.集粮盘　17.扬谷器　18.吸气风扇

图4-31　气吸清选工作示意图

(4)筛选。使谷粒混合物在筛面上运动，由于谷粒和混杂物的尺寸和形状不同，把谷粒混合物分成通过筛孔和通不过筛孔两部分，以达到清选的目的。

筛选所用的主要工作部件是筛子，目前应用较多的筛子有编织筛、冲孔筛和鱼鳞筛三种类型。

①编织筛。编织筛是由铁丝编织而成的(图4-32)，结构简单、容易制造、空气阻力小、有效面积大、生产率高。但筛孔形状不准确，且不可调节，一般用来清理脱出物中较大的混杂物。

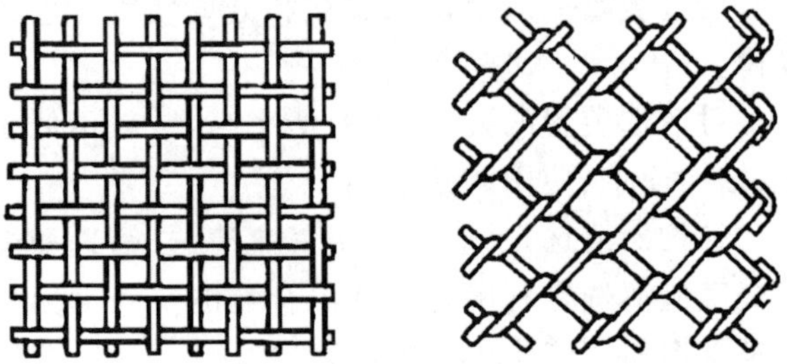

(a) 织筛　(b) 编筛

图4-32　编织筛

②冲孔筛。冲孔筛是在铁板上冲孔制成的，常用的有长孔筛和圆孔筛两种(图4-33)。长孔筛用于按厚度尺寸差异进行清选，圆孔筛用于按宽度尺寸差异进行清选。冲孔筛筛孔尺寸准确一致，坚固耐用、不易变形，但有效面积小、生产率低，不适合在大负荷情况下工作，一般用作下筛和精选。

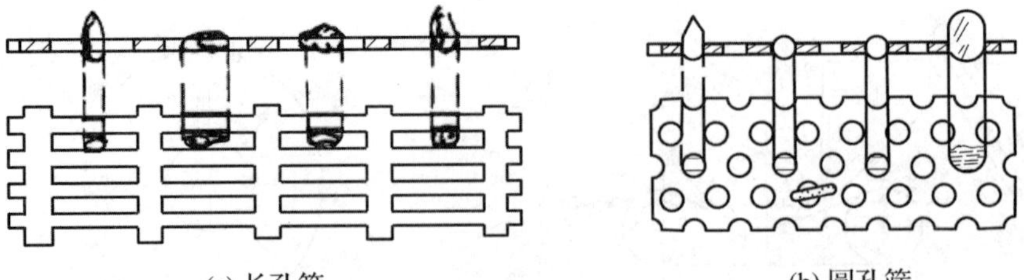

(a) 长孔筛　(b) 圆孔筛

图4-33　冲孔筛

③鱼鳞筛。鱼鳞筛多是由冲压而成的鱼鳞筛片组合而成的(图4-34)。筛片焊在一根带曲拐的转轴上，各轴用带孔拉板连接，通过手柄可调节其开度。鱼鳞筛筛孔尺寸精度不高，但

筛孔尺寸(开度)可调,使用方便,且筛面不易堵塞,生产率高,通用性好,应用较广。还有的鱼鳞筛是在一块铁皮上冲出鱼鳞状孔,筛孔尺寸不能调,但制造容易,便于生产。

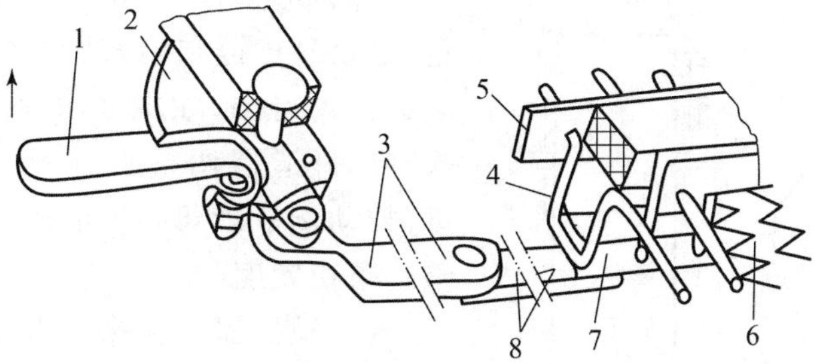

1.手柄　2.齿板　3.拉杆　4.曲拐　5、7.板条　6.筛片　8.连接板

图 4-34　鱼鳞筛

综合清选就是利用筛选和风选相配合的一种组合式清选装置。风扇装在筛子前下方,清除脱出物中较轻的混杂物。筛子的作用,除将尺寸较大的混杂物分出去以外,主要是支承和抖松脱出物,并将脱出物摊成薄层延长了清选时间,加强了风扇气流的清选效果。目前在复式脱粒机和联合收割机上应用广泛。

目前,谷物联合收割机的清选装置为综合清选,由阶梯板、鱼鳞筛、冲孔筛、风扇等组成。工作时,阶梯板随筛子一起做往复运动,承接从凹板和逐稿器分离出来的谷粒混合物,并起初步分离和向后输送的作用。阶梯板末端有梳齿筛,把混合物中较长茎秆托起,便于谷粒下落,以提高清选效果。上层鱼鳞筛起粗选作用;下层冲孔筛起精选作用,在风扇气流配合作用下,将谷粒清选出来,落入谷粒推运器。轻杂物被吹出机外,而大杂物在上筛面上向后被送到尾筛,尾筛为大长孔筛,把断穗分离出来,落入杂余推运器,进入复推器进行复脱。风扇筛子组合式清选装置如图 4-35 所示。

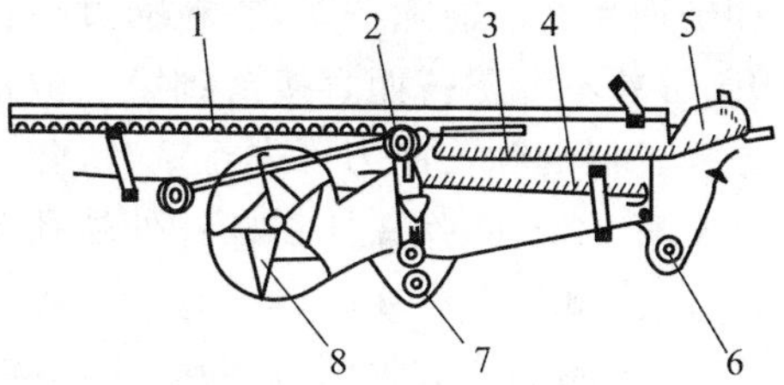

1.阶梯板　2.传动机构　3.上筛
4.下筛　5.尾筛　6.杂余推运器
7.籽粒推运器　8.风机

图 4-35　风扇筛子组合式清选装置

9.脱谷部分的输送装置

脱谷部分的输送装置包括推运器、升运器和抛掷器等,完成谷粒和杂余的输送。

(1)螺旋式推运器。螺旋式推运器设在清选筛和尾筛的下方及联合收割机粮箱内,用以承接谷粒和杂余并水平输送。螺旋式推运器的结构较简单,由壳体、轴及螺旋叶片等组成。工作时,动力由轴外端传动轮传入,带动螺旋叶片转动,推运谷粒或杂余。

螺旋式推运器轴外端动力传入处设有安全离合器,当推运器负荷过大或堵塞时,离合器便打滑发出响声,传动轮转动而轴不转。安全离合器传递扭矩的大小,由离合器弹簧的紧度决定,工作时,弹簧紧度应适宜,过大会使推运器堵塞,离合器不自动切离而损坏;过小则离合器经常打滑,推运器不能正常工作,弹簧紧度可拧动轴端螺母进行调整。

(2)刮板式升运器。刮板式升运器设在机侧,一端与推运器连接,将推运器推送来的谷粒或杂余,由低处向高处分别输送至粮箱或脱粒装置。工作时,链条回转,刮板将物料输送至顶端卸出。

刮板式升运器主要由链条、刮板、链轮、外壳和中间隔板等组成。链条一般为套筒滚子链，围绕在主、从动链轮上。刮板用橡胶制成，按一定间隔固定在链条上。

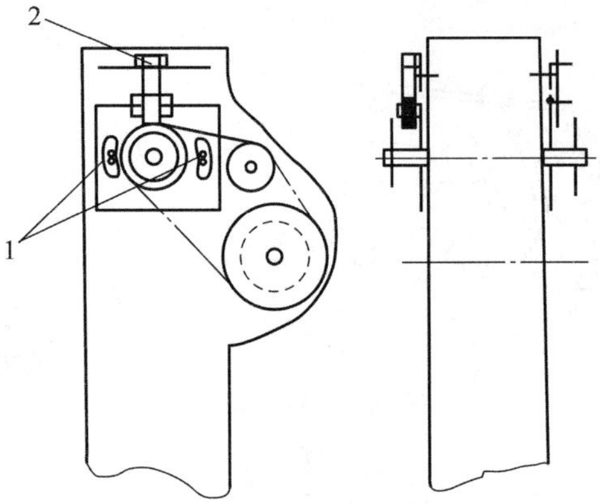

1. 紧固螺母　2. 调节螺母

图 4-36　JL-1075 型联合收割机升运器调节示意图

升运器工作时，链条紧度应适宜，过紧磨损严重，过松易掉链和堵塞。为调整链条的紧度，从动轴的位置可调，如图 4-36 所示为 JL-1075 型联合收割机升运器调整示意图。调整时，松开固定螺母，拧动调节螺母，即可改变从动轴上下位置，调整链条松紧度。

（3）抛掷器。在杂余推运器轴端复脱器的外面设有抛掷器，主要由叶轮、外壳和管道等组成。工作时叶轮高速回转，将复脱后的物料经管抛出，扔至清选装置上。

10. 其他装置

（1）除芒器。有的谷物联合收割机除了有复式脱粒机外，还设有除芒器，除芒器的作用是对谷粒进行揉搓，脱去颖壳和芒，使籽粒更加清洁。除芒器横置在脱粒机顶盖上部，一端连接谷粒升运器，另一端通过第二清粮室。除芒器由推运部分和除芒部分组成，除芒是靠高速旋转刀杆的冲击而除去。需除芒时，谷粒通过除芒器到第二清粮室；不需除芒时，可将除芒前的弧形板打开，谷粒不经除芒而直接落到第二清粮室。

除芒器的除芒能力可进行调整，除芒器出口活门是由谷粒压开，活门由杠杆和弹簧控制，杠杆上有 4 个孔，弹簧挂在杠杆外端孔时，弹簧拉力较大，活门开启困难，除芒能力就强，反之除芒能力就弱。

（2）传动部分。收割机、脱粒机和联合收割机的传动系统是将动力机的动力传给各工作部位和行走装置，使各工作部件运动工作、联合收割机行走，传动主要是利用链条和皮带传动。为保证各部分的正常工作，系统中设有张紧装置、传动离合器、无级变速器、安全离合器等，传动系统一般都配置在机器的两侧。

传动离合器用来控制脱谷部分和收割台部分的动力传递，以 JL-1075 型联合收割机为例，发动机动力由左侧传出，经皮带传到逐稿轮皮带轮，其上有脱谷离合器。收割台动力由逐稿轮左侧皮带轮经皮带传到倾斜喂入室主动轴，其上有收割台离合器，动力由倾斜喂入室经皮带传给收割台。卸粮动力由发动机皮带轮，传到卸粮皮带轮，其上有卸粮离合器。

传动离合器为张紧轮压紧式，通过手柄、软轴和杆件使皮带张紧轮压紧皮带，传动工作；反之皮带张紧轮抬起松开皮带，传动停止。工作中，应保证张紧轮有适宜的紧度，太紧皮带寿命有影响，太松会造成不同程度的打滑，降低传动效率和造成磨损。

图 4-37 为收割台离合器结构图，收割台离合器结合尺寸 $x=10\sim15$ mm。松开螺母，取下销子，转动螺杆，可改变尺寸 x。

图 4-38 为脱谷离合器结构图，脱谷离合器结合后，$x=(25\pm2)$mm，若过小，应松开螺母 8，向前转动螺母 9，然后向前转动螺母 13 调整；若过大，则向后转动螺母 13，然后向后转动螺母 9 调整。调整后锁定螺母 8，结合离合器后，$y=3\sim5$ mm。

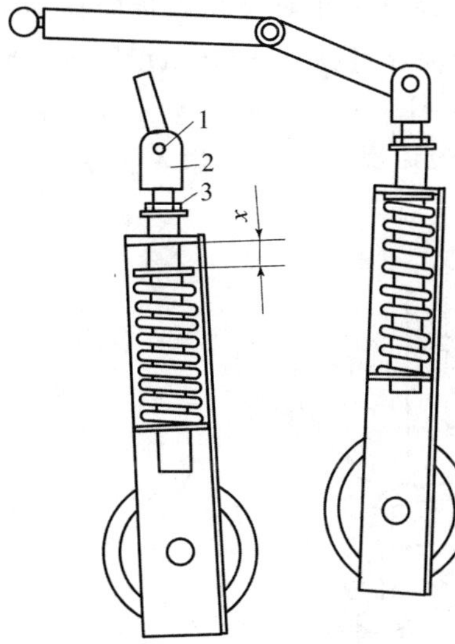

1. 销子　2. 螺母　3. 螺杆

$x=10\sim15$ mm

图 4-37　收割台离合器结构图

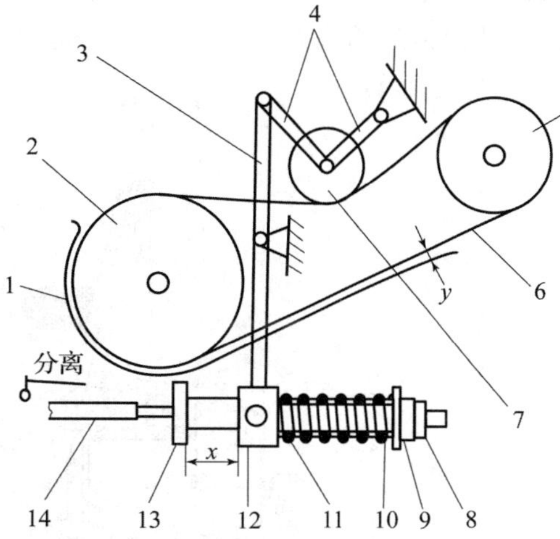

1. 托板　2. 被动轮　3. 杠杆　4. 杆件　5. 发动机动力输出轮　6. 皮带　7. 张紧轮　8. 锁紧螺母　9. 调节螺母　10. 垫圈　11. 弹簧　12. 滑块　13. 调节螺母　14. 拉杆

图 4-38　脱谷离合器装置示意图

图 4-39 为卸粮离合器结构图，离合器结合后，$x=39$ mm，使用中应注意钢丝绳的长度。

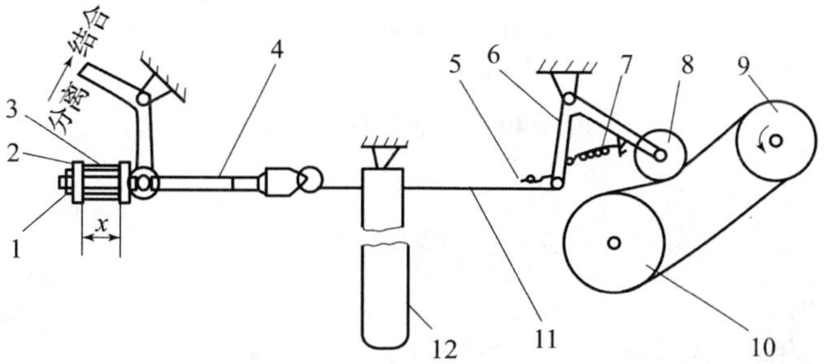

1. 调节螺母　2. 垫圈　3. 弹簧　4. 调节拉杆　5. 钢丝卡子　6. 连动支架　7. 回位弹簧　8. 张紧轮　9. 发动机动力轮　10. 卸粮传动皮带轮　11. 钢丝绳　12. 托板

图 4-39　卸粮离合器示意图

无级变速器是用来在一定范围内，改变工作部件的转速，以满足工作的需要。如收割台的拨禾轮转速调节，脱谷部分滚筒的调速和风扇转速的调节。在自走式联合收割机行走的转动中，动力经行走无级变速器再传到行走离合器，以满足在某一档位行走速度变化的需要(联合收割机在工作时，不能采用改变油门大小的方法来改变行驶速度，这样会使工作部件的工作性能变坏)。

JL-1075 型联合收割机行走无级变速器如图 4-40 和图 4-41 所示。主动轮由支臂、液压软管、油缸轴、缸套、卡簧、无级变速盘、轴承、密封圈等组成。动盘通过轴承与油缸套相连，通过螺柱与内花键轮毂相连；定盘通过螺栓与外花键轮毂相连，通过两个向心推力轴承支承在油缸轴上。通过内外花键轮毂的连接，使动、定盘同步旋转，且动盘可相对定盘做轴向移动。从动轮由无级变速盘、内外弹簧、凸轮环、凸轮套、内轴、输入管轴等组成。动盘通过螺栓与凸轮环、内轴固定为一体，定盘用螺栓与输入管轴、凸轮套固定为一体。输入管轴由轴承支承在前桥输入壳体内，将动力传递给离合器。内外弹簧套在长螺杆上，长螺杆固定在输入管轴上。动、定盘靠凸轮斜面同步回转。

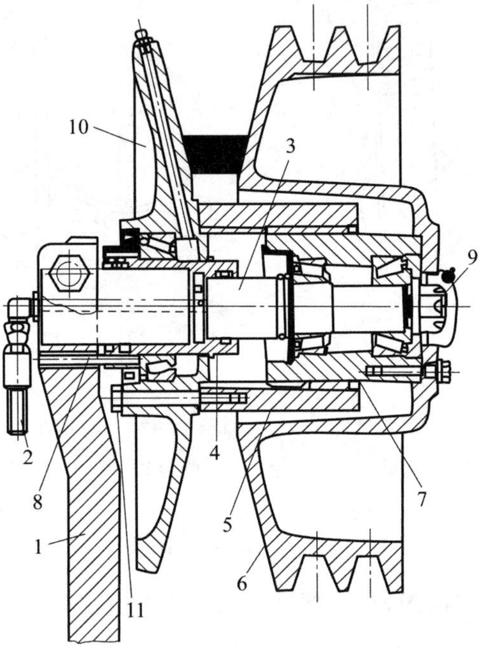

1.支臂　2.液压软管　3.油缸轴　4.油缸套　5.内花键轮毂　6.皮带轮(定盘)
7.外花键轮毂　8.止动销　9.调节母　10.动盘　11.螺栓

图 4-40　无级变速器主动轮

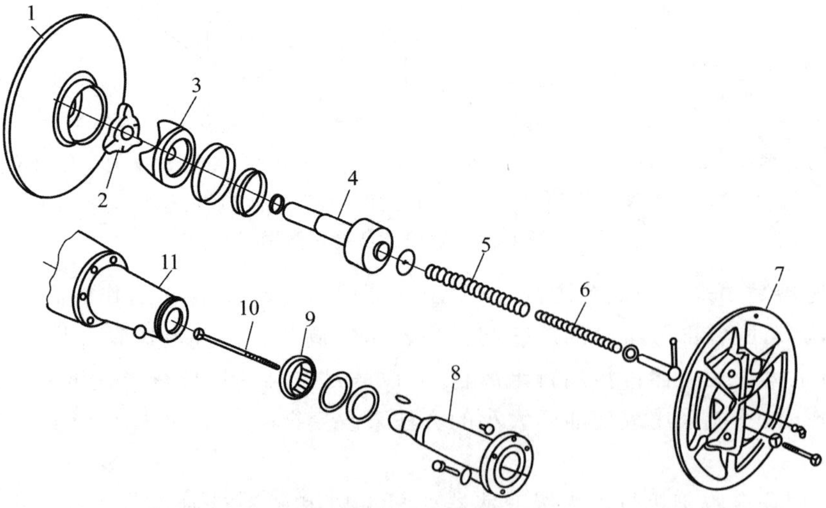

1.定盘　2.凸轮环　3.凸轮套　4.内轴　5.外弹簧　6.内弹簧
7.动盘　8.输入管轴　9.轴承　10.长螺杆　11.输入壳体

图 4-41　无级变速从动轮

行走无级变速器的工作如下：增速，操纵七路阀手柄，压力油进入油缸套内，推动动盘向右移动，靠近定盘，皮带轮直径增大，皮带外移，拉力增加，克服从动盘弹簧弹力使动盘向右移动，离开定盘，皮带轮直径变小。减速，操纵七路阀手柄，油缸回油，从动盘动轮在弹簧弹力作用下，动盘向左移动，靠近定盘，皮带轮直径增大，皮带外移拉力增加，使主动轮动盘向左移动，离开定盘，皮带轮直径变小。

JL-1075型联合收割机行走无级变速器同时设有增扭装置，当地面阻力大小发生变化时，增扭器即按所需要力的大小自动张紧或放松行走皮带，使皮带长时间处于小负荷状态下工作，皮带寿命成倍延长。增扭器(图4-42)的工作原理：当行走阻力增加时，定盘凸轮套用更大的压力压向动盘凸轮环，其分力为 F_2，使动盘靠近定盘(动、定盘间产生一个微小的转角)，使皮带张紧，传递更大的扭矩，反之皮带又恢复到原紧度下工作。

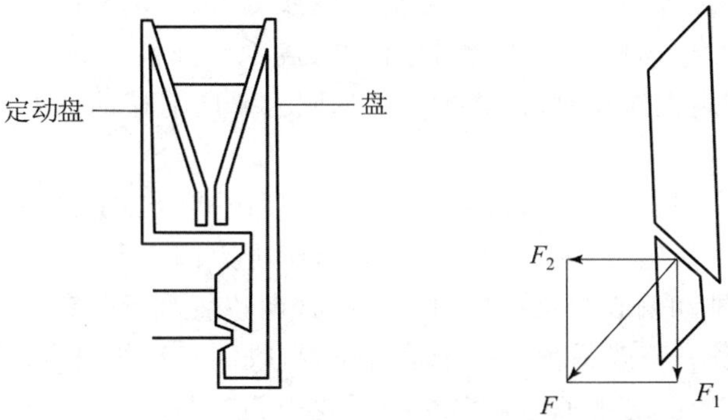

图4-42 增扭器

三、大豆(小麦)联合收割机的使用调整

(一)收割台部分

1.收割台的调整

(1)割茬高度的调整。一般使用液压升降装置，并利用液压缸柱塞伸缩来改变收割台高低位置，进行割茬高度的调整。当用仿形装置控制割茬时，可通过改变滑板与收割台底相对位置，来实现割茬高度调整，如叶尼塞联合收割机的收割台，滑板有4个位置，控制割茬高度为50 mm、100 mm、130 mm、180 mm。

(2)收割台对地面压力的调整。收割台对地面压力的调整，一般用改变平衡弹力调整，使滑板对地面压力适宜，一般用一只手抬分禾器可抬动。

2.拨禾轮的调整

(1)拨禾轮转速调整。拨禾轮的转速，如前所述应和机器前进速度相适应，即保证 $\lambda>1$。在一般情况下 $\lambda=1.3\sim1.5$，当作物较密时，可小些；收稀、矮作物时，可大些。但拨禾轮圆周速度最大不超过3 m/s，以免造成落粒损失增大。

拨禾轮转速调整，根据调整方法不同，分为有级式和无级式，而无级式又分为机械式和油压式。有级式是用更换传动链轮来实现；无级式是用可调皮带轮调整；机械式是用调整螺栓移动皮带轮动盘，改变直径大小；油压式是用液压油缸移动皮带轮动盘，实现转速的调整。

JL-1075型联合收割机拨禾轮转速调整，采用调速电机控制无级变速轮，调速电机和调节螺栓作用在拨叉上使动盘轴向移动，当皮带轮开度增大时，工作直径变小拨禾轮转速增高，反之降低。另外,皮带轮外端有一可换链轮,齿数分别为21齿和13齿,拨禾轮转速分别在21～55 r/min和12～34 r/min间调整。

(2)拨禾轮位置调整。拨禾轮高低位置调整,一般通过液压油缸来实现,2个单作用式油缸,分别铰接在收割台左右侧壁上,柱塞端部与拨禾轮固定支臂相连。操纵阀在提升位置时,柱塞伸出,支臂绕支点上摆,拨禾轮升高。操纵阀在下降位置时,拨禾轮在质量作用下柱塞压回,拨禾轮下降。调整时应注意,当拨禾轮落到最低位置时,拨禾轮弹齿与切割器之间应有不小于30 mm的间隙。

拨禾轮前后位置调整,是利用改变拨禾轮轴承座在拨禾轮支臂上的前后位置实现的。其位置可用水平设置的液压缸来改变,也可用轴承座在支臂上的不同固定孔位来改变。如JL-1075型联合收割机,拨禾轮左右支臂上各有9排孔,拨禾轮轴头滑动轴承座用销子固定在不同孔内,拨禾轮前后位置得以改变。一般拨禾轮座处在割刀下上方,当收割低矮作物时,拨禾轮在降低位置的同时要向后移动。此时应注意,拨禾轮弹齿与收割台推运器伸缩扒齿间应有50 mm间隙。收割高大作物时,提高拨禾轮的同时要向前移动拨禾轮。调整时要保持拨禾轮与收割台平行。

(3)弹齿倾角调整。拨禾轮弹齿倾角调整,是利用改变偏心辐盘的圆心位置来实现。偏心盘支承固定在调节板的滚轮上(两个或三个),调节板上有圆弧形孔和固定螺栓。调整时,松开固定螺栓通过调节板推动偏心辐盘,改变弹齿倾角,调整后重新固定。一般弹齿倾角可在前倾15°至后倾15°之间调整。一般弹齿应处于垂直位置,收倒伏作物时,应使弹齿向后倾斜。

(4)安全离合器调整。有的联合收割机拨禾轮上设有安全离合器,当拨禾轮负荷过大时,安全离合器自动分离,切断动力,以防止零部件损坏。工作时,应保证安全离合器有合适的传递扭矩,一般为8～10 kg·m,可用改变弹簧弹力来调整。

3.切割器的调整

切割器是往复式的,有较强的切割能力,可保证在10 km/h的作业速度下没有漏割现象。动刀片采用齿形自磨刃结构,刀片用铆钉铆在刀杆上,铆钉孔直径为5 mm。

在护刃器中往复运动的刀杆在前后方向上应当有一定的间隙。如果没有间隙,刀杆运动会受阻,但如果间隙过大,间隙中塞上杂物,刀杆的运动也会受阻。刀杆前后间隙应调整到大约0.8 mm,调整时松开刀梁上的螺栓,向前或向后移动摩擦片即可。动刀片与定刀片之间为切割间隙,此间隙一般为0～0.8 mm,调整时可以用手锤上下敲击护刃器,也可以在护刃器与刀梁之间加减垫片。

摇臂和球铰是振动量较大的零部件,每天应当对该处的3个油嘴注入润滑脂。

4.螺旋推运器的调整

为保证能很好地输送作物,不使作物在收割台上堆积和堵塞,推运器调整如下。

(1)螺旋叶片与收割台台面间的间隙调整。此间隙一般为10～20 mm。喂入量大时,应大些,反之则减小。此间隙可用固定在收割台侧壁上的轴承支承板调整。调整时,松开固定螺栓,拧动调节螺栓,使支承板上下移动,改变推运器与台面的相对位置,调好后,再用固定螺栓固定。调整时,左右两边同时调整,以保持推运器与台面平行。

(2)伸缩扒指的调整。扒指与割台台面间的间隙,可根据工作情况不同进行调整,一般为10 mm。喂入量大时,间隙应大;喂入量小时,间隙应小,但不得小于5 mm。此调整可用右侧调节手柄调整。调整时,松开固定螺栓,搬动手柄,带动右半轴及曲柄转动,改变扒指轴位置,即改变扒指与台面间的间隙。调整后，紧固固定螺栓。

(3)传递扭矩大小调整。螺旋推运器左端设有安全离合器，用以控制传递扭矩大小以防止超载损坏零部件。传递扭矩的大小，可用离合器弹簧力调整。弹簧压缩，传递扭矩增大，反之减小。合适的扭矩，应保证推运器能正常工作，且负荷过大或遇异物时，能自动切断动力。

(二)链耙式输送器的调整(JL-1075型)

1. 链条松紧度

转动螺母B，改变从动轴支臂位置(图4-43)。合适的松紧度为用294 N向上提起链条，高度可达30～40 mm。

2. 从动轴上下位置(齿耙与底板间隙)

转动螺母A，改变从动轴上下位置。合适的调整为：收细茎秆谷物时，从前数第三个齿耙与底板间隙为3～5 mm或刚好接触；收粗茎秆谷物时，从动轴轴线下方齿耙与底板间隙为15～25 mm。

以上调整，应左、右一致。

3. 离合器调整

调整时，松开紧固螺母，拧动调整螺母，当离合器齿顶住后，退回7/4圈。

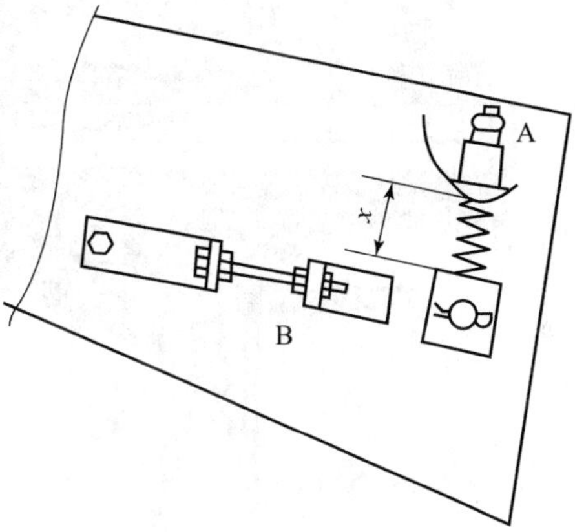

x=140 mm(小籽粒)、110 mm(大籽粒)

图4-43 链耙式输送器调整

(三)脱粒装置的调整

滚筒的转速和脱粒间隙是影响纹杆滚筒式脱粒装置脱粒质量的重要因素。滚筒转速的高低，决定了滚筒的圆周速度大小，滚筒圆周速度大，对作物的打击大，脱净率和分离率提高，谷粒的破碎和碎秸秆增多，功耗加大，反之减小。不同的作物，要求的脱粒能力大小不同，正常情况下，如表4-1所列。

表4-1 脱粒速度与脱粒间隙

作物	小麦	大豆	水稻	玉米	高粱	谷子
脱粒速度/(m/s)	27～32	10～14	24～30	10～16	12～22	24～28
入口间隙/mm	16～22	20～30	20～30	34～45	20～30	15～20
出口间隙/mm	4～6	8～15	4～6	12～22	4～6	2～4

1. 转速调整机构

滚筒转速调整机构，一般采用无级变速皮带轮调整，现有机械式和液压式。

E-512、E-514型联合收割机滚筒转速调整机构，为机械式无级变速，结构如图4-44和图4-45所示。

主动轮由动盘、定盘组成。定盘用6个螺栓固定在轴套上，轴套有平键与逐稿轮轴相连。定盘上还有3个导向销，起传动和导向作用。动盘套在轴套上，可在轴套上滑动。轴套座后部有外螺纹和调节套的内螺纹配合。调节套上有一链轮，转动链轮，调节套便可在轴承座上左右移动。限位板可以调节，用以控制滚筒轴最高转速。

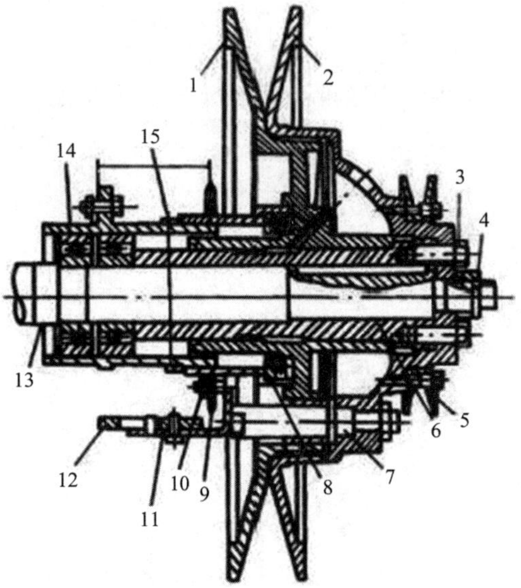

1.滑动盘　2.固定盘　3.固定螺栓　4.固定螺母　5.升运器皮带轮　6.导套　7.导向销　8.推力轴承　9.调节链轮　10.限位螺栓　11.限位板　12.固定板　13.逐稿轮轴　14.轴承座及调节丝杠　15.调整螺母

图 4-44　滚筒无级变速装置主动轮

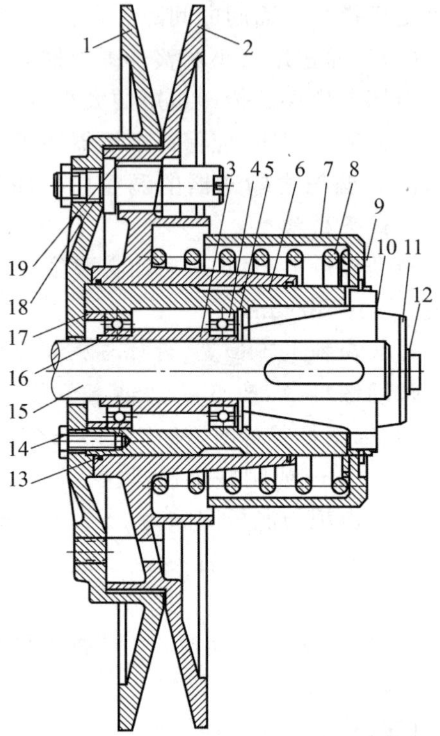

1.定盘　2.动盘　3.小轴套　4.轴承　5、9.卡簧　6.大轴套　7.弹簧压盖　8.弹簧　10.轮毂　11、16.垫圈　12.垫片　13.油封　14.螺栓　15.滚筒轴　17.挡圈　18.导向销　19.导向套

图 4-45　滚筒无级变速器从动轮

从动轮也由定盘和动盘组成。定盘用 8 个螺栓固定在大轴套上。大轴套通过轴承和小轴套安装在滚筒轴上,经其后端缺口和滚筒传动轮毂(或者减速器)的驱动爪啮合,将皮带轮的动力传给滚筒轴。动盘套在大轴套上,由压力弹簧压紧。

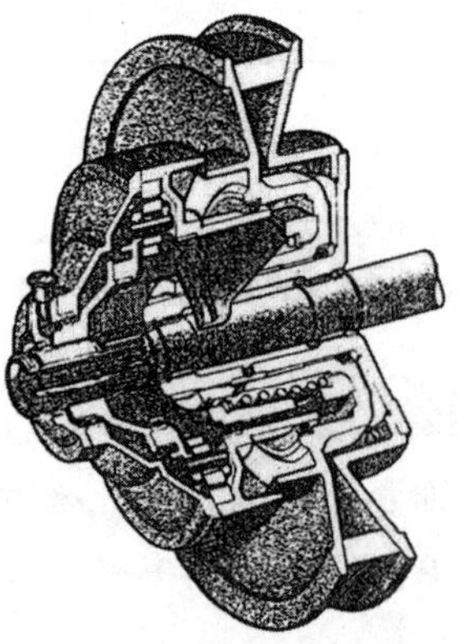

图 4-46　滚筒减速器

滚筒轴无级变速装置工作如下:增速时,顺时针转动调节手柄(在驾驶室),经链传动,使调节套右移,经推力轴承推动动盘向定盘合拢,主动轮直径增大。在皮带拉力作用下,从动轮动盘压缩压力弹簧外张,从动轮直径减小,传动比增大。减速时,逆时针转动调节手柄,调节套左移,皮带趋于放松。在弹簧的张力作用下,从动轮动盘向定盘合拢,直径增大的同时由于皮带拉力作用,使主动轮动盘左移张开,直径变小,传动比减小。

调节手柄摇转 38 圈,滚筒转速可从 600 r/min 调至 1 300 r/min。

E-514 型联合收割机,滚筒轴可安装减速器,将滚筒转速降至 296 r/min。滚筒减速器如图 4-46 所示,滚筒减速器的构造如图 4-47 所示。

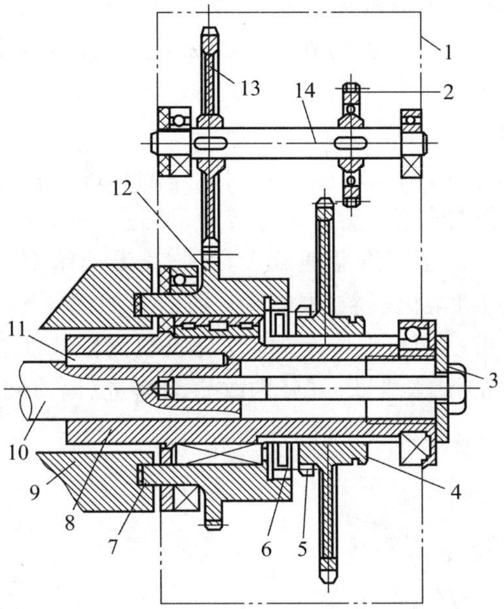

1. 壳体　2. 减速齿　3. 长螺栓　4. 滑动齿轮　5. 原速齿轮　6. 内齿轮
7. 主动齿轮驱动爪　8. 第一轴　9. 皮带轮导套　10. 滚筒轴
11. 键销　12. 主动齿轮　13. 常合齿轮　14. 第二轴

图 4-47　滚筒减速器构造示意图

减速器第一轴悬臂安装在滚筒轴上，内有键槽用平键与滚筒轴相连，减速器用螺栓固定。第一轴上有主动齿轮、滑动齿轮。主动齿轮用轴承套装在第一轴上，并通过轴承支承在减速器壳上，主动齿轮一端是内齿，另一端由驱动爪和滚筒皮带轮大轴套驱动槽相啮合，使主动齿轮获得动力。滑动齿轮并联一原速齿轮，和第一轴由内花键滑动相连，滑动齿轮经变速叉可左右移动。第二轴上固定有常合齿轮和减速齿轮。

减速器的工作情况如下：①减速：变速杆外拉，滑动齿轮右移与减速齿轮啮合，动力由皮带轮→主动齿轮→常合齿轮→减速齿轮→滑动齿轮→第一轴→滚筒轴，滚筒获低速。②原速：变速杆内推，滑动齿轮左移，原速齿轮与内齿啮合，动力由皮带轮→主动齿轮→滑动齿轮→第一轴→滚筒轴，滚筒与皮带轮同步转速。③变速杆放中间位置，减速器无动力输出滚动轴不转。

减速器中央齿轮用凸轮由皮带轮驱动。3 个行星齿轮轴固定在壳体上，壳体轮毂内有花键，行星齿轮同时与中央齿轮和固定齿圈相啮合，中央齿轮转动时，行星齿轮转动(绕自己轴转)，因同时与齿圈啮合，所以壳体转动(绕中央齿轮转)，而转速较低。滑动齿轮可内外推动，内有花键与滚筒轴花键配合。

减速器工作如下：①减速，滑动齿轮外拉，传动为皮带轮→中央齿轮→行星齿轮壳体→滑动齿轮→滚动轴，获得低速，滚筒转速可在 225～450 r/min 范围内调整。②原速，滑动齿轮内推，转动为皮带轮→中央齿轮→滑动齿轮→滚筒轴，滚筒轴与皮带轮同步转动，滚动转速可在 565～1 135 r/min 范围内调整。

2. 脱粒间隙调整机构

滚筒脱粒间隙的调整，都是采用机械式上下移动凹板的方法，改变凹板与滚筒的相对位置，以调整脱粒间隙的大小。

(1)E-512、E-514 型联合收割机滚筒脱粒间隙调整机构。如图 4-48 所示，凹板由两对吊杆吊住，并由侧壁上导向孔定位。扳动驾驶台上操纵杆，杠杆绕支点回转，则两对吊杆带动凹板沿导向孔运动，改变脱粒间隙。

对此调整机构有三处调整：

拧动吊杆与凹板轴连接处的调整螺母可分别单独调整进、出口间隙。

拧动调节手轮，可改变拉杆长度，使支承臂转动，通过吊杆，改变滚筒进、出口间隙。

提起操纵杆，能使滚筒与凹板间隙急速放大，可防止滚筒堵塞。

(2)JL-1075 型联合收割机滚筒脱粒间隙调整机构。如图 4-49 所示。调整时，扳动手柄，通过连杆使转臂转动，吊杆带动凹板上下运动，改变脱粒间隙。手柄每变化一格，脱离间隙变化 3 mm。转动凹板吊杆上的调整螺母，可分别改变滚筒进、出口间隙。

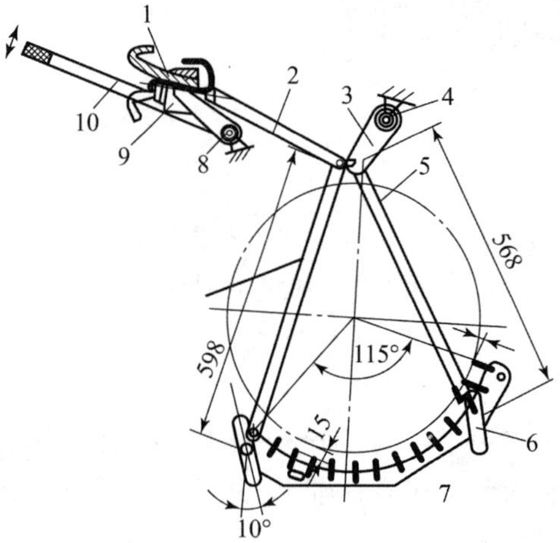

1、8. 调整螺母　2. 拉杆　3. 支承臂　4. 支承轴
5. 吊杆　6. 螺母方套　7. 操纵杆
9. 凹板　10. 支承轴

图 4-48　脱粒间隙调整机构(一)(单位：mm)

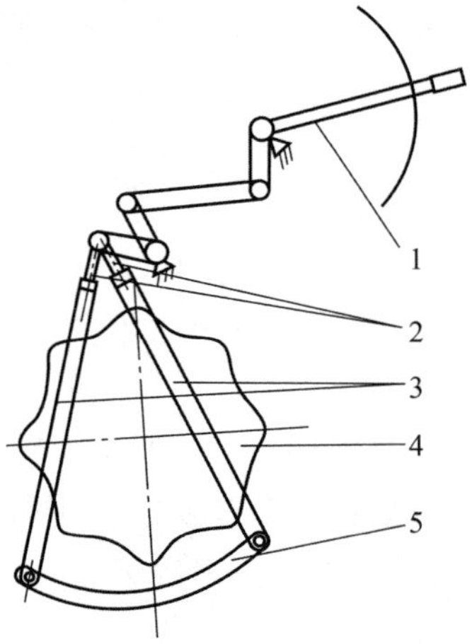

1. 调整手柄　2. 环首螺栓
3. 吊杆　4. 滚筒　5. 凹板

图 4-49　脱粒间隙调整机构(二)

(四)分离装置

1. 逐稿器性能因素的分析

(1)逐稿器的尺寸参数。

①逐稿器的长度。逐稿器工作时，谷粒首先通过茎秆层的空隙到达键面，再通过键面筛孔分离出来，茎秆每抛起一次，谷粒分离出一部分，抛起次数增多，分离效果提高，因此键面应有一定的长度。但键面长度达到一定值后，其分离率几乎不再增加，故键长不宜过长，一般为 3～5 cm。

②逐稿器的宽度。当喂入量一定时，逐稿器越宽，茎秆层越薄，越易抛扔松散，提高了分离率，但逐稿器宽度还受整体结构尺寸限制，一般为滚筒长度的 1.1～1.3 倍。

每个键箱的宽度也不宜过大或过小，过大时交替抖动作用减弱，降低分离效果，过小时需增加键箱数目，使结构复杂，一般键箱宽为 200～300 mm。

(2)逐稿器的运动参数。为了获得好的分离效果，逐稿器的振幅和振动频率之间应保持恰当的配合关系，也就是曲柄半径和曲轴转速之间应保持恰当的配合关系，据试验测定，分离效

果好时,应满足下列关系:

$$k = rw/g$$

式中,r——曲柄半径;

w——曲轴角速度;

g——重力加速度;

k——加速度比,称为逐稿器运动特征值。

一般键式逐稿器曲柄半径多为50 mm,曲轴转速为170~220 r/min。JL-1075联合收割机分离装置,曲柄半径为75 mm,而曲轴转速为155 r/min。工作中,因机器结构参数已定(曲轴半径),因此应注意曲轴的转速,要符合设计转速,否则将影响分离效果。

(3)其他影响因素。影响逐稿器分离性能的其他因素有喂入量、作物湿度和草谷比等。

正常情况下,喂入量增加时,茎秆层厚度增大,因而分离损失增加;湿度大时,茎秆层不易松动,分离困难,分离损失增加;草谷比小时,茎秆量相对减少,可减少分离损失。

(4)辅助装置。为了增加逐稿器的分离能力,JL-1075型联合收割机逐稿器上设有横向抖动器,工作时翻抖茎秆,提高分离效果。

由轴、摆环和弹齿组成,如图4-50所示。横向抖动器有4个摆环机构,使弹齿左右摆动,挑动茎秆。同时,摆环也在驱动机构驱动下,以较低转速转动,以防止键面上茎秆堵塞。抖动器轴的转速为360 r/min,摆环摆动频率为720次/min,抖动器驱动机构为行星齿轮机构。

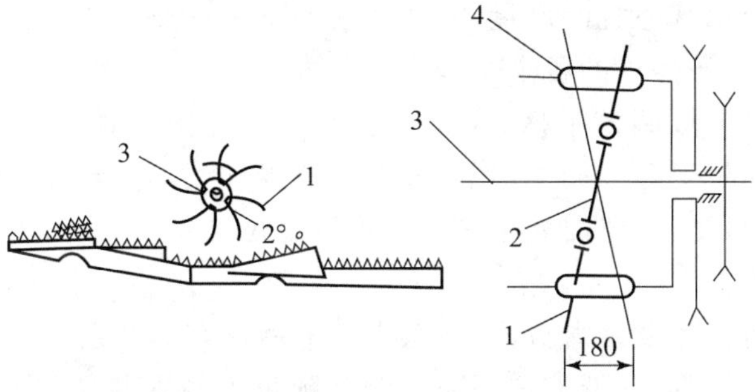

1. 弹齿　2. 摆环　3. 轴　4. 抖动轮框

图4-50　横向抖动器(单位:mm)

2. 逐稿器使用中应注意的问题

(1)保证逐稿器曲轴的转速。

(2)键箱键面筛孔和键箱内不应堵塞。

(3)保证键箱之间、键箱与机壁间的间隙,不应有干涉、碰撞。

(4)曲轴轴承间隙应合适,曲轴回转灵活。

(5)调好挡帘高度,工作中根据分离质量适当调整挡帘高度,原则是损失少、不堵塞。

(五)清选装置的调整

清选系统包括阶梯板、上筛、下筛、尾筛、风扇和筛箱等。阶梯板、上筛和尾筛装在上筛箱中,下筛装在下筛箱中,采用上、下筛交互运动方式,有效地消除了运动的冲击,平衡了惯性力,清选面积大,而且具有多种调整机构,通过调整能达到最佳清选效果。

1. 筛片开度的选择

鱼鳞筛筛片的开度可以调整,调整部位是筛子下方的调整杆。所谓开度,是指每两片筛片之间的垂直距离。不同的作物应选择不同的开度。潮湿度大的应选择较大的开度，潮湿度小的应选择较小的开度。一般上筛开度大些，下筛开度小些，尾筛的开度比上筛再稍微大一些。筛片开度的参考值如表 4-2 所列。

表 4-2　筛片开度的参考值　mm

作物	小麦	水稻	大豆	油菜
上筛	12～15	15～18	11～18	7～10
下筛	7～10	10～12	8～11	4～6
尾筛	14～16	15～18	11～18	10～14

2. 风量大小的选择

在各种物料中，颖壳密度最小，秸秆次之，籽粒最大。风扇的风量应当使密度较小的秸秆和颖壳几乎全部悬浮起来，与筛面接触的仅仅是籽粒和很少量的短秸秆，这时筛子负荷很小，粮食清洁。因此，选择风量时，只要籽粒不被吹走，风量越大越好。

松开风扇轴端的螺母，卸下传动带带盘的动盘，在动、定盘之间增加垫片，装上动盘，然后紧固螺母，用张紧轮重新张紧传动带，这样调整后，风扇转速提高，风量增大；用相反的方法调整，风量减小。

3. 风向的选择

为了使整个筛面上都有适宜的风量，需在风扇的出风口安装导风板，使较大的下侧风量向上分流，将风量合理地导向筛子的各个位置。

在风箱侧面设有导风板调整手柄，收获稻麦等小籽粒作物时，导风板手柄置于从上数第一、第二凸台之间，风向处于筛子的中前部；收获大籽粒作物时，导风板手柄置于第二、第三凸台之间或第三、第四凸台之间，风向处于筛子的中后部位。

4. 杂余延长板的调整

筛子下方有籽粒滑板和杂余滑板，在杂余滑板的后侧有一杂余延长板，它的作用是对尾筛后侧的籽粒或杂余进行回收，降低清选损失。杂余延长板的安装位置有 3 个，松开 2 个螺栓，该板可以向上或向下串动，位置合适后将两侧的销子插入某一个孔中。

在清选系统正确调整的情况下，应将销子插在后下孔中，这样安装的好处是使延长板与尾筛之间的距离相对大一些，在上筛和下筛之间的短秆能够顺利地从该处被风吹出来，避免了短秸秆被延长板挡在杂余滑板和杂余搅龙内，减少了杂余总量。

5. 杂余总量的限制

所谓杂余，是指脱粒机构没有脱下籽粒的小穗头，联合收割机设置了杂余回收和复脱装置。3080 型联合收割机的这种杂余应当很少，如果杂余系统的杂余总量过多，则是非杂余成分如短秸秆和籽粒等进入了该系统，这时应正确调整筛子开度、风量、风向以及杂余延长板，使杂余量减少。杂余量过多会影响收割机的工作效果，而且加大杂余回收和复脱装置及其传动系统的负荷，可能会造成某些零部件的损坏，因此，保持较小杂余量是很重要的。

清选系统只有对各项进行综合调整，才能达到最佳状态。

(六)粮箱和升运器的使用与调整

升运器输送链松紧度的调整。打开升运器下方活门，用手左右扳动链条，链条在链轮上能够左右移动，其紧度适宜，否则，可以通过升运器上轴的上下移动来调整：松开升运器壳体上的螺栓（一边一个），用扳子转动调整螺母，使升运器上轴向上或向下移动，直到调好后再重新紧固螺母。输送链过松会使刮板过早磨损；过紧，会使下搅龙轴损坏。

升运器的传动带松紧度要适宜，过松会丢转，过紧会损坏搅龙轴。

粮箱容积为1.9 m^3，粮满时应及时卸粮，否则可能损坏升运器等零部件。

粮箱的底部有一粮食推运搅龙，流入搅龙内的粮食流动速度由卸粮速度调整板决定。调整板与底板之间间隙的选择要视粮食的干湿程度和粮食的含杂率而定，湿度大的粮食间隙应小些，反之应大些；开度不要过大，以防卸粮过快，造成卸粮搅龙损坏。

带有卸粮搅龙的联合收割机在卸粮时，发动机应当使用大油门，并且要一次把粮卸完，卸粮之前要把卸粮筒转到卸粮位置，如果没转到卸粮位置就卸粮容易损坏万向节等零部件。

不带卸粮筒的收割机在卸粮时，要先让粮食自流，当自流减小时，再接合卸粮离合器。必须这样做，否则将损坏推运搅龙等零部件。

（七）行走系统的使用与调整

行走系统包括发动机的动力输出端、行走无级变速器、增扭器、离合器、变速箱、末级传动和转向制动等部分。

1. 动力输出端

动力输出端通过一条双联传动带将动力传递给行走无级变速器，通过三联传动带将动力传递给脱谷部分等。动力输出半轴通过两个注油轴承支承在壳体上，注油轴承应定期注油。使用期间应注意检查壳体的温度，如果温度过高，应取下轴承检查或更换。

2. 行走中间盘

行走中间盘里侧是一对槽带轮，通过一条双联传动带与动力输出端带轮相连接。外侧是行走无级变速盘，在某一挡位下增大或减小行走速度就是通过它来实现的。它包括动盘、定盘、螺柱及油缸等件。

当要提高行走速度时，操纵驾驶室上的无级变速液压手柄，压力油进入油缸，推动油缸体，动盘向外运动，使动、定盘的开度变小，工作半径变大，行走速度提高。

拆变速带的方法：将无级变速器调到最大位置状态，将液压油管拆下，推开无级变速器的动盘，拆下变速带。

拆变速器总成的方法：拆下油缸，取出支板，拆下传动带，拧出螺栓，拆下变速器总成。

由于使用期间经常用无级变速，所以动、定盘轮毂之间需要润滑，它的润滑点在动盘上，要定期注油，否则会造成两轮毂过度磨损、无级变速失灵等故障。

3. 增扭器

自动增扭器既能实现无级变速，又能随着行走阻力的变化自动张紧和放松传动带，从而提高行走性能，延长机器零部件的使用寿命。

当增速时，行走带克服弹簧弹力，动盘向外运动，工作半径变小，实现大盘带小盘，行走速度增加。

当减速时，中间盘油缸内的油无压力，增扭弹簧推动动盘向定盘靠拢，行走带推动中间盘的动盘、螺柱、油缸体向里运动，实现小盘带大盘，转速下降。

由于增扭器的动、定盘轮毂和推力轴承运动频繁，应定期注油，增扭器侧面有润滑油嘴。

4. 离合器

离合器属于单片、常压式、三压爪离合器，它与增扭器安装在一起。

拆卸时，应先拆下前轮轮胎和轮边减速器的两个螺栓，拧下增扭器端盖螺栓，取下端盖，松开变速箱主动轴端头的舌型锁片，卸下紧固螺母，然后取下离合器与增扭器总成。

如果需要分解，在分解离合器和增扭器之前，要在所有部件上打上对应的标记，以防组装时错位，因为它们整体做了动平衡校正，破坏了动平衡会损坏主动轴或变速带。

离合器拆装完以后应调整离合器间隙，调整时注意：保证3个分离压爪到离合器壳体加工表面的垂直距离为(27±0.5)mm，如距离不对或3个间隙不准、不一致可通过分离杠杆上的调整螺钉调整。

分离轴承是装在分离轴承架上的，轴承架与导套间经常有相对运动，所以应保证它的润滑。离合器上方的油杯是用于该处润滑的，在工作期间每天应向里拧一圈。注意：这个油杯里装的是润滑脂，油杯盖拧到底后，应卸下，再向油杯里注满润滑脂。

离合器的使用要求是接合平稳、分离彻底。不要把离合器当作减速器使用，经常半踏离合器会导致离合器过热，造成损坏。有时离合器分离不彻底，可将离合器拉杆调短几毫米；也有可能是离合器连杆的连接锥销松动或失灵造成的，应经常检查。

5. 变速箱

变速箱内有2根轴，它有3个前进挡和1个倒挡。1挡速度为1.49～3.56 km/h；2挡速度为3.442～7.469 km/h；3挡速度为9.308～20.324 1 km/h；倒挡速度为2.86～7.92 km/h。

如果掉挡，应调整变速软轴。调整时，应先将变速杆置于空档位置，然后松开2根软轴的固定螺母，调整软轴长度，使变速手柄处于中间位置，紧固两根变挡软轴，在驾驶室中检查各个挡位的情况。

对于新的收割机来说，变速箱工作100 h后应将齿轮油换掉，以后每过500 h更换一次。变速箱的加油口也是检查口，平地停车加油时应加到该口处流油为止。变速箱加的应是80 W/90或85 W/90齿轮油。末级传动的用油状况与变速箱相同。

6. 制动机构

制动机构上有坡地停车装置。如果收割机在坡地处停车，应踩下制动踏板，将锁片锁在驾驶台台面上，确认制动可靠后方可抬脚，正常行驶前应将锁片松开，恢复到原来的状态。

制动器为蹄式，装在从动轴上。制动鼓与从动轴通过花键连接在一起，制动蹄则通过螺栓装在变速箱壳体上。当踩下踏板时，制动臂推动制动蹄向外张开，并与制动鼓靠紧，从而使从动轴停止转动，实现制动。制动间隙是制动蹄与制动鼓之间的自由间隙，反映到脚踏板上，其自由行程应为20～30 mm，调整部位是制动器下方的螺栓。使用期间应经常检查制动连杆部位有无松动现象，如有问题应及时解决，以保证行车安全。

7. 转向轮桥

这里需要注意的是如何调整前束，正确调整转向轮前束可以防止轮胎过早磨损。调整时后边缘测量尺寸应比前边缘测量尺寸大6～8 mm，拧松两侧的紧固螺栓，转动转向拉杆即可调整转向前束。

8. 轮胎气压

驱动轮胎气压为280 kPa，转向轮胎气压为240 kPa。

四、大豆(小麦)联合收割机的使用注意事项

(一)动力机构的使用注意事项

发动机是收割机的关键部件,要保证发动机各个零部件的状态良好,并严格按照发动机使用说明书的要求使用。

1. 润滑系统的使用注意事项

(1)机油油位的检查。取出油尺,油位应在上、下刻线之间。如果低于下刻线,会影响整台发动机的润滑,应当补充机油,上边有机油加油口。如果油位高于上刻线,应当将油放出,下边有放油口,机油过多会出现烧机油等故障。

(2)机油油号的选择。3080 型收割机所配发动机要求使用机油的等级是 CC 级(注:这里的 CC 级和下面提到的 CD 级均是指品质等级,我国和美国所用的品质等级代号相同)柴油机油,其中玉柴发动机推荐使用 CD 级机油,夏季使用 SAE40(注:这里的 SAE40 和下面提到的 SAE15W/40 等是指黏度等级,一般表示时不用前缀“SAE”,例如品质等级为 CD 级、黏度等级为 40 号的机油,直接写作 CD40 机油即可),冬季使用 SAE30 或 SAE20。也可使用 SAE15W/40,这种机油属于复合型机油,冬夏都可使用,机器出厂时加的就是 15W/40 机油。

(3)机器的换油周期。对于新车来说,运转 60 h 时换新机油,以后每运转 150 h 将油底壳的机油放掉,加入新机油,要求在热车状态下换机油。

2. 燃油系统的使用注意事项

(1)柴油油号的选择。发动机要求使用 0 号以上的轻柴油,油号是 0 号、－10 号、－20 号、－35 号,油号也表示这种柴油的凝点,所选用的牌号要根据当地气温而定,保证所选用柴油的凝点比环境温度要低 5 ℃以上。

3080 型收割机油箱容量是 110 L,所加的柴油可达到滤网的下边缘,油箱不要用空。其下部是排污口。每天作业以后将沉淀 24 h 以上的柴油加入油箱,并在每天工作前,打开排污口,将沉淀下来的水和杂质放出。

(2)柴油滤清器的保养。工作期间应根据柴油的清洁度定期清理柴油滤清器,不应在柴油机功率不足、冒黑烟的情况下才进行清理。清理柴油机滤清器时,应卸下滤芯,在柴油中清洗干净。

3. 冷却系统的使用注意事项

冷却系统是保证发动机有一正常工作温度的工作系统之一,它包括防尘罩、水箱、风扇和水泵等。

(1)冷却水位的检查。打开水箱盖,检查水位是否达到散热片上边缘处,如不足应补充,否则将引起发动机高温。

(2)冷却水的添加。停车加满水后,启动发动机,暖车后水箱的液面会下降,必须进行二次加水,否则将引起发动机高温。

发动机有 3 个放水阀,分别在机体上、水箱下、机油散热器下,结冰前必须打开 3 个放水阀把所加的普通水放掉。

4. 进气系统的使用注意事项

进气系统是向发动机提供充足、干净空气的系统,为了达到这个目的,进气系统安装了粗

滤器。粗滤器可以滤除空气中的大粒灰尘，保养时应经常清理皮囊内的灰尘。如发现发动机排气系统冒黑烟，并且功率不足，应清理空气细滤器，拧下端盖旋钮，取下端盖，然后取出滤芯清理。一般情况下，用简单保养方法即可，如放在轮胎上，轻轻地拍击以除去灰尘。一般每天要进行两次保养。

(二)液压系统的使用注意事项

L60联合收割机的液压系统操纵收割台升降、拨禾轮升降、行走无级变速和行走转向4部分。其将发动机输出的机械能通过液压泵转换成液压能，通过控制阀，液压油再去推动油缸，从而重新转变成机械能去操纵相关部分。系统压力的大小取决于工作部件的负荷，即压力随着负载大小而变化。

液压系统要求使用规定的液压油，品种和牌号是N46低凝稠化液压油，不可使用低品质液压油或其他油料，否则系统就会产生故障。

液压油在循环中将源源不断地产生热量，油箱也是散热器，必须保证油箱表面的清洁以免影响散热，油箱容积是15 L。

在各工作油缸全部缩回时，将油加到加油口滤网底面上方10～40 mm。要求工作500 h后或收获季节结束时换液压油，同时更换滤清器。

更换滤清器时可用手用力拧下，也可用加力杠杆拧下。滤清器与其座之间的密封件要完好，安装前在密封件上应涂润滑油。拧紧时要在密封件刚刚压紧后再紧3/4～4/5圈，不要过紧，运转时如果漏油，可再紧一下。

液压手柄在使用操作后应当能够自动回中，否则会使液压系统长时间高压回油，产生高温，造成零部件损坏。液压系统正常的使用温度不应超过60 ℃。

全液压转向机工作省力，正常使用的动力转向只需5 N·m的扭矩，如果出现转向沉重现象应排除故障。

转向沉重的可能原因如下：液压油油量偏少，液压油牌号不正确或变质，液压泵内泄较严重，转向盘舵柱轴承生锈，转向机人力转向的补油阀封闭不严，转向机的安全阀有脏物卡住或压力偏低。

转向失灵的可能原因如下：弹片折断，拨销折断，联动轴开口处折断或变形，转子与联动轴的相互位置装错，双向缓冲阀失灵，转向油缸失灵。

另外，要注意转向机进油管和回油管的位置不可相互接反，否则将损坏转向机。新装转向机的管路内常存有空气，在启动之前要反复向两个方向快速转动转向盘以排气。

(三)电气系统的使用注意事项

L60型联合收割机的电气系统采用负极搭铁、直流供电方式，电压是12 V。

电气系统包括电源部分、启动部分、仪表部分和信号照明部分等，合理、安全使用电气部分具有重要的意义。

启动部分使用型号为6-Q-165的蓄电池。要经常检查电解液液面高度，电解液液面高度应高于极板10～15 mm，如果因为泄漏而液面降低，应添加电解液，电解液的密度一般是1.285 g/cm^3；如果因为蒸发而使液面降低，应添加蒸馏水。禁止添加浓硫酸或者质量不合格的电解液以及普通水。

在非收获季节，要将蓄电池拆下，放在通风干燥处，每月充电一次。6-Q-165型蓄电池使用不大于16.5 A的电流充电。

启动发动机以后，启动开关应能自动回位，如果不能自动回位，需要修理或更换，否则将烧毁启动电机。

启动电机每次启动时间不允许超过 10 s，每次启动后需停 2 min 后再进行第二次启动，连续启动不可超过 4 次。

发电机是硅整流三相交流发电机，与外调节器配套使用。禁止用对地打火的方法检查发电机是否发电，要注意清理发电机上的灰尘和油垢。

保险丝有总保险和分保险两种。总保险在发动机上，容量为 30 A，分保险在驾驶座下。禁止使用导线或超过容量的保险丝代替，以保证安全。

使用前和使用中，注意检查各导线与电器的连接是否松动，是否保持良好接触。此外，应杜绝正极导线裸露搭铁，以保证安全。

五、谷物联合收割机的常见故障及其排除方法

造成谷物联合收割机出现故障的原因，归纳起来主要表现为以下 4 个方面：

(1)机器零部件正常磨损造成的故障。

(2)事故性故障。

(3)维修、安装调整不正确造成的故障。

(4)作业中使用、调整不当造成的故障。

作业中故障的表现形式有两种：一种是故障造成停机，不能继续作业，必须立即排除故障，才能进行作业；另一种是故障不造成停机，机器仍然可以继续进行作业，故障表现为作业质量完全达不到农业技术要求，如脱粒不净、分离不彻底、清选不净等，大量籽粒排出机外，丰产不丰收。出现这种故障的主要原因，是作业中使用调整不当和维修不规范，安装调整不正确造成的。

除正常磨损损坏造成的故障外，其他原因引起的故障，只要驾驶员在工作中严格执行联合收割机使用操作规程，认真做好技术维护保养和作业中随作业环境的变化随时调整工作部件的技术状态是完全可以避免的。

熟悉机器的构造、零部件的作用和工作原理是排除故障的基础。

故障分析和排除应采取先易后难、先外后内、先简后繁、先头后尾、先低压后高压的方法。避免盲目乱拆乱卸。

(一)收割台部分的故障及其排除方法

收割台部分的故障及其排除方法如表 4-3 所列。

表 4-3 收割台部分的故障及其排除方法

常见故障	故障原因	排除方法
割刀堵塞	1. 遇到石块、木棍、钢丝等障碍物； 2. 动、定刀片间隙过大，塞草； 3. 刀片或护刃器损坏； 4. 作物茎秆太低、杂草过多； 5. 动、定刀片位置不“对中”	1. 立即停车，清理故障物； 2. 正确调整刀片间隙； 3. 更换损坏刀片或护刃器； 4. 适当提高割茬： 5. 重新“对中”调整

续表 4-3

常见故障	故障原因	排除方法
切割器刀片及护刃器损坏	1. 硬物进入切割器； 2. 护刃器变形； 3. 定刀片高低不一致； 4. 定刀片铆钉松动	1. 清除硬物、更换损坏刀片； 2. 校正或更换护刃器； 3. 重新调整定刀片，使高低一致； 4. 重新铆接定刀片
割刀木连杆折断	1. 割刀阻力太大（如塞草、护刃器不平、刀片断裂、变形、压刃器无间隙）； 2. 割刀驱动机构轴承间隙太大； 3. 木连杆固定螺钉松动； 4. 木材质地不好	1. 排除引起阻力太大的故障； 2. 更换磨损超限的轴承； 3. 检查、紧固螺钉； 4. 选用质地坚实的硬木作木连杆
刀杆（刀头）折断	1. 割刀阻力太大； 2. 割刀驱动机构安装调整不正确或松动	1. 排除引起阻力太大的故障； 2. 正确安装调整驱动装置
收割台前堆积作物	1. 收割台搅龙与割台底间隙太大； 2. 茎秆短、拨禾轮太高或太偏前； 3. 拨禾轮转速太低、机器前进速度太快； 4. 作物短而稀	1. 按要求视作物长势，合理调整间隙； 2. 尽可能降低割茬，适当调整拨禾轮高、低、前、后位置； 3. 合理调整拨禾轮转速和收割机的前进速度； 4. 适当提高机器前进速度
作物在收割台搅龙上架空，喂入不畅	1. 机器前进速度偏高； 2. 拨指伸出位置不正确； 3. 拨禾轮离喂入搅龙太远	1. 降低机器前进速度； 2. 应使拨指在前下方时伸入最长； 3. 适当后移拨禾轮
拨禾轮打落籽粒太多	1. 拨禾轮转速太高； 2. 拨禾轮位置偏前打击次数多； 3. 拨禾轮高打击穗头	1. 降低拨禾轮转速； 2. 后移拨禾轮； 3. 降低拨禾轮高度
拨禾轮翻草	1. 拨禾轮位置太低； 2. 拨禾轮弹齿后倾角偏大； 3. 拨禾轮位置偏后	1. 调高拨禾轮工作位置； 2. 按要求调整拨禾轮弹齿角度； 3. 拨禾轮适当前移
拨禾轮轴缠草	1. 作物长势蓬乱； 2. 茎秆过高、过湿、草多； 3. 拨禾轮偏低	1. 停车排除缠草； 2. 适当提高拨禾轮位置
被割作物向前倾倒	1. 机器前进速度偏高； 2. 拨禾轮转速偏低； 3. 切割器上拥土堵塞； 4. 动刀片切割往复速度太低	1. 适当降低收割速度； 2. 适当调高拨禾轮转速； 3. 清理切割器壅土，适当提高割茬； 4. 调整驱动皮带张紧度
倾斜输送器链耙拉断	1. 链耙失修、过度磨损； 2. 链耙调整过紧； 3. 链耙张紧调整螺母未靠在支架上，而是靠在角钢上	1. 修理或更换新耙齿； 2. 按要求调整链耙张紧度； 3. 注意调整螺母一定要靠在支架上，保证链耙有回缩余量

(二)脱谷部分的故障及其排除方法

脱谷部分的故障及其排除方法如表4-4所列。

表4-4 脱谷部分的故障及其排除方法

常见故障	故障原因	排除方法
滚筒堵塞	1.喂入量偏大,发动机超负荷; 2.作物潮湿; 3.滚筒凹板间隙偏小; 4.发动机工作转速偏低严重变形	1.停车熄火清除堵塞作物; 2.控制喂入量,避免超负荷时收割; 3.合理调整滚筒间隙; 4.发动机一定要保持额定转速工作
滚筒脱粒不净率偏高	1.发动机转速不稳定,滚筒转速忽高忽低; 2.凹板间隙偏大; 3.超负荷作业; 4.纹杆或凹板磨损超限或严重变形; 5.作物收割期偏早; 6.收水稻时仍采用收麦的工作参数	1.保证发动机在额定转速下工作,将油门固定牢固,不准用脚油门; 2.合理调整间隙; 3.避免超负荷作业,根据实际情况控制作业速度,保证喂入量稳定、均匀; 4.更换磨损超限和变形的纹杆、凹板; 5.适期收割; 6.收水稻一定采用收水稻的工作参数
谷粒破碎太多	1.滚筒转速过高; 2.滚筒间隙过小; 3.作物"口松"、过熟; 4.杂余搅龙籽粒偏多; 5.复脱器装配调整不当	1.合理调整滚筒转速; 2.适当放大滚筒凹板间隙; 3.适期收割: 4.合理调整清选室风量、风向及筛片开度; 5.依实际情况调整复脱器搓板数
既脱不净又破碎较多,甚至漏脱	1.纹杆、凹板、弯曲扭曲变形严重; 2.板齿滚筒转速偏高,而板齿凹板齿面未参与工作; 3.板齿滚筒转速偏低,而板齿凹板齿面参与工作; 4.活动凹板间隙偏大,滚筒转速偏高; 5.轴流滚筒转速偏高	1.更换纹杆、凹板: 2.滚筒保持额定转速工作,将凹板齿面调至工作状态; 3.滚筒保持额定转速工作; 4.规范调整滚筒转速和凹板间隙; 5.降低轴流滚筒转速至标准值
滚筒转速不稳定或有异常声音	1.喂入量不均匀,存在瞬时超负荷现象; 2.滚筒室有异物; 3.螺栓松动,脱落或纹杆损坏; 4.滚筒不平衡; 5.滚筒产生轴间窜动与侧臂产生摩擦; 6.轴承损坏	1.灵活控制作业速度、避免超负荷作业,保证喂入量均匀、稳定; 2.停车、熄火排除滚筒室内异物; 3.停车、熄火重新紧固螺栓,更换损坏纹杆; 4.重新平衡滚筒; 5.调整并紧固牢靠; 6.更换轴承

续表 4-4

常见故障	故障原因	排除方法
排出的茎秆中夹带籽粒偏多	1. 逐稿器(键式)曲轴转速偏低或偏高； 2. 键面筛孔堵塞； 3. 挡草帘损坏、缺损； 4. 横向抖草器损坏； 5. 作物潮湿、杂草多； 6. 超负荷作业	1. 保证曲轴转速在规定范围内($R=50$ mm 时，$n=180\sim220$ r/min)； 2. 经常检查，清除堵塞物； 3. 修复补齐挡草帘； 4. 修复抖草器； 5. 适期收割； 6. 控制作业速度，保证喂入量均匀不超负荷作业
排出的杂余中籽粒含量偏高	1. 筛片开度偏小； 2. 风量偏大籽粒被吹出机外； 3. 喂入量偏大； 4. 滚筒转速高，脱粒间隙小茎秆太碎； 5. 风量、风向调整不当	1. 适当调大筛片开度； 2. 合理调整风量； 3. 减小喂入量； 4. 控制滚筒在额定转速下工作，适当调大脱粒间隙； 5. 合理调整风量风向
逐稿器木轴瓦有声响	1. 木轴瓦间隙过大； 2. 木轴瓦螺栓松动	1. 调整木轴瓦间隙； 2. 拧紧松动的螺栓
粮食中含杂偏高	1. 上筛前端开度大； 2. 风量偏小，风向调整不当	1. 适当减小筛片开度； 2. 适当调大风量和合理调整风向
杂余中粮粒太多	1. 风量偏小； 2. 下筛开度偏大； 3. 尾筛后部抬得过高	1. 加大风量； 2. 减小下筛开度； 3. 降低尾筛后端高度
粮食穗头太多	1. 上筛前端开度太大； 2. 风量太小： 3. 滚筒纹杆弯曲、凹板弯曲扭曲变形严重； 4. 钉齿滚筒、钉齿凹板装配不符合要求，偏向一侧； 5. 复脱器搓板少或磨损	1. 适当调整减小筛片开度； 2. 合理调大风量； 3. 更换损坏的纹杆或凹板； 4. 调整装配关系，保证每个钉齿两侧间隙大小一致； 5. 修复复脱器，增加搓板，更换磨损超限的搓板
升运器堵塞	1. 刮板链条过松； 2. 皮带打滑； 3. 作物潮湿	1. 停车熄火排除堵塞，调整链条紧度； 2. 张紧皮带紧度； 3. 适期收割
复脱器堵塞	1. 安全离合器弹簧预紧力小； 2. 皮带打滑； 3. 作物潮湿； 4. 滚筒脱出物太碎、杂余太多	1. 停机熄火，清除堵塞，安全弹簧预紧力调至标准； 2. 调整皮带紧度； 3. 适期收割； 4. 合理调整滚筒转速和脱粒间隙

(三)行走系统的故障及其排除方法

行走系统的故障及其排除方法如表4-5所列。

表4-5 行走系统的故障及其排除方法

常见故障	故障原因	排除方法
行走离合器打滑	1.分离杠杆不在同一平面内； 2.分离轴承注油太多，摩擦片进油； 3.摩擦片磨损超限，弹簧压力降低，或摩擦片铆钉松动； 4.压盘变形	1.调整分离杠杆螺母； 2.注意不要注油太多，彻底清洗摩擦片； 3.更换磨损的摩擦片； 4.更换变形的压盘
行走离合器分离不清	1.分离杠杆与分离轴承之间间隙偏大，主、从动盘分离不彻底； 2.分离杠杆和分离轴承之间间隙不等，主、从动盘不能彻底分离； 3.分离轴承损坏	1.调整其间隙至标准； 2.检查调整间隙，分离杠杆指端应在同一平面内，偏差不大于±0.5 mm，否则应更换膜片弹簧； 3.更换分离轴承
挂挡困难或掉挡	1.离合器分离不彻底； 2.制动器间隙偏大； 3.工作齿轮啮合不到位； 4.换挡轴锁定机构不能定位； 5.推拉软轴拉长	1.及时调整离合器分离轴承间隙； 2.及时调整制动器间隙； 3.调整软轴长度； 4.调整锁定机构弹簧预紧力； 5.调整推拉软轴调整螺母
变速箱工作时有响声	1.齿轮严重磨损； 2.轴承损坏； 3.润滑油油量不足或型号不对	1.更换新齿轮： 2.更换新轴承； 3.检查油面和油型
变速范围达不到要求	1.变速油缸工作行程达不到要求； 2.变速油缸工作时不能定位； 3.变速箱缺油卡死； 4.行走皮带拉长打滑	1.系统内泄，送修理厂检修； 2.系统内泄，送修理厂检修； 3.及时润滑； 4.调整无级变速轮张紧架
最终传动齿轮室有异响	1.边减半轴串动； 2.轴承没注油或进泥损坏； 3.轴承座螺栓和紧定套未锁紧	1.检查边减半轴固定轴承和轮轴固定螺钉； 2.更换轴承，清洗边减齿轮； 3.拧紧螺栓和紧定套
行走无级变速器皮带过早磨损或拉断	1.产品质量差； 2.叉架与机器侧臂不平行，叉架轴与叉架套装配间隙过大； 3.中间盘盘毂与边盘盘毂间隙过大，工作中中间盘摆动； 4.限位挡块调整不当，超过正常无级变速范围，三角带常落入中间盘与边盘的斜面内部，皮带局部受夹、打滑； 5.三角带太松，产生剧烈抖动打滑； 6.驱动轮(或履带)沾泥，污染三角带造成打滑； 7.行走负荷重(阴雨泥泞)	1.选用合格产品； 2.装配时保证叉架与机器侧臂的平行和叉架轴与叉架套配合间隙正确； 3.调整正确的装配间隙； 4.正确调整挡块位置； 5.注意随时调整三角带张紧度； 6.经常清理驱动轮上的泥； 7.行走负荷重时，应停车变速，尽量避免重负荷时使用无级变速

(四)液压系统的常见故障及其排除方法

液压系统的常见故障及其排除方法如表 4-6 所列。

表 4-6 液压系统的常见故障及其排除方法

常见故障	故障原因	排除方法
液压系统所有油缸接通分配器时,不能工作	1.油箱油位过低; 2.油泵未压油; 3.安全阀的调整和密封不好; 4.分配阀位置不对; 5.滤清器被脏物堵塞	1.加油至标准位置; 2.检查修理油泵; 3.调整或更换; 4.检查调整; 5.清洗滤清器
收割台和拨禾轮升降迟缓或根本不能升降	1.溢流阀工作压力偏低; 2.油路中有空气; 3.滤清器被脏物堵塞; 4.齿轮泵内泄; 5.齿轮泵传动带未张紧; 6.油缸节流孔堵塞; 7.油管漏油或输油不畅	1.按要求调整溢流阀工作压力; 2.排气; 3.清洗滤清器; 4.检查泵内卸压片密封圈和泵盖密封圈; 5.按要求张紧传动带; 6.卸下油缸接头,清除杂物; 7.更换油管
收割台或拨禾轮升降不平稳	油路中有空气	在油缸接头处排气
收割台升不到所需高度	油箱内油太少	加至规定油面
收割台和拨禾轮在升起位置时自动下降	1.油缸密封圈漏油; 2.分配阀磨损漏油或轴向位置不对; 3.单向阀密封不严	1.更换密封圈; 2.修复或更换滑阀及操纵机构; 3.研磨单向阀锥面或更换密封圈
油箱内有大量泡沫	1.油箱有空气或水进入; 2.油泵内漏,吸入空气	1.拧紧吸油管,修复油泵密封件,更换油封,有水时应更换新油; 2.检查并加以密封
液压转向跑偏	1.转向器插销变形或损坏; 2.转向弹簧片失效; 3.联动轴开口变形	送专业修理厂
液压转向慢转轻、快转重	油泵供油不足,油箱不满	检查油泵工作是否正常,保证油面高度
方向盘转动时,油缸时动时不动	转向系统油路中有空气	排气并检查吸油管路是否漏气
转向沉重	1.油箱不满; 2.油液黏度太大; 3.分流阀的安全阀工作压力过低或被卡住; 4.阀体、阀套、阀芯之间有污物卡住; 5.阀体内钢球单向阀失效	1.加油至要求油面; 2.使用规定油液; 3.调整、清洗分流阀的安全阀; 4.清洗转向机: 5.如钢球丢失,应重新补装钢球,如有污物卡住,应清洗钢球

续表 4-6

常见故障	故障原因	排除方法
安全阀压力偏低或偏高	1.安全阀开启压力调整不合适； 2.弹簧变形，压力偏小或过大	1.在稳定公称流量下，调节安全阀压力； 2.检查弹簧技术状态和安装尺寸，增加或减少调压垫片
稳定公称流量过大	1.分流阀阀芯被杂质卡住； 2.分流阀阀芯弹簧压缩过大； 3.阀芯阻尼孔堵塞	1.清洗阀芯，更换液压油； 2.检查装配情况，调整弹簧压力； 3.清洗阻尼孔道，更换清洁液压油
稳定公称流量偏低	1.配套油泵容积效率下降，油泵在发动机低速时供油不足，低于稳定公称流量： 2.分流阀阀芯或安全阀阀芯被杂质卡住； 3.阀芯弹簧或安全阀弹簧损坏或变形； 4.分流阀阀芯或安全阀阀芯磨损，间隙过大，内漏增大； 5.安全阀阀座密封圈损坏	1.更换或修复油泵； 2.清洗阀芯，并更换清洁液压油； 3.更换新弹簧； 4.更换新阀芯； 5.更换新密封圈
转向失灵，方向盘不能自动回中	弹簧片折断	更换新品
方向盘压力振摆明显增加，甚至不能转动	拨销或联动器开口折断或变形	更换损坏件
方向盘回转或左右摆动	转子与联动器相互位置装错	将联动器上带冲点的齿与转子花键孔带冲点的齿相啮合
油泵工作时噪音过大	1.油箱中油面过低； 2.吸油路不畅通； 3.吸油路密封不严，吸入空气	1.加油至要求油面高度； 2.检查疏通不畅油路； 3.检查并加以密封
卡套式接头漏油	被连接管未对正接头体，或螺母未按正确方法拧紧	被连接管对准接头体内正推端面，然后边拧紧螺母，边转动管子，当转子不能转动时，继续旋紧螺母 1～4/3 圈为宜，安装前卡套刃口端面与管口端面预留 6 mm 左右距离，拧接头时不准扭转管子
无级变速器油缸进退迟缓	1.溢流阀工作压力偏低； 2.油路中有空气； 3.滤清器堵塞； 4.齿轮泵内漏； 5.齿轮泵传动皮带松； 6.油缸节流孔堵塞	1.按要求调溢流阀工作压力至标准； 2.排气； 3.清洗滤清器； 4.检查更换密封圈； 5.张紧传动皮带； 6.卸掉油缸接头，清除污物

续表 4-6

常见故障	故障原因	排除方法
无级变速器换向阀居中，油缸自动退缩	1. 油缸密封圈失效； 2. 阀体与滑阀因磨损或拉伤间隙增大，油温高，油黏度低； 3. 滑阀位置没有对中； 4. 单向阀（锥阀）密封带磨损或沾污物	1. 更换密封圈； 2. 送专业厂修理或更换滑阀，油面过低加油，选择合适的液压油； 3. 使滑阀位置保持对中； 4. 更换单向阀或清除污物
无级变速器油缸进退速度不平稳	1. 油路中有空气； 2. 溢流阀工作不稳定； 3. 油缸节流孔堵塞	1. 排气； 2. 更换新弹簧； 3. 卸下接头，清除污物
熄火转向时，方向盘转动而油缸不动（不转动）	转子和定子的径向间隙或轴向间隙过大	更换转子

（五）电气系统的故障及其排除方法

电气系统的故障及其排除方法如表 4-7 所列。

表 4-7　电气系统的故障及其排除方法

常见故障	故障原因	排除方法
蓄电池经常供电不足	1. 发电机或调节器有故障，没有充电电流； 2. 充电线路或开关触点锈蚀，接头松动，充电电阻增高； 3. 蓄电池极板变形短路； 4. 蓄电池内电解液太少或密度不对； 5. 发电机皮带太松	1. 检修发电机、调节器； 2. 清除触点锈蚀，拧紧各接线头； 3. 更换干净的电解液，更换变形的极板： 4. 添加电解液至标准量，检查密度； 5. 张紧皮带
蓄电池过量充电	调节器不能维持所需要的充电电压	调整或更换调节器
蓄电池充电不足（充不进电）	1. 极板硫化严重； 2. 电解液不纯； 3. 极板翘曲	1. 更换极板； 2. 更换纯净电解液； 3. 更换新极板
启动机不转	1. 保险丝熔断； 2. 接头接触不良或断路； 3. 蓄电池没电或电压太低； 4. 电刷、换向器或电源开关触点接触不良； 5. 启动电机内部短路或线圈烧毁	1. 更换保险丝； 2. 检查清理接头、触点和线路； 3. 蓄电池充电或更换新蓄电池； 4. 调整电刷弹簧压力，清理各接触点； 5. 更换新启动机
启动机有吸铁声，但无法启动发动机	1. 蓄电池电压过低； 2. 电源开关的铁芯行程不对； 3. 启动机内部故障； 4. 环境温度太低	1. 充电、补充电解液，或更换新蓄电池； 2. 通过偏心螺钉调整； 3. 更换新启动机

续表 4-7

常见故障	故障原因	排除方法
发动机启动后，齿轮不能退出	1. 开关钥匙没回位； 2. 电源开关的触点熔在一起； 3. 电源开关行程没调好	1. 启动后，开关钥匙应立即回位； 2. 锉平或用砂纸打光触点； 3. 调整偏心螺钉
发电机不能发电或发电不足	1. 线路接触不良或接错； 2. 定子或转子线圈损坏； 3. 电刷接触不良； 4. 调节器损坏； 5. 皮带太松	1. 对照电路图和接线图检查并保证各接点接触良好； 2. 换新发电机； 3. 调整或换新炭刷； 4. 换新调节器； 5. 张紧皮带
仪表不指示	1. 线路接触不良； 2. 保险丝熔断； 3. 传感器损坏	1. 检查并拧紧螺钉； 2. 换新保险丝； 3. 换新传感器
灯泡不亮	1. 开关损坏，线路接触不好； 2. 保险丝熔断，灯泡损坏	1. 换新开关，检查、拧紧各接触点； 2. 换相同规格的保险丝，换灯泡。

(六)发动机的常见故障及其排除方法

发动机的常见故障及其排除方法如表 4-8 所列。

表 4-8　发动机的常见故障及其排除方法

常见故障	故障原因	排除方法
发动机启动困难或不能启动	1. 无燃油； 2. 油水分离器滤芯堵塞； 3. 燃油系统内有水、污物或空气； 4. 燃油滤芯堵塞； 5. 燃油牌号不正确； 6. 启动回路阻抗过高； 7. 曲轴箱机油黏度值过高； 8. 喷油嘴有污物或失效； 9. 喷油泵失效； 10. 发动机内部问题	1. 加油，并给供油系统排气； 2. 清洗或更换新滤芯； 3. 定期放油箱沉淀，加清洁燃油，排气； 4. 更换滤芯、排气； 5. 使用适合使用条件的燃油； 6. 清理、紧固蓄电池及启动继电器上的线路； 7. 换用黏度和质量合格的机油； 8. 修理或更换新油嘴； 9. 送修理厂修理、校正油泵； 10. 送修理厂修理
发动机工作时振动大(不平稳)	1. 机油不足； 2. 燃油系统进气； 3. 供油提前角不正确； 4. 喷油器阀体烧毁黏结； 5. 发动机内部问题	1. 添加对号机油至标准油面； 2. 排气； 3. 送修理厂修理； 4. 送修理厂修理； 5. 送修理厂修理

续表 4-8

常见故障	故障原因	排除方法
发动机运转不稳定经常熄火	1. 冷却水温太低； 2. 油水分离器滤芯堵塞； 3. 燃油滤芯堵塞； 4. 燃油系统内有水、污物或空气； 5. 喷油嘴有污物或失效； 6. 供油提前角不正确； 7. 气门推杆弯曲或阀体黏结	1. 温度超过 60 ℃时工作； 2. 更换滤芯； 3. 更换滤芯并排气； 4. 排气、冲洗，重新加油并排气； 5. 送修理厂修理
发动机功率不足	1. 供油量偏低； 2. 进气阻力大； 3. 油水分离器滤芯堵塞； 4. 发动机过热	1. 检查油路是否通畅，是否有气，校正油泵； 2. 清洁空气滤清器； 3. 更换滤芯； 4. 参看"发动机过热"故障排除
发动机过热	1. 冷却水不足； 2. 散热器或旋转罩堵塞； 3. 旋转罩不转动； 4. 风扇传动带松动或断裂； 5. 冷却系统水垢太多； 6. 节温器失灵； 7. 真空除尘管堵塞； 8. 风扇转速低； 9. 风扇叶片装反	1. 加满水，并检查散热器及软管是否渗漏； 2. 清理散热器和旋转罩(防尘罩)； 3. 检查旋转罩； 4. 更换损坏的传动带； 5. 彻底清洗、排垢； 6. 更换新产品； 7. 清理除尘管； 8. 调整皮带张紧度； 9. 重新正确装配
机油压力偏低	1. 机油液面低； 2. 机油型号不正确； 3. 机油散热器堵塞； 4. 油底壳机油中污物多，吸油滤网堵塞	1. 加至标准液面； 2. 更换正确型号的机油； 3. 清除堵塞或请专业人员修理； 4. 更换清洁机油，清洗滤网
发动机机油消耗过大	1. 进气阻力大； 2. 系统有渗漏； 3. 曲轴箱机油黏度低； 4. 机油散热器堵塞； 5. 拉缸或活塞环安装不正确； 6. 发动机压缩系统磨损超限	1. 检查清理空气滤清器，清理进气口； 2. 检查管路、密封件和排放塞等是否渗漏； 3. 换用型号正确的机油； 4. 清理堵塞； 5. 请专业人员修理； 6. 请专业人员修理

续表 4-8

常见故障	故障原因	排除方法
发动机主燃油耗油量过高	1.空气滤清器堵塞或有污物； 2.燃油标号不对； 3.喷油器上有污物或缺陷； 4.发动机正时齿轮安装不正确； 5.油泵供油量偏大； 6.供油系统渗漏严重	1.清除堵塞、清理过滤元件； 2.换用标号正确的燃油； 3.请专业人员修理； 4.请专业人员修理,重新调整正时齿轮位置； 5.请专业人员修理,重调标准供油量； 6.检查清理排气不畅
发动机冒黑烟或灰烟	1.空气滤清器堵塞； 2.燃油标号不正确： 3.喷油器有缺陷； 4.油路内有空气； 5.油泵供油量偏大； 6.供油系统渗漏	1.清除堵塞物： 2.更换符合要求的燃油； 3.换新件或请专业人员修理； 4.排气； 5.检查清理排气不畅； 6.请专业人员修理
发动机冒白烟	1.发动机机体温度太低； 2.燃油牌号不正确； 3.节温器有缺陷； 4.发动机正时齿轮安装不正确	1.预热发动机至正确工作温度； 2.使用正确的燃油； 3.拆卸检查或更换新品； 4.请专业人员重新安装
发动机冒蓝烟	1.发动机活塞环安装不正确； 2.发动机压缩系统磨损超限； 3.新发动机未磨合； 4.曲轴箱油面过高	1.重新安装活塞环； 2.请专业人员修理、更换磨损超限零件； 3.按规范磨合发动机； 4.沉淀,使油面降至标准

六、谷物联合收割机的维护保养

(一)每班保养内容

(1)清理水箱及其旋转罩。

(2)指示灯亮时,清理空气滤清器。

(3)检查冷却水位,不足时添加。

(4)检查积水器,必要时清理。

(5)检查燃油滤清器,排放沉淀油。

(6)检查液压油油位,不足时添加。

(7)检查油底壳机油,不足时添加。

(8)检查冷凝器。

(9)添加主燃油。

(10)按要求润滑各点。

(二)首次工作 25 h 后的保养内容

(1)紧固转向臂连接螺栓。

(2)检查并紧固纹杆螺栓。

(3)检查并调整制动器。

(三)首次工作 100 h 后的保养内容

(1)更换液压油滤清器,更换液压油。

(2)更换油底壳机油。

(3)更换齿轮箱润滑油(轮边减速器及变速箱)。

(四)每工作 100 h 的保养内容

(1)检查电瓶电解液密度,加蒸馏水。

(2)更换发动机油底壳机油。

(3)检查齿轮箱油位,不足时添加。

(4)检查制动器储油罐油位。

(5)按要求润滑各点。

(五)每工作 200 h 的保养内容

(1)更换主燃油滤清器滤芯(元件)。

(2)更换机油滤清器滤芯(元件)。

(3)检查电瓶电解液密度,加蒸馏水。

(4)检查并调整离合器间隙。

(5)检查并调整制动器。

(6)检查并调整手制动器。

(六)每工作 500 h 的保养内容

(1)更换齿轮箱润滑油(变速箱和轮边减速器)。

(2)更换液压油和液压油滤清器。

(3)按要求润滑各点。

(七)收割作业季节结束后的保养内容

(1)卸下所有传动皮带,放到室内保管;卸下所有传动链条,清洗、涂油保管。

(2)卸下割刀放在平整处,在护刃器和割刀上涂油保管。

(3)彻底清理水箱及旋转罩。

(4)彻底清理所有搅龙及升运器。

(5)彻底清理粮箱及卸粮搅龙。

(6)彻底清理阶梯板和筛子。

(7)润滑所有润滑点。

(8)润滑所有可调螺栓螺纹、安全离合器的棘齿并放松弹簧。

(9)润滑液压油缸推杆表面,并将其收缩至缸筒内。

(10)润滑所有无油嘴的支承点和铰接点。

(11)将收割机支垫起来,轮胎放气,冬季应卸下放于室内保管。

(12)给机器上掉漆的部位补刷油漆。

(八)收割季节结束后发动机的保养

(1)更换机油滤清器元件。首先清理机油滤清器周围的油污、灰尘和杂物。逆时针方向拧下机油滤清器元件,不再使用。更换新的机油滤清器元件,一定要保证完全清洁。装配时应先将元件拧至其密封胶圈刚好与座均匀接触并有适当预紧力,然后再将元件拧进 1/2～3/4 圈即可,不要拧得过紧。安装结束后启动发动机,检查有无渗漏,必要时,可再拧紧一些。

(2)电磁输油泵的清理。清洁输油泵表面,将上部的吸油管折弯,阻止输油。然后用手拧下下端盖及垫片。清洗各零件,更换新的圆筒形滤芯(圆筒形滤芯不能清洗,如堵塞,就应更换滤芯)。清理完按原样装复输油泵。

(3)积水器的清理(为专用选择件)。关闭发动机,拧松积水器下端的排气塞。用手把住下端的底盘,拧下上端的固定螺栓,分解各零件进行清洗,注意只能用柴油清洗。需要时更换密封胶圈。清理后按原样装复积水器。

(4)更换柴油滤清器元件。清洁滤清器表面,尤其是底座。用手向里压下指状弹簧片,摘掉弹簧片挂钩,拿下滤清器元件。将新元件单孔的一端对准底座上的弹簧销钉装上,然后挂上弹簧片,挂紧挂钩,装配时应注意,弹簧销钉孔中绝对不能掉入灰尘杂物。

(5)燃油系统排气。更换滤清器后,燃油箱油全部用完后,拆卸油管、喷油嘴或输油泵后,发动机长时间怠速运转后均要给燃油系统排气。

油箱装满油后,将启动开关拧至预热位置,开动电磁泵。松开积水器顶端排气螺塞,直至放出气泡后,立即拧紧螺塞;松开燃油滤清器底座上的排气螺塞,直至放出气泡后,立即拧紧螺塞;如果还不能启动,则再松开喷油嘴油管(至少松三个,并同时拧松)在大油门位置,启动马达,直至油管处放出气泡后,再拧紧油管。

(6)水箱清理清扫旋转罩,卸下中间轮至旋转罩的传动皮带。拧下两个手柄,向上折起旋转罩,并用支承杆支住。用刷子清理水箱外部,或用压缩空气从水箱背面,向外喷刷,也可用压力不大的水流喷刷,清洗后原样装复。冬季作业,启动发动机前要检查旋转罩是否能够自由转动。防止冰霜冻结。

(7)干式空气滤清器的清理。只有当红色指示灯亮时,才清理空气滤清器元件。首先彻底清扫壳体,并用布擦干净滤清器壳体和涡轮增压器。然后取出主、副滤芯用压缩空气从里向外吹刷滤芯。如滤芯很脏则用水洗刷(可在水中加少量无碱性洗剂,不能用油或强碱性洗剂清洗),洗后晾干。在田间,可暂用轻轻拍打滤芯的办法清理(临时性处理)。洗净的滤芯,用灯伸进滤芯筒内,观察有无不均匀的伤痕,以确定修理或更换。按原样装复时,要特别注意各密封垫圈的技术状态,要绝对保证它们完好、干净、装配位置正确。

(九)谷物联合收割机的用后维护和入库保管

谷物联合收割机作业季节结束后,机组成员应认真做好机器在收割作业中的技术总结,对所有工作部件逐一做出技术鉴定,对所出现的故障认真分析,在此基础上制订全面的技术保养和修理计划。通过保养、维修恢复机器技术状态,以备下一个收割季节使用。

彻底清理联合收割机各部的杂草、尘土、油污,使整台机器干净无尘。

悬挂式联合收割机应从拖拉机上拆卸下来,各大部件归类集中停放,以准备进行彻底的维护和修理。

全面检查各工作部件的技术状态。对拆卸后的各部件进行认真鉴定,该修的修,该换的换,对技术状态良好的零部件进行彻底的清洗保养,使各部件完全恢复到良好的技术状态。

悬挂式联合收割机检查部位如下：

(1)检查分禾器。分禾器是薄钢板件，除非碰撞变形，一般不损坏，它是随坏随修的器件。

(2)检查拨禾轮。重点检查偏心滑轮机构的磨损、变形；检查拨禾轮中心管轴两端木轴承的磨损情况和弹齿管轴是否变形，弹齿有无缺损等，必要时修复或更换新品。

(3)检查切割器。切割器是收割机上易磨损元件，尤其应对护刃器梁，刀杆，刀头，动、定刀片，护刃器，压刃器，摩擦片等零件，逐个检查。若动力片齿纹缺损在 5 mm 以上，则齿高小于 0.4 mm 并伴有裂纹者应报废更换新品，动刀片松动的应铆紧；定刀片刃口厚度大于 0.3 mm，宽度小于护刃器者应更换新品，松动的应重新铆紧；压刃器、摩擦片磨损超限者更换新品；护刃器不应有裂纹、弯曲，两护刃器尖中心距为 76.2 mm，其偏差不大于±3 mm，所有固定刀片应在同一水平面内，偏差不超过 0.5 mm，必要时应进行彻底调整。对于无校正价值的护刃器，应更换新品。

护刃器梁是整个切割装置的基础件，一般由角钢制成。不允许有任何弯曲、扭曲、裂纹等缺陷，否则应换新品。在购置新护刃器梁时，一定要严格检查其是否有弯曲、扭曲和裂纹。

刀头、刀杆也是易损件，应重点检查，一旦出现裂纹，应更换新品。刀杆的弯曲度全长不大于 0.5 mm。

切割器修复后，应认真进行总装调整，直至符合标准。

(4)检查割台搅龙。割台搅龙由滚筒体、叶片焊合而成，叶片如有变形、开焊应进行焊合修复。

伸缩拨指工作面磨损超过 4.5 mm 应换新品，拨指导套是易损件，当其与拨指间隙超过 3 mm 时，应更换新导套。

(5)注意检查倾斜输送室链条、耙齿有无磨损损坏、变形、断裂，有其一者应修复或更换新品。检查被动轴(下轴)的调整机构是否完好无损，调整准确可靠；否则应修复或换新。

(6)认真全面地检查脱粒滚筒的技术状态。检查滚筒轴有无弯曲变形，两端轴承台阶处是否有裂纹等缺陷；有条件的修理厂应进行探伤检查；检查滚筒辐板有无裂纹、变形；检查滚筒纹杆是否有弯曲、扭曲，纹齿工作面棱角磨损半径 $r \geq 1$ mm 时，应更换新品；检查滚筒钉齿不应有弯曲、扭曲、变形，刀形钉齿顶端部棱角磨损半径 $r \geq 4$ mm 时，应换新件。

(7)栅格式脱粒凹板不应有任何变形，横格板上表面要有一定的棱角，以确保脱粒质量，若棱角磨损半径 $r \geq 1.5$ mm 时，应及时修复；否则，应更换新凹板。

横格板上表面穿在其中弹丝的距离设计标准应为 3～5 mm，小于 3 mm 或大于 5 mm 将严重影响脱粒质量。若保证不了这一质量标准，则不能装机使用。驾驶员购买新品时，一定要注意这一质量标准。

凹板筛钢丝工作面，磨损不应超过 2 mm，否则应更换。

(8)所有搅龙叶片高度磨损量不应超过 2.5 mm，否则应更换。安全离合器弹簧压力不够时应调整或更换。钢球脱落的应补齐。

(9)检查机器机架和所有罩壳是否变形、开焊、断裂，根据实际情况进行相应修复。

(10)检查清洗所有轴承、偏心套及轴承座是否完好，磨损是否超限，必要时修复或换新。

(11)检查、清理所有传动带、传动链条，观察其技术状态是否完好，该修的修，该换的换。对完好者按要求妥善保管。

磨损掉漆部位，应除锈后重新刷漆。对所有的黄油加注点加注黄油。切割器、偏心轴伸缩扒齿、链条、钢丝绳等零部件在清洗后涂油防锈。需要拆下存放的零部件，按要求归类存放，以防丢失。严禁在收割机及部件上堆放任何物品。

联合收割机应入库停放，机库应能遮雪挡雨、干燥、通风。露天存放时，应进行必要的遮盖，发动机排气管应加罩，以防雨雪进入。

任务 3　水稻联合收割机的使用与维护

知识目标

- 了解水稻联合收割机的结构及工作原理。
- 学会正确使用水稻联合收割机。

能力目标

- 能正确调试水稻联合收割机并能进行技术状态检查。
- 能及时排除水稻联合收割机工作中出现的故障。

素质目标

- 培养团队协作意识、责任意识和爱岗敬业精神。
- 培养学生自主学习、归纳总结和语言表达能力。
- 培养学生对“三农”发展的信心。

一、水稻联合收割机的结构及工作原理

水稻联合收割机按喂入方式的不同可分为全喂入和半喂入两种。全喂入式联合收割机是将割下的作物全部喂入滚筒。半喂入式只是将作物的头部喂入滚筒，因而能将茎秆保持得比较完整。如图 4-51 所示为半喂入式联合收割机。

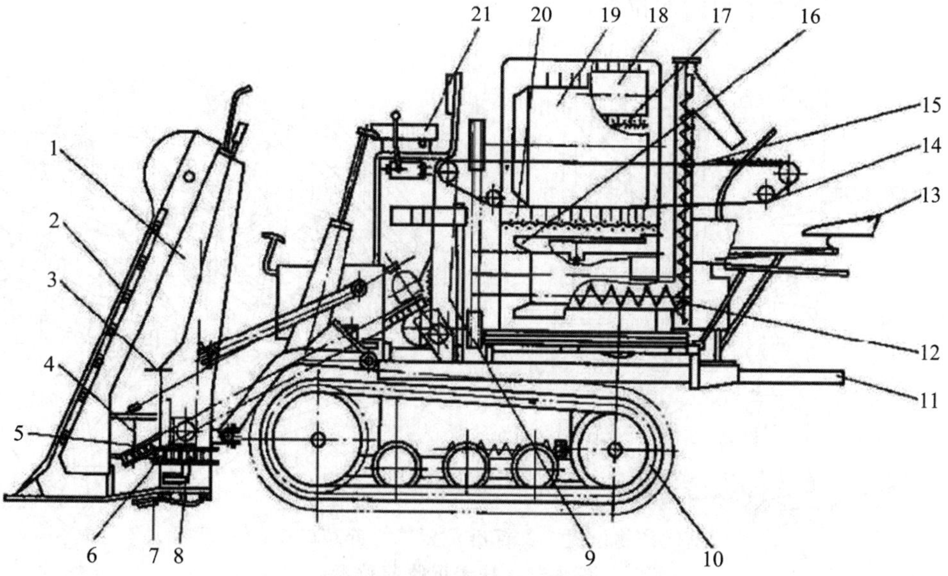

1. 立式收割台　2. 扶禾器　3. 上输送链　4. 拨禾星轮　5. 中间输送上链　6. 中间输送下链　7. 切割器　8. 下输送链　9. 二级夹持链　10. 履带　11. 卸粮台　12. 水平螺旋　13. 卸粮座位　14. 脱粒夹持链　15. 竖直螺旋　16. 风扇　17. 副滚筒筛板　18. 副滚筒　19. 主滚筒　20. 凹板　21. 驾驶台

图 4-51　半喂入式联合收割机

水稻联合收割机工作时，扶禾器拨指将倒伏作物扶直，推向收割台，拨禾星轮辅助拨指拨禾，并支承作物以便切割。作物被切断后，收割台横向输送链将作物向割台左侧输送，再传给中间输送装置，中间输送上、下链链耙把垂直状态的作物禾秆逐渐改变成水平状态。送入脱粒滚筒脱粒，穗头经主滚筒脱净后，长茎秆从机后排出，成堆或成条铺放在田间。谷粒穿过筛网经抖动板，由风扇产生的气流吹净，干净的谷粒落入水平推运器，再由谷粒水平推运器送给垂直谷粒推运器，经出粮口接粮装袋。断穗由主滚筒送给副滚筒进行第二次脱粒，杂余物由副滚筒的排杂口排出机外。

二、水稻联合收割机的使用调整

（一）收割装置的主要调整内容

1. 分禾板上、下位置调整

根据作业的实际情况及时进行调整。田块湿度大，收割机出现前仰或过多地拔起倒伏作物时，应将分禾板尖端向下调，直至合适位置（最低应距地面 2 cm）。调整螺栓进行调整，见图 4-52。

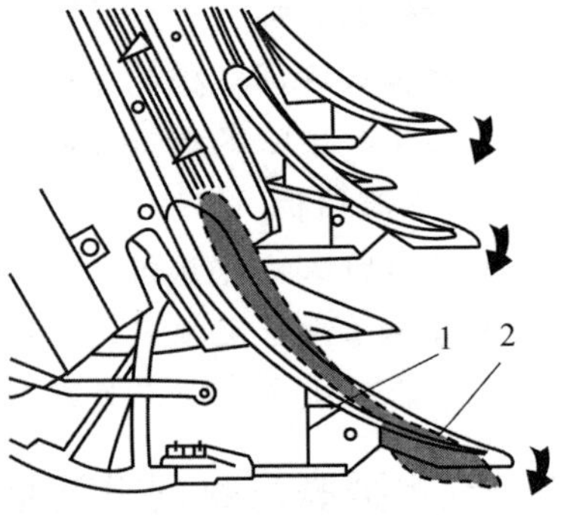

1. 分土板 2. 螺栓

图 4-52 分禾板的上下位置调整

2. 扶禾爪收起位置调整

根据被收作物的实际情况，调节扶禾爪收起位置。其调节方法是：先解除导轨锁定杆，然后上、下移动扶禾器内侧的滑动导轨位置，如图 4-53 所示。具体要求是：通常情况下，导轨调至 2 的位置；易脱粒的品种和碎草较多时，导轨调至 3 的位置；长秆且倒伏的作物，导轨应调至 1 的位置。调整时，控制四条扶禾链条的扶禾爪收起高度，都应处于相同的位置。

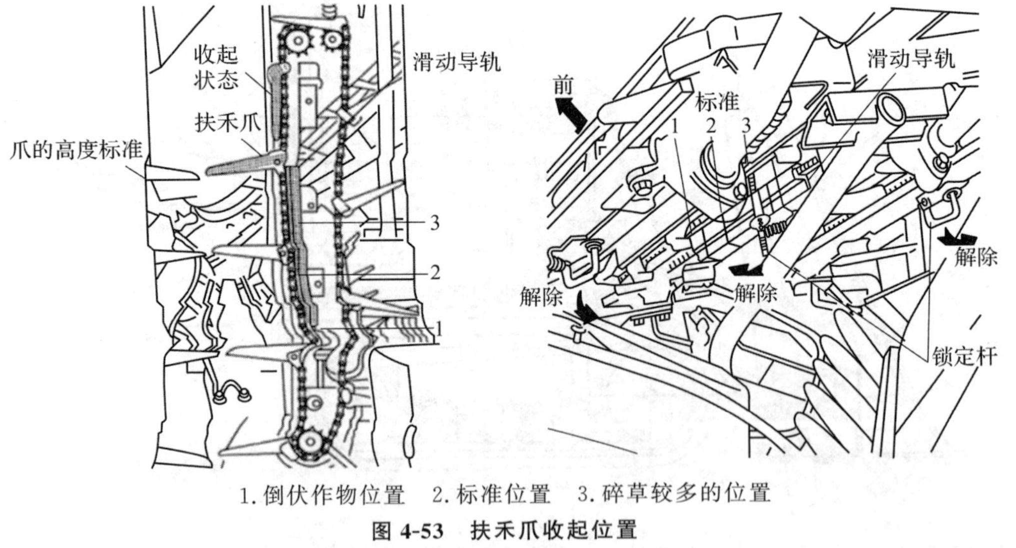

1. 倒伏作物位置 2. 标准位置 3. 碎草较多的位置

图 4-53 扶禾爪收起位置

3. 右穗端链条传送爪导轨的调整

右爪导轨的位置应根据被脱作物的状态而定。作物茎秆比较凌乱时，导轨置于标准位置，如图 4-54 所示，而被脱作物易脱粒而又在右穗端链条处出现损失时，应将导轨调向图中②的位置。其调整方法是：松开固定右爪导轨螺母Ⓐ、Ⓑ，通过Ⓑ处的长槽孔将右爪导轨向图中②的方向移动至合适位置为止，然后拧紧螺母Ⓐ、Ⓑ固定即可。

4. 扶禾调速手柄的调节

扶禾调速手柄通常在“标准”位置进行作业，只有在收割倒伏45°以上的作物时或茎秆纠缠在一起时，才先将收割机副变速杆置于“低速”，再将扶禾调速手柄置于“高速”或“标准”位置。收割小麦时，不用“高速”位置。

(二)脱粒装置的主要调整内容

1. 脱粒室导板调节杆的调整

脱粒室导板调节杆有“开”“闭”和“标准”三个位置，见图4-55。新机出厂时，调节杆处于“标准”位置。作业中出现异常响声(咕咚、咕咚声)，即超负荷时，或收割倒伏、潮湿作物时，以及稻麸或损伤颗粒较多时，应向“开”的方向调节；当作物中出现筛选不良(带芒、枝梗颗粒较多、碎粒较多、夹带损失较多)、谷粒飞散较多时，应向“闭”的方向调节。

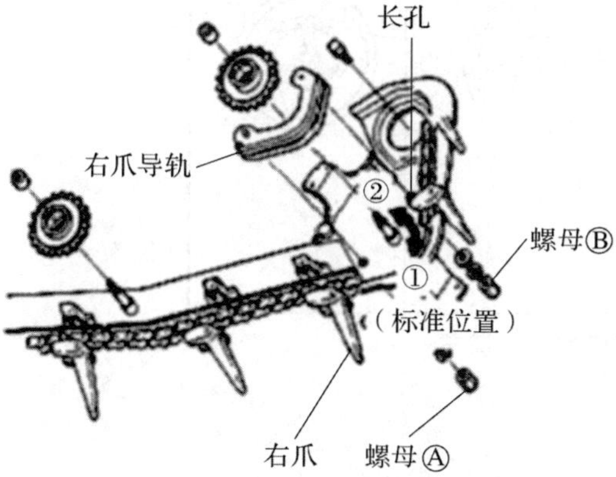

图4-54 右传动爪导轨的调整

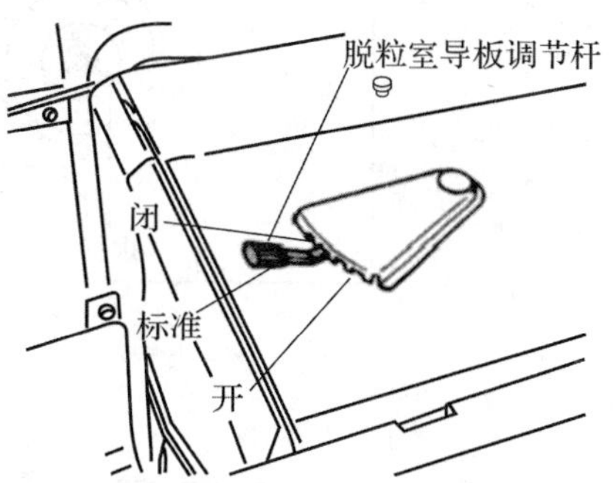

图4-55 脱粒室导板调节

2. 清粮风扇风量的调整

合理调整风扇风量能提高粮食的清洁率和减少粮食损失率。风量大小的调整是通过改变风扇皮带轮直径大小进行的。风扇皮带轮由两组皮带盘和两个垫片组成(图4-56)。

当两个垫片都装在皮带轮外侧时，皮带轮转动外径最大，此时风量最小；当两个垫片都装在皮带轮的两组皮带盘中间时，风扇皮带轮转动外径最小，这时风量最大；当两个垫片在皮带轮外侧装一个，在两组皮带盘中间装另一个时，则为新机出厂时的装配状态，即标准状态(通常作业状态)。

在作业过程中，如出现谷粒中草屑、杂物、碎粒过多时，风量应调至强位；如出现筛面跑粮较多，风量应调至弱位。

3. 清粮筛(振动筛)的调节

清粮筛为百叶窗式，合理调整筛子叶片开度，可以取得理想的清粮效果。

作业中，当喂入量大(高速作业)、作物潮湿、筛面跑粮多、稻麸或损伤谷粒多时，筛子叶片开度应向大的方向调节，直至符合要求为止。当出现筛选不良时(带芒、枝梗颗粒较多、断穗较多、碎草较多)，筛子叶片开度应向小的方向调节，直至满意为止。筛子叶片开度的调整方法见图4-57和图4-58，拧松调整片螺栓(两颗)调整片向左移，筛片开度(间隙)变小(闭合方向)；向右移动，筛子叶片开度变大(即打开方向)。

鼓风机风力	弱	标准（出厂时）	强
调整片	外侧2枚	外侧1枚，内侧1枚	内侧2枚
调整片和皮带的位置	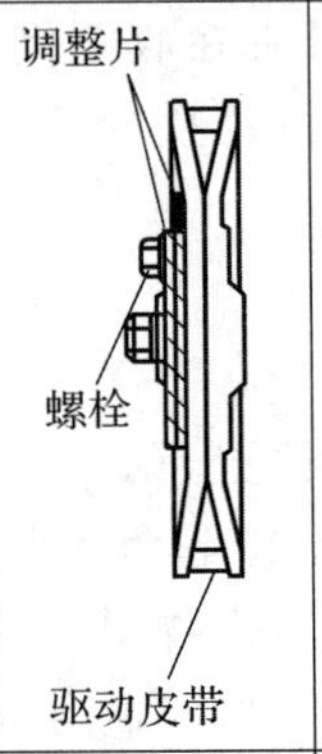	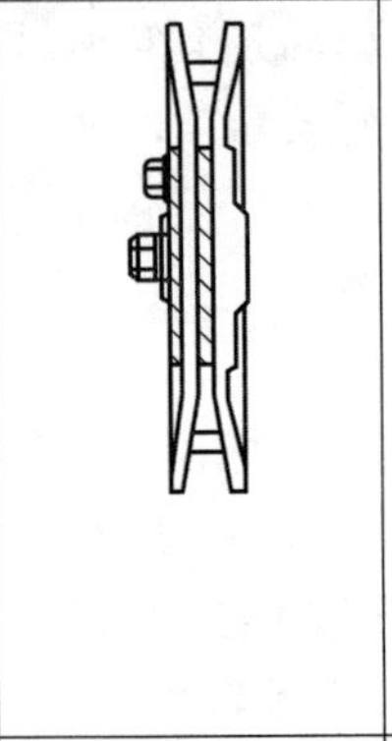	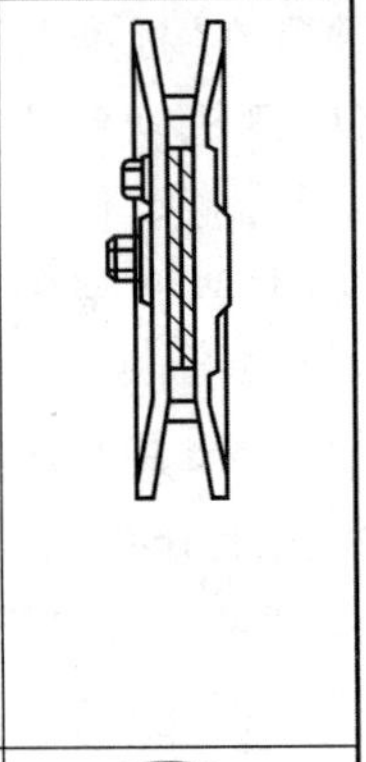
	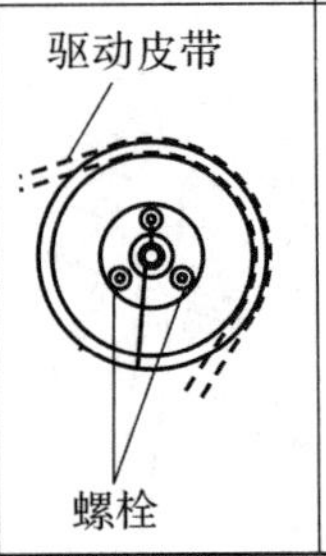		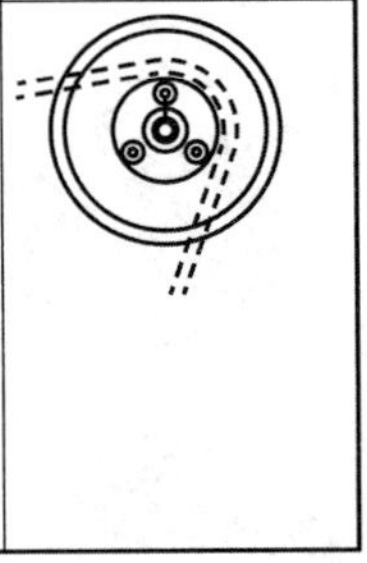

图 4-56　风扇风量调节

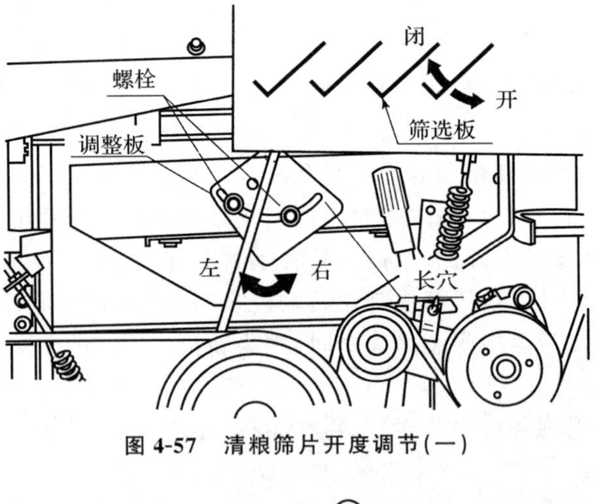

图 4-57　清粮筛片开度调节(一)

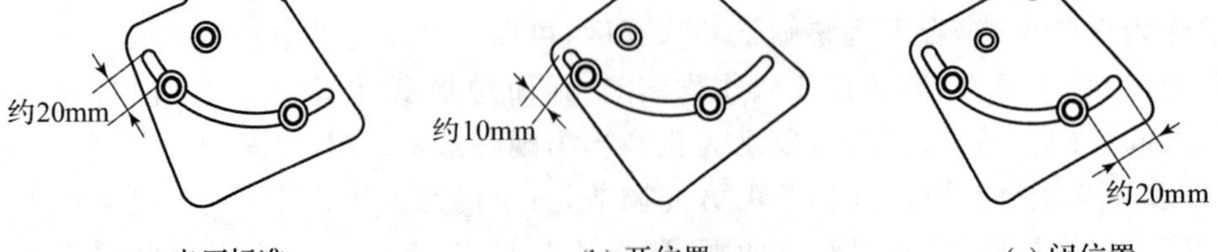

(a) 出厂标准　　(b) 开位置　　(c) 闭位置

图 4-58　清粮筛片开度调节(二)

4. 筛选箱增强板的调整

增强板在新机出厂时，装在标准位置(通常收割作业位置)。作业中出现筛面“跑量”较多时，增强板向前方调，直至上述现象消失为止。

5. 弓形板的更换

根据作业需要，在弓形板的位置上可换装导板。新机出厂时，安装的是弓形板(两块)，导板(两块)为随车附件。作业中，当稻秆损伤较严重时，可换装导板，通常作业装弓形板。

6. 筛选板的调整

筛选板新机出厂时，装配在标准位置(中间位置)，见图4-59。作业中，排尘损失较多时，应向上调；收割潮湿作物和杂草多的田块，适当向下调，直至满意为止。

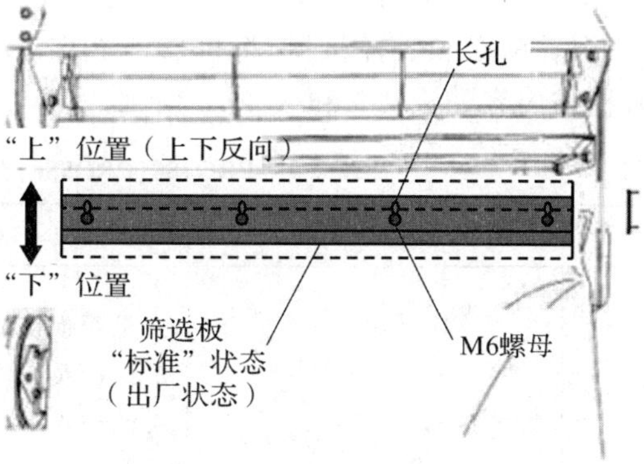

图4-59 筛选板的位置调节

三、水稻联合收割机的维护保养

(一)作业前后要全面保养检修

水稻收获季节时间紧迫，收获机械在收获季节之前一定要经过全面拆卸检查，这样才能保证作业期间保持良好的技术状态，不误农时。

1. 行走机构

按规定，支重轮轴承每工作500 h要加注机油，1 000 h后要更换。但在实际使用中有些收割机工作几百小时就出现轴承损坏的情况，如果没及时发现，很快会伤及支架上的轴套，修理比较麻烦。因此，在拆卸后要认真检查支重轮、张紧轮、驱动轮及各轴承组，如有松动异常，不管是否达到使用期限都要及时更换。橡胶履带使用更换期限按规定是800 h，但由于履带价格较高，一般都是坏了才更换，平时使用中应多注意防护。

2. 割脱部分

谷粒竖直输送螺旋杆使用期限为400 h，再筛选输送螺旋杆为1 000 h，在拆卸检查时，如发现磨损太大则要更换，有条件的可堆焊修复后再用。收割时如有割茬撕裂、漏割现象，除检查调整割刀间隙、更换磨损刀片外，还要注意检查割刀曲柄和曲柄滚轮，磨损太大时会因割刀行程改变而受冲击，影响切割质量，应及时更换。割脱机构有部分轴承组比较难拆装，所以在停收保养期间应注意检查，有异常的应予以更换，以免在作业期间损坏而耽误农时。

(二)每班保养

每班保养是保持机器良好技术状态的基础，保养中除清洁、润滑、添加和紧固外，及时地检查能发现小问题并予以纠正，可以有效地预防或减少故障的发生。

(1)检查柴油、机油和水，不足时应及时添加符合要求的油、水。

(2)检查电路，感应器部件如被秸秆、杂草缠堵应予以清除。

(3)检查行走机构，清理泥、草和秸秆，橡胶履带如有松弛应予以调整。

(4)检查收割、输送、脱粒等系统的部件，检查割刀间隙、链条和传动带的张紧度、弹簧弹力等是否正常。在集中加油壶中加满机油，对不能由自动加油装置润滑的润滑点，一定要人工加油润滑。

（5）清洁机器，检查机油冷却器、散热器、空气滤清器、防尘网以及传动带罩壳等处的部件，如有杂草堵塞应予以清除。

保养前必须关停机器，将机器停放在平地上，以 PRO488（PRO588）久保田联合收割机为例，检查内容如表 4-9 和表 4-10 所列。

表 4-9　PRO488（PRO588）久保田联合收割机的日常维护保养

名称	检查项目		检查内容	采取措施
检查机体的周围	机体各部		1. 是否损伤或变形； 2. 螺栓及螺母是否松动或脱落； 3. 油或水是否泄漏； 4. 是否积有草屑； 5. 安全标签是否损伤或脱落	1. 修理或更换； 2. 拧紧或补充； 3. 固定紧软管或阀门的安装部位，或更换零部件； 4. 清扫； 5. 重贴新的标签
	蓄电池、消音器、发动机、燃油箱各配线部的周围		是否有垃圾，或者有机油附着以及泥的堆积	清理
	燃料		是否备足足够作业的燃料	补充优质柴油（0 号）
	割刀、各链条			加油
	割刀、切草器刀		刀口是否损伤	更换
	履带		是否松动或损伤	调整或更换
	进气过滤器		是否堆积了灰尘	清扫
	防尘网		是否堵塞	清扫
	收割台升降油箱		油量是否在规定值（机油测量计的上限值和下限值之间）	补充到规定量（久保田纯机油 UDT）
	脱粒网		是否有极端的磨损或破损	改装或更换
发动机室	风扇驱动皮带		是否松动，是否损伤	调整，更换
	发动机机油		油量是否在规定值间（机油测量计的上限值和下限值之间）	补充到规定量（久保田纯机油 D30 或 D10W30）
	散热器	冷却水	预备水箱水量是否在规定值（水箱的 FULL 线和 LOW 线间）	补充清水（蒸馏水）到规定值
		散热片	是否堵塞	清扫
	蓄电池		发动机是否启动	充电或更换
主开关	仪表板	机油指示灯	操作各开关，指示灯是否点亮	检查灯丝、熔断器是否熔断，再进行更换或连接，蓄电池充电或更换
		充电指示灯		

续表 4-9

名称	检查项目		检查内容	采取措施
启动发动机	仪表板	燃料指示灯	指示灯是否熄灭	补充优质柴油(0号)
		机油指示灯		补充机油到规定值
		充电指示灯		调整或更换
		转速灯	转速灯是否正常	调整或更换
	脱粒深浅控制装置		脱粒深浅链条的动作是否正常	检查熔断丝是否熔断,接线是否断开,更换或连接
	各操作杆		各操作杆的动作是否正常	调整
	停车刹车踏板		游隙量是否适当	调整
	发动机消音器		是否有杂音,排气颜色是否正常	调整或更换
	割刀、各链条		加油后是否有异常	调整或更换
	停止拉杆		发动机是否停止	调整

表 4-10 检查与加油(水)一览表

燃料种类	检查项目	措施	检查、更换期(时间表显示的时间)		容量规定量/L	种类
			检查	更换		
燃油	燃料箱	加油	作业前后		50	优质柴油
机油	发动机	补充 更换	作业后	每 100 h	7:机油标尺的上限和下限之间	久保田纯机油
	传动箱	补充 更换		初次 50 h,第 2 次后 300 h/次	6.5:油从检油口稍有溢出	久保田纯机油 UDT
	油压油箱	补充		初次 50 h,第 2 次后 400 h/次	19.3:油从检油口稍有溢出	
	收割升降机油箱	补充 更换	作业前后	初次 50 h,第 2 次后 400 h/次	1.6:机油标尺的上限和下限之间	
	脱粒齿轮油箱	补充 更换		初次 50 h,第 2 次后分解	19.3:油从检油口稍有溢出	
	割刀驱动箱	补充	分解时		0.6～0.7	久保田纯正机油 M80B、M90 或 UDT
水液	脱粒链条驱动箱			—		
	割刀、扶持链、穗端、茎端、脱粒、深浅、供给、排草茎端、穗端链条及张紧支承部	加油	作业前后		0.3	久保田纯正机油 D30、D10W30 或 M90
	冷却水(备用水箱)			冬季停止使用时,排除或加入 50%的防冻液	水箱侧面 L(下限)和 F(上限)之间	清水或久保田防冻液
	蓄电池液		收割季节		蓄电池侧面下限和上限之间	蒸馏水

续表 4-10

<table>
<tr><th rowspan="2">燃料种类</th><th rowspan="2" colspan="2">检查项目</th><th rowspan="2">措施</th><th colspan="2">检查、更换期(时间表显示的时间)</th><th rowspan="2">容量规定量/L</th><th rowspan="2">种类</th></tr>
<tr><th>检查</th><th>更换</th></tr>
<tr><td rowspan="6">黄油</td><td>行走部</td><td>载重滚轮轴承</td><td>补充</td><td></td><td>500 h 加油</td><td rowspan="3">2 适量</td><td rowspan="6">久保田黄油</td></tr>
<tr><td rowspan="4">收割部</td><td>收割台支承座</td><td rowspan="5"></td><td rowspan="2"></td><td rowspan="2">200 h 加油</td></tr>
<tr><td>脱粒深浅链条驱动箱</td></tr>
<tr><td>收割齿轮箱</td><td rowspan="3">收割季节前后</td><td rowspan="3"></td><td rowspan="3">规定量</td></tr>
<tr><td>各齿轮箱</td></tr>
<tr><td>脱粒部</td><td>各齿轮箱</td></tr>
</table>

应注意各部分机油、黄油的补充和更换。

(1)检查时,将机器停在平坦的地方。如果地面倾斜,测量值就不能正确显示。

(2)发动机机油的检查必须在发动机停止 5 min 后再进行。

(3)使用的机油、黄油必须是指定品牌、型号的纯机油、黄油。

(三)定期维护

半喂入式联合收割机按工作时长确定技术维护和易损件的更换,目前联合收割机普遍装有计时器。

(四)使用注意事项

(1)半喂入式联合收割机装有先进的自动控制装置,当机器在作业过程中发生温度过高、谷仓装满、输送堵塞、排草不畅、润滑异常以及控制失灵等现象时,都会通过报警器报警和指示灯闪烁向机手提出警示,这时机手一定要对有关部位进行检查,找出原因,排除故障后再继续作业。

(2)在泥脚太深(超过 15 cm)的水田里作业容易陷车,不要进田收割,可人工收割后机脱。

(3)切割倒伏贴地的稻禾,对扶禾机构、切割机构损害很大,不宜作业。

(4)橡胶履带在日常使用中要多注意防护,如跨越高于 10 cm 的田埂时应在田埂两边铺放稻草或搭桥板,在沙石路上行走时应尽量避免急转弯等。

(5)不要用副调速手柄的高速挡进行收割,否则很可能导致联合收割机发生故障。

四、水稻联合收割机的常见故障及其排除方法

水稻联合收割机的常见故障及其排除方法如表 4-11 所列。

表 4-11　水稻联合收割机的常见故障及其排除方法

故障现象	产生原因	排除方法
割茬不齐	1.作物的条件不适合; 2.田块的条件不适合; 3.机手的操作不合理; 4.割刀损伤或调整不当; 5.收割部机架有撞击变形	1.注意适用对象; 2.检查田块的条件; 3.正确操作; 4.更换割刀或正确调整; 5.修复收割部机架或更换

续表 4-11

故障现象	产生原因	排除方法
不能收割而把作物压倒	1.作物不合适； 2.收割速度过快； 3.割刀不良； 4.扶起装置调整不良； 5.收割皮带张力不足； 6.单向离合器状态不良； 7.输送链条松动、损坏； 8.割刀驱动装置不良	1.注意适用对象； 2.降低收割速度； 3.调整或更换割刀； 4.调整分禾板高度； 5.皮带调整或更换； 6.更换； 7.调整或更换输送链条； 8.更换割刀驱动装置
不能输送作物，输送状态混乱	1.作物不适合； 2.机手操作不当； 3.脱粒深浅位置不当； 4.喂入装置不良； 5.扶禾装置不良； 6.输送装置不良	1.注意适用对象； 2.副变速挡位置于“标准”； 3.脱粒深浅位置用手动控制对准“V”处； 4.爪形皮带、喂入轮、轴调整或更换； 5.正确选用扶禾调速手柄挡位、调整或更换扶禾爪、扶禾链、扶禾驱动箱； 6.调整或更换链条、输送箱的轴、齿轮
收割部不运转	1.输送装置不良； 2.收割皮带过松； 3.单向离合器损坏； 4.动力输入平键、轴承、轴损坏	1.调整或更换各链条、输送箱的轴、齿轮； 2.调整或更换收割皮带； 3.更换单向离合器； 4.调整或更换爪形皮带、喂入轮、轴
筛选不良，稻麦有断草/异物混入	1.发动机转速过低； 2.摇动筛开量过大； 3.鼓风机风量太弱； 4.增强板调节过开	1.增大发动机转速； 2.减小摇动筛开量； 3.增大鼓风机风量； 4.增强板调节小
稻麦谷粒破损较多	1.摇动筛开量过小； 2.鼓风机风量太强； 3.搅龙堵塞； 4.搅龙叶片磨损	1.增大摇动筛开量； 2.减小鼓风机风量； 3.清理； 4.更换或修复
稻谷中有小桔梗，麦粒不能去掉麦芒、麦麸	1.发动机转速过低； 2.摇动筛开量过大； 3.脱粒室排尘过大； 4.脱粒齿磨损	1.增大发动机转速； 2.减小摇动筛开量； 3.清理排尘； 4.更换

续表 4-11

故障现象	产生原因	排除方法
抛洒损失大	1.作物条件不适合； 2.机手操作不合理； 3.摇动筛开量过小； 4.鼓风机风量太强； 5.摇动筛后部筛选板过低； 6.摇动筛橡胶皮安装不对； 7.摇动筛增强板位置过闭； 8.摇动筛 1 号、2 号搅龙间的调节板位置不正确	1.注意适用对象； 2.正确操作； 3.增大摇动筛开量； 4.减小鼓风机风量； 5.增高摇动筛后部筛选板； 6.重新安装； 7.调整摇动筛增强板位置； 8.调整摇动筛 1 号、2 号搅龙间的调节板位置
破碎率高	1.作物过于成熟； 2.助手未及时放粮； 3.发动机转速过高； 4.脱粒滚筒皮带过紧； 5.脱粒排尘调节过闭； 6.搅龙堵塞； 7.搅龙磨损	1.赶早收获作物； 2.及时放粮； 3.减小发动机转速； 4.调整脱粒滚筒皮带； 5.调整脱粒排尘装置； 6.清理； 7.更换或修复
2 号搅龙堵塞	1.作物过分潮湿； 2.机手操作不合理； 3.摇动筛开量过大； 4.鼓风机风量过弱； 5.脱粒部各驱动皮带过松； 6.搅龙被异物堵塞； 7.搅龙磨损	1.晾晒； 2.正确操作； 3.调整摇动筛开量； 4.增大鼓风机风量； 5.调紧脱粒部各驱动皮带； 6.清理搅龙； 7.更换或修复
脱粒不净	1.作物条件不符； 2.机手操作不合理； 3.脱粒深浅调节不当； 4.发动机转速过低； 5.分禾器变形； 6.脱粒、滚筒皮带过松； 7.排尘手柄过开： 8.脱粒齿、脱粒滤网、切草齿磨损	1.注意适用对象； 2.正确操作； 3.正确调整； 4.增大发动机转速； 5.修复或更换； 6.调紧脱粒、滚筒皮带； 7.正确调整排尘手柄； 8.更换或修复
脱粒滚筒经常堵塞	1.作物条件不符； 2.脱粒部各驱动皮带过松； 3.导轨台与链条间隙过大； 4.排尘手柄过闭； 5.脱粒齿与滤网磨损严重； 6.切草齿磨损； 7.脱粒链条过松	1.注意适用对象； 2.调紧脱粒部各驱动皮带； 3.减小导轨台与链条间隙； 4.正确调节排尘手柄； 5.更换； 6.更换或修复切草齿； 7.调紧脱粒链条

续表 4-11

故障现象	产生原因	排除方法
排草链堵塞	1. 排草茎端链过松或磨损； 2. 排草穗端链不转或磨损； 3. 排草皮带过松； 4. 排草导轨与链条间隙过大； 5. 排草链构架变形	1. 调紧排草茎端链或更换； 2. 正确安装或更换； 3. 调紧排草皮带； 4. 减小排草导轨与链条间隙； 5. 修复或更换排草链构架

任务4　玉米果穗联合收割机的使用与维护

知识目标

- 了解玉米果穗联合收割机的结构及工作原理。
- 学会正确使用玉米果穗联合收割机。

能力目标

- 能正确调试玉米果穗联合收割机并能进行技术状态检查。
- 能及时排除玉米果穗联合收割机工作中出现的故障。

素质目标

- 培养团队协作意识、责任意识和爱岗敬业精神。
- 培养学生自主学习、归纳总结和语言表达能力。
- 培养学生对"三农"发展的信心。

一、玉米果穗联合收割机的结构及工作原理

约翰迪尔 Y210 型玉米果穗联合收割机专用于玉米果穗收获，适应国内玉米收获水分过高、不易直接脱粒的特点。其具有结构紧凑、性能完善、作业效率高、作业质量好等优点。

约翰迪尔 Y210 型玉米果穗联合收割机主要由收割台(摘穗)、过桥、升运器、剥皮机(果穗剥皮)、籽粒回收箱、粮箱、卸粮装置、传动装置、切碎器(秸秆还田)、发动机部分、行走系统、液压系统、电气系统、操作系统等组成，如图 4-60 所示。

图 4-60　约翰迪尔 Y210 型玉米果穗联合收割机总体结构

当玉米果穗联合收割机进入田间收获时，分禾器从根部将禾秆扶正并导向带有拨齿的拨禾链，拨禾链扶持茎秆并将其引向摘穗板和拉茎辊的间隙中，每行有一对拉茎辊将禾秆强制向下方拉引。在拉茎辊上方设有两块摘穗板。两板之间的间隙（可调）较果穗直径小，便于将果穗摘落。已摘下果穗被拨禾链带到横向搅龙中，横向搅龙再把它们输送到倾斜输送器，然后通过升运器均匀地送进剥皮装置，玉米果穗在星轮的压送下被相互旋转的剥皮辊剥下苞叶，剥去苞叶的果穗经抛送轮拨入果穗箱；苞叶经下方的输送螺旋推向一侧，经排茎辊排出机体外。剥皮过程中部分脱落的籽粒回收在籽粒回收箱中，当果穗集满后，由驾驶员控制粮箱翻转完成卸粮；被拉茎秆连同剥下的苞叶被切碎器切碎还田。

二、玉米果穗联合收割机的使用调整

（一）收割台

收割台主要由分禾器、摘穗板、拉茎辊、拨禾链、齿轮箱、中央搅龙、橡胶挡板组成。

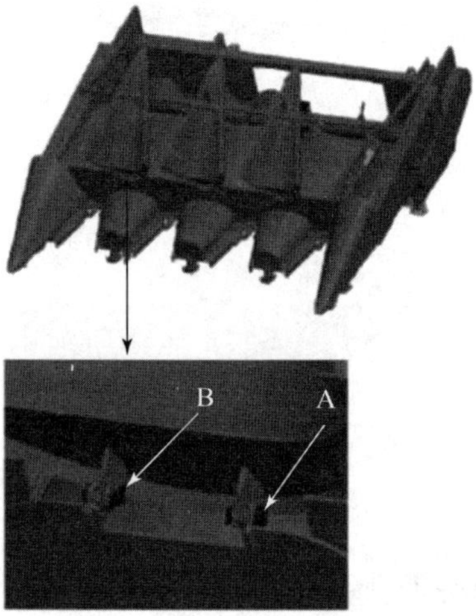

图 4-61　分禾器的拆装

1. 分禾器的调节

作业状态时，分禾器应平行地面，离地面 10～30 cm；收割倒伏作物时，分禾器要贴附地面仿形；收割地面土壤松软或为雪地时，分禾器要尽量抬高防止石头或杂物进入机体内。

收割机在公路行走时，需将分禾器向后折叠固定，或拆卸固定，可防止分禾器意外损坏。分禾器通过开口销（B）与护罩连接，将开口销（B）、销轴（A）拆除，即可拆下分禾器（图 4-61）。

2. 挡板的调节

橡胶挡板的作用是防止玉米穗从拨禾链内向外滑落，造成损失。当收割倒伏玉米或在此处出现拥堵时，要卸下挡板，以免推出玉米。卸下挡板后，与固定螺栓一起存放在可靠的地方保留。

3. 喂入链、摘穗板的调节

喂入链的张紧度是由弹簧自动张紧的。弹簧调节长度为 11.8～12.2 cm。摘穗板的作用是把玉米穗从茎秆上摘下。安装间隙：前端为 3 cm，后端为 3.5～4 cm。摘穗板开口尽量加宽，以减少杂草和断茎秆进入机器（图 4-62）。

4. 拉茎辊间隙调整

拉茎辊用来拉引玉米茎秆。拉茎辊位于摘穗架的下方，平行对中，中间距离为 8.5～9 cm，可通过调节手柄调节拉茎辊之间的间隙（图 4-63）。

为保持对称，必须同时调整一组拉茎辊，调整后拧紧锁紧螺母。若拉茎辊间隙过小，摘穗时容易掐断茎秆；拉茎辊间隙过大，易造成拨禾链堵塞。

5. 中央搅龙的调整

为了顺利、完整地输送作物，搅龙叶片应尽可能地接近搅龙底壳，此间隙应小于 10 mm，过大易造成果穗被啃断、掉粒等损失；过小则会刮碰底板。

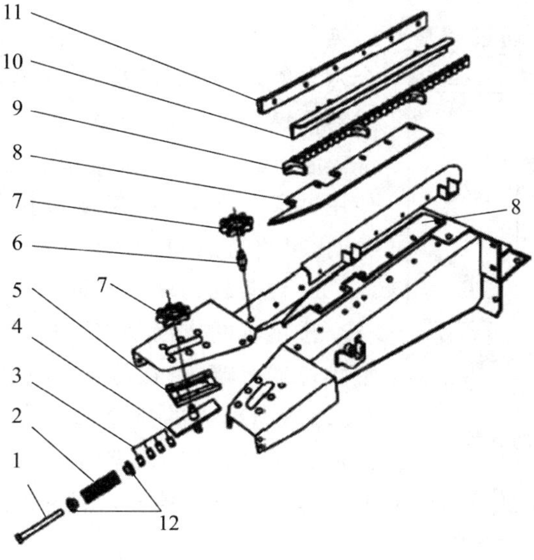

1.调节螺杆　2.张紧弹簧　3.螺母　4.链轮板　5.张紧轮滑道　6.齿轮轴
7.链轮　8.摘穗板　9.输送链条　10.右挡链板　11.托链板　12.弹簧座

图 4-62　喂入链、摘穗板的调节

(二)倾斜输送器

倾斜输送器又称过桥,起到连接割台和升运器的作用。倾斜输送器围绕上部传动轴旋转来提升割台,确保机器在公路运输和田间作业时割台离地面能够调整到合适的间隙。

作物从过桥刮板上方向后输送。观察盖用于检查链耙的松紧。在中部提起刮板,刮板与下部隔板的间隙应为(60±15)mm。两侧链条松紧一致。出厂时两侧的螺杆长度为(52±5)mm,作业一段时间后,链条可能伸长,需要及时调整。倾斜输送器链条张紧度的调整方法是:用扳手将紧固于固定板两侧的螺母旋入或旋出以改变 X 的数值(图 4-64)。

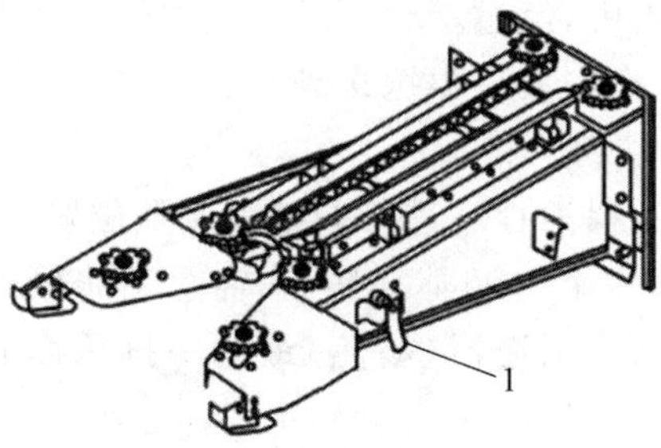

1.拉茎辊间隙调整手柄

图 4-63　拉茎辊间隙的调整

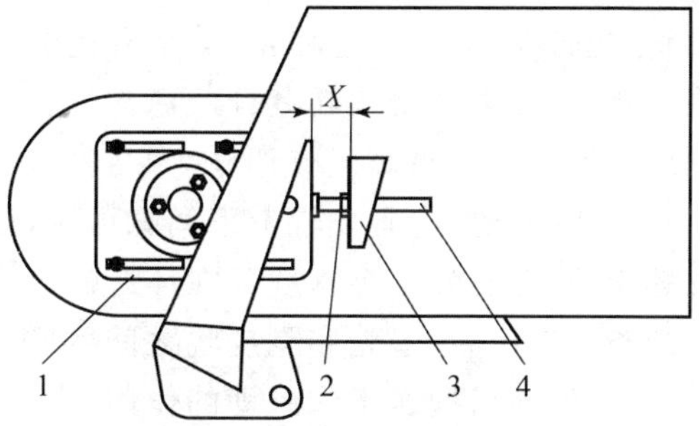

1.调节板　2.螺母　3.固定板　4.螺杆

图 4-64　输送链耙的调整

(三)升运器

升运器的作用是从倾斜输送器得到作物,然后将玉米输送到剥皮机。升运器中部和上部有活门,用于观察和清理。

1. 升运器链条的调整

升运器链条的松紧是通过调整升运器主动轴两端的调节板的调整螺栓而实现的，拧松 4 个六角螺母，拧动张紧螺母，改变调节板的位置，使得升运器两链条张紧度应该一致，正常张紧度应该用手在中部提起链条时，链条离底板高度为 30～60 mm(图 4-65)。使用一段时间后，由于链条拉长，通过螺杆已经无法调整时，可将链条卸下几节。

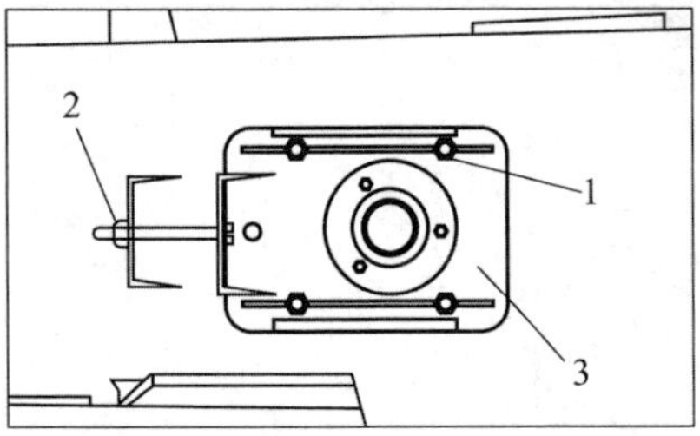

1. 六角螺母　2. 张紧螺母
3. 调节板

图 4-65　升运器链条的调整

2. 排茎辊上轴角度的调整

排茎辊的作用是将大的茎秆夹持到机外，排茎辊的上轴位置可调，可在侧壁上的弧形孔做 5°～10°的旋转调整，以达到理想的排茎效果。出厂前，排茎辊轴承座在弧形孔中间位置，调整时，松开 4 个螺母，保持排茎辊下轴不动，缓慢转动轴承座的位置，使上下轴达到合适的角度，然后拧紧所有螺栓。

3. 风扇转速调整

该风扇产生的风吹到升运器的上端，将杂余吹出到机体外。该风扇是平板式的，如果采用流线型的风扇将会造成玉米叶子被抽到风扇中。

风扇转速调整是拆下升运器右侧护罩，松开链条，拆下二次排茎辊主动链轮，更换成需要的链轮，然后连接链条，装好护罩。

风扇的转速有三种：1 211 r/min、1 292 r/min 和 1 384 r/min，其调节是通过更换排茎辊的输入链轮来完成的。当使用 16 齿链轮时其转速为 1 211 r/min；当使用 15 齿链轮时，其转速为 1 292 r/min(出厂状态)；当使用 14 齿链轮时，其转速为 1 384 r/min。

(四)剥皮输送机

剥皮输送机简称剥皮机，是将玉米果穗的苞叶剥除，同时将果穗输送到果穗箱的装置。

剥皮机由星轮和剥皮辊组成，共 5 组星轮和 5 组剥皮辊，每组有 4 根剥皮辊，铁辊是固定辊，橡胶辊是摆动辊。

剥皮输送机的工作过程：果穗从升运器落入剥皮机中，经过星轮压送和剥皮辊的相对转动剥除苞叶，并除去残余的断茎秆及穗头，然后经抛送辊将去皮果穗抛送到粮箱。

1. 星轮和剥皮辊的间隙调整

压送器(星轮)与剥皮辊上下间隙可调，根据果穗的粗细程度进行调整。调整位置：前部在环首螺栓处(左右各一个)，后部在环首螺栓处(左右各一个)，调整完毕后，需重新张紧星轮的传动链条。出厂时，星轮和剥皮辊之间的间隙为 3 mm。压送器(星轮)最后一排后面有一个抛送辊，起到向后抛送玉米果穗的作用。

2. 剥皮辊的间隙调整

通过调整外侧一组螺栓，改变弹簧压缩量 X，实现剥皮辊之间距离的调整。出厂时 X 为 61 mm(图 4-66)。

3. 动力输入链轮、链条的调节

调节张紧轮的位置，改变链条传动的张紧程度。对调组合链轮可获得不同的剥皮辊转速(图 4-67)。将双排链轮反过来，会产生两种剥皮机速度，出厂时转速为 420 r/min，链轮反转安装时，转速为 470 r/min。齿轮箱的输入端配有安全离合器。

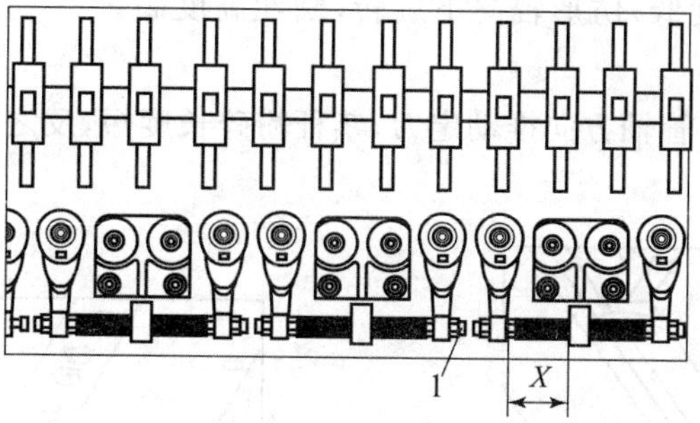

1. 调整螺栓；X. 弹簧压缩量

图 4-66　剥皮辊间隙的调整

(五)籽粒回收装置

籽粒回收装置由籽粒筛和籽粒箱组成，位于剥皮机正下方，用于回收输送剥皮过程中脱落的籽粒，籽粒经筛孔落入下部的籽粒箱，玉米苞叶和杂物经筛子前部排出。

籽粒筛角度调节：籽粒筛角度可通过调整座进行调整，籽粒筛面略向下倾斜，是出厂状态，拆掉调整座使籽粒筛向上倾斜，可降低籽粒损失(图 4-68)。

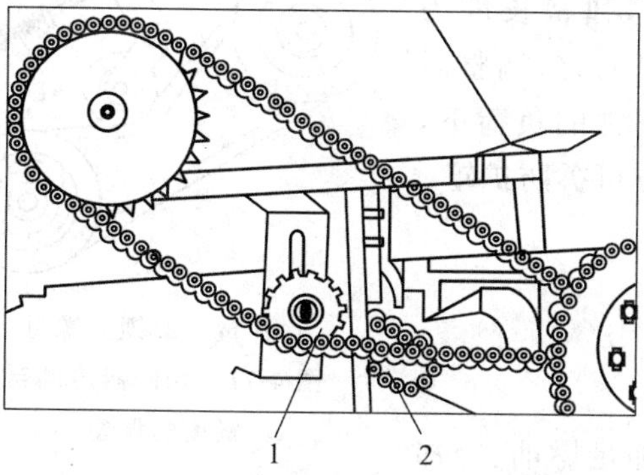

1. 张紧轮　2. 组合轮

图 4-67　动力输入链轮、链条的调节

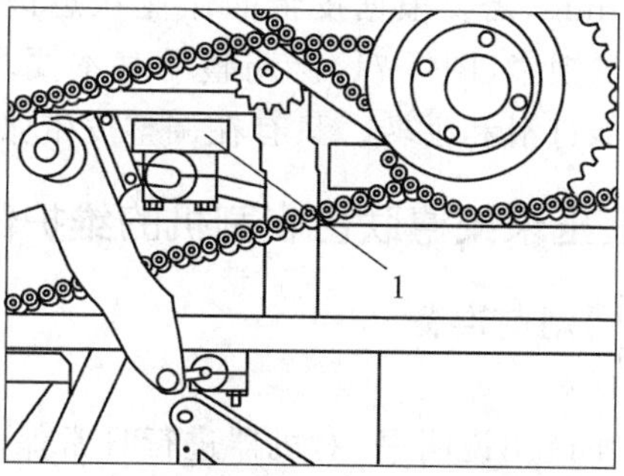

1. 调整座

图 4-68　籽粒筛角度调节

(六)茎秆切碎器

切碎器的主要作用是将摘脱果穗的茎秆及剥皮装置排出的茎叶粉碎均匀抛撒还田。茎秆切碎器的主轴旋转方向与机器前进方向相反，即逆向切割茎秆。刀轴的高速逆行驶方向旋转，可将田间摘脱果穗的茎秆挑起，同时将散落在田间的苞叶吸起，随着刀轴的转动，动、定刀将其打碎，碎茎秆沿壳体均匀抛至田间。

茎秆切碎器的组成：转子、仿形辊、支架、甩刀、传动(齿轮箱换向)装置。

1. 割茬高度的调整

仿形辊的作用主要是对割茬高度的控制，工作时，仿形辊接地，使切碎器由于仿形辊的作用而随着地面的变化而起伏，达到留茬高度一致的目的(图 4-69)。调整仿形辊的倾斜角度，以控制割茬高度，留茬太低，动刀打土现象严重，动刀(或锤爪)磨损，功率消耗增大；留茬太高，茎秆切碎质量差。

调整时松开螺栓 2，拆下螺栓 3，使仿形辊 1 围绕螺栓 2 转动到恰当位置，然后固定螺栓 3。

仿形辊向上旋转，割茬高度低；仿形辊向下旋转，割茬高度高。

2. 切碎器定刀的调整

调整定刀，松开螺栓向管轴方向推动定刀，茎秆粉碎长度短，反之茎秆粉碎长度长(图 4-70)。用户应根据需要进行调整。

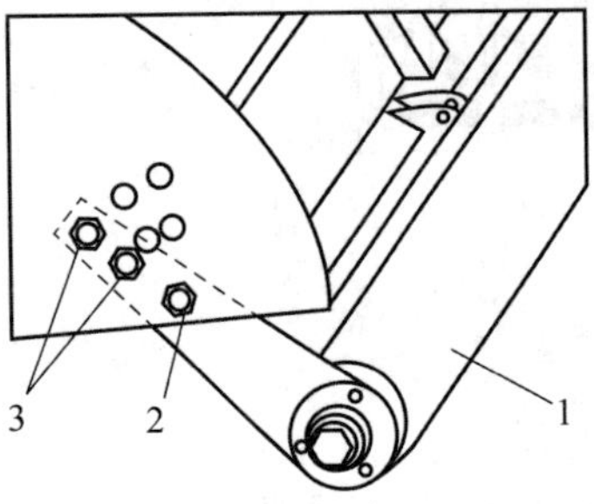

1. 仿形辊　2、3. 螺栓

图 4-69　割茬高度的调整

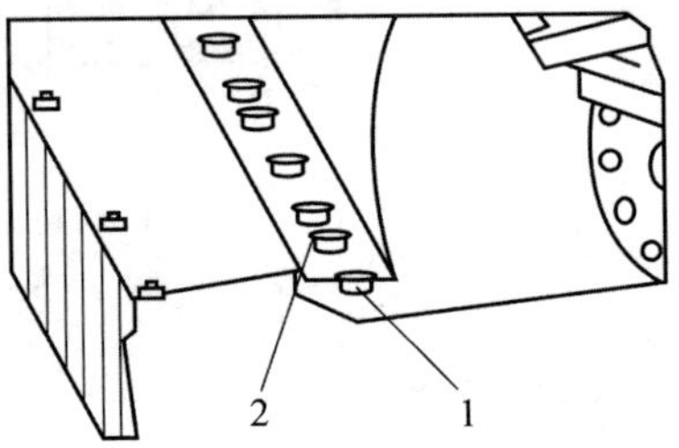

1. 定刀　2. 螺栓

图 4-70　切碎器定刀的调整

3. 切碎器传动带紧度的调整

切碎器传动皮带由弹簧自动张紧，出厂时，弹簧长度为(84±2)mm，需要根据皮带的作业状态进行适当调整，调整后需将螺母锁紧(图 4-71)。调整的基本要求：在正常的负荷下，皮带不能打滑和丢转。只有在调整皮带张紧时方可拆防护罩。

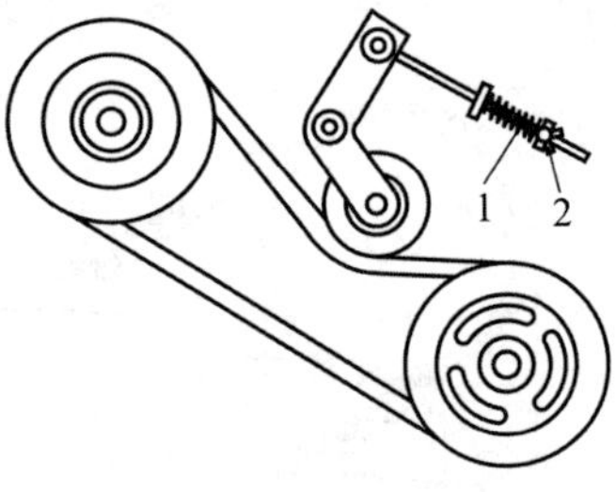

1. 弹簧　2. 锁紧螺母

图 4-71　切碎器传动带紧度的调整

三、玉米果穗联合收割机的维护保养

(一)割前准备

1. 保养

按照使用说明书，对机器进行日常保养，并加足燃油、冷却水和润滑油。以拖拉机为动力的应按规定保养拖拉机。

2. 清洗

收获工作环境恶劣、草屑和灰尘多，容易引起散热器、空气滤清器堵塞，造成发动机散热不好、水箱开锅，因此必须经常清洗散热器和空气滤清器。

3. 检查

检查收割机各部件是否松动、脱落、裂缝、变形，各部位间隙、距离、松紧是否符合要求；启动柴油机，检查升降提升系统是否正常，各操纵机构、指示标志、仪表、照明、转向系统是否正常，然后启动发动机，轻轻松开离合器，检查各运动部件、工作部件是否正常，有无异常响声等。

4. 田间检查

(1)收获前 10～15 d，应做好田间调查，了解作业田里玉米的倒伏程度、种植密度和行距、最低结穗高度、地块的大小和长短等情况，制订好作业计划。

(2)收获前 3～5 d，将农田中的渠沟、大垄沟填平，并在水井、电杆拉线等不明显障碍物上设置警示标志，以利于安全作业。

(3)正确调整秸秆粉碎还田机的作业高度，一般根茬高度为 8 cm 即可，调得太低刀具易打土，会导致刀具磨损过快，动力消耗大，机具使用寿命缩短。

(二)使用注意事项

1. 试运转前的检查

(1)检查各部位轴承及轴上高速转动件的安装情况是否正常。

(2)检查“V”形带和链条的张紧度。

(3)检查是否有工具或无关物品留在工作部件上,防护罩是否到位。

(4)检查燃油、机油、润滑油是否到位。

2. 空载试运转

(1)分离发动机离合器,变速杆放在空档位置。

(2)启动发动机,待所有工作部件和各种机构运转正常时,逐渐加大发动机转速,一直到额定转速为止,然后使收割机在额定转速下运转。

(3)运转时,进行下列各项检查:顺序开动液压系统的液压缸,检查液压系统的工作情况;检查液压油路和液压件的密封情况;检查收割机(行驶中)制动情况。每经 20 min 运转后,分离一次发动机离合器,检查轴承是否过热,以及皮带和链条的传动情况;检查各连接部位的紧固情况;用所有的挡位依次接合工作部件时,对收割机进行试运转,运行时注意各部分的情况。

注意:就地空转时间不少于 3 h,行驶空转时间不少于 1 h。

3. 作业试运转

在最初作业的 30 h 内,建议收割机的速度比正常速度低 20%～25%,正常作业速度可按说明书推荐的工作速度进行。试运转结束后,要彻底检查各部件的装配紧固程度、总成调整的正确性、电气设备的工作状态等。更换所有减速器、闭合齿轮箱的润滑油。

4. 作业时应注意的事项

(1)收割机在长距离运输过程中,应将割台和切碎机构放在后悬挂架上,中速行驶,除驾驶员外,收割机上不准坐人。

(2)玉米收割机作业前应平稳接合工作部件离合器,油门由小到大,到稳定额定转速时,方可开始收割作业。

(3)玉米收割机在田间作业时,要定期检查切割粉碎质量和留茬高度,根据情况随时调整割差高度。

(4)根据抛落到地上的籽粒数量来检查摘穗装置工作。籽粒的损失量不应超过玉米籽粒总量的 0.5%。当损失过大时应检查摘穗板之间的工作间隙是否正确。

(5)应适当中断玉米收割机工作 1～2 min。让工作部件空运转,以便从工作部件中排除所有玉米穗、籽粒等余留物,以免工作部件堵塞。当工作部件堵塞时,应及时停机清除堵塞物,否则将会导致玉米收割机负荷加大,使零部件损坏。

(6)当玉米收割机转弯或者沿玉米行作业遇到水洼时,应把割台升高到运输位置。在有水沟的田间作业时,玉米收割机只能沿着水沟方向作业。

(三)维护保养

1. 技术保养

(1)清理。经常清理收割台、输送器、还田机等部位的草屑、泥土及其他附着物。特别要做好拖拉机水箱散热器、除尘罩的清理,否则直接影响发动机正常工作。

(2)清洗。空气滤清器要经常清洗。

(3)检查。检查各焊接件是否开焊、变形,易损件如锤爪、皮带、链条、齿轮等是否磨损严重、损坏，各紧固件是否松动。

(4)调整。调整各部间隙，如摘穗辊间隙、切草刀间隙，使间隙保持正常；调整高低位置，如收割台高度等符合作业要求。

(5) 张紧。作业一段时间后，应检查各传动链、输送链、三角带、离合器弹簧等部件松紧度是否适当，按要求张紧。

(6)润滑。按说明书要求，根据作业时间，对传动齿轮箱加足齿轮油，轴承加足润滑脂，链条涂刷机油。

(7)观察。随时注意观察玉米收割机作业情况，如有异常，及时停车，排除故障后，方可继续作业。

2. 机具的维护保养

(1)日常的维护保养。

①每日工作前应清理玉米果穗联合收割机各部残存的尘土、茎叶及其他附着物。

②检查各组成部分连接情况，必要时加以紧固。特别要检查粉碎装置的刀片、输送器的刮板和板条的紧固，注意轮子对轮毂的固定。

③检查三角带、传动链条、喂入和输送链的张紧程度。必要时进行调整，损坏的应更换。

④检查变速箱、封闭式齿轮传动箱的润滑油是否有泄漏和不足。

⑤检查液压系统液压油是否有漏油和不足。

⑥及时清理发动机水箱、除尘罩和空气滤清器。

⑦发动机按其说明书进行技术保养。

(2)收割机的润滑。玉米果穗联合收割机的所有摩擦部分，都要及时、仔细和正确地进行润滑，从而提高玉米联合收割机的可靠性，减少摩擦力及功率的消耗。为了减少润滑保养时间，提高玉米联合收割机的时间利用率，在玉米果穗联合收割机上广泛采用了两面带密封圈的单列向心球轴承、外球面单列向心球轴承，在一定时期内不需要加油。但是有些轴承和工作部件(如传动箱体等)，应按说明书的要求定期加注润滑油或更换润滑油。玉米联合收割机各润滑部位的润滑方式、润滑剂及润滑周期如表 4-12 所列。

表 4-12 玉米果穗收割机润滑表

润滑部位	润滑周期	润滑油、润滑剂
前桥变速箱	1 年	齿轮油 HL-30
粉碎器齿轮箱	1 年	齿轮油 HL-30
拉茎辊	1 年	钙基润滑油、钙钠基润滑油(黄油)
分动箱	1 年	50%钙钠基润滑油(黄油)和 50%齿轮油 HL-30 混合
茎秆导槽传动装置	60 h	钙基润滑油、钙钠基润滑油(黄油)
搅动输送器	60 h	
升运器	60 h	
秸秆粉碎装置	60 h	
动力装置	60 h	

续表 4-12

润滑部位	润滑周期	润滑油、润滑剂
行走中间轴总成	60 h	
工作中间总成	60 h	
三角带张紧轮	60 h	

(3)三角带传动的维护和保养。在使用中必须经常保持皮带的正常紧度。皮带过松或过紧都会缩短使用寿命。皮带过松会打滑,使工作机构失去效能;皮带过紧会使轴承过度磨损,增加功率消耗,甚至将轴拉弯。

①防止皮带沾油。

②防止皮带机械损伤。挂上或卸下皮带时,必须将张紧轮松开,如果新皮带不好挂上,应卸下一个皮带轮,套上皮带后再把卸下的皮带轮装上。同一回路的皮带轮轮槽应在同一回转平面上。

③皮带轮轮缘有缺口或变形时,应及时修理或更换。

④同一回路用 2 条或 3 条皮带时,其长度应该一致。

(4)链条传动的维护和保养。

①同一回路中的链轮应在同一回转平面上。

②链条应保持适当的紧度,太紧易磨损,太松则链条跳动大。

③调节链条紧度时,把改锥插在链条的滚子之间向链条的运动方向扳动,如链条的紧度合适,应该能将链条转过 20°～30°。

(5)液压系统的维护和保养。

①检查液压油箱内的油面时,应将收割台放在最低位置,如液压油不足时,应予以补充。

②新收割机工作 30 h 后,应更换液压油箱里的液压油,以后每年更换 1 次。

③加油时应将油箱加油孔周围擦干净,拆下并清洗滤清器,将新油慢慢通过滤清器倒入。

④液压油倒入油箱前应沉淀,保证液压油干净,不允许油里含水、沙、铁屑、灰尘或其他杂质。

(6)入库保养。

①清除泥土杂草和污物,打开机器的所有观察孔、盖板、护罩,清理各处的草屑、秸秆、籽粒、尘土和污物,保证机器内外清洁。

②保管场地要符合要求,农闲期收割机应存放在平坦干燥、通风良好、不受雨淋日晒的库房内。放下收割台,收割台下垫上木板,不能悬空;前后轮支起并垫上枕木,使轮胎悬空,要确保支架平稳牢固,放出轮胎内部的气体。卸下所有的传动链,用柴油清洗后擦干,涂防锈油后装复原位。

③放松张紧轮,松弛传动带。检查传动带是否完好,能使用的,要擦干净,涂上滑石粉,系上标签,放在室内的架子上,用纸盖好,并保持通风、干燥及不受阳光直射。若挂在墙上,应尽量不让传动带打卷。

④更换和加注各部轴承、油箱、行走轮等部件润滑油;轴承运转不灵活的要拆下检查,必要时换新的。对涂层磨损的外露件,应先除锈,涂上防锈油漆。卸下蓄电池,按保管要求单独存放。

⑤每个月要转动一次发动机曲轴，还要将操纵阀、操纵杆在各个位置上扳动十几次，将活塞推到油缸底部，以免锈蚀。

(四)玉米果穗收割机的常见故障及其排除方法

玉米果穗收割机的常见故障及其排除方法如表4-13所列。

表4-13 玉米果穗收割机的常见故障及其排除方法

常见故障	故障原因	排除方法
漏摘果穗	1.玉米播种行距与玉米收割机结构行距不相适应； 2.分禾板和倒伏器变形或安装位置不当； 3.夹持链技术状态不良或张紧度不适宜； 4.摘穗辊轴螺旋纹和摘钩磨损； 5.摘穗辊安装或间隙调整不当； 6.摘穗辊转速与机组作业速度不相适应； 7.收割台高度调节不当； 8.机组作业路线未沿垄行正直运行； 9.玉米果穗结实位置过低或下垂	1.播种时行距应与玉米收割机行距一致； 2.校正或重新安装； 3.正确调整夹持链的张紧度； 4.正确安装摘穗辊以免破坏摘穗辊表面上条棱和螺旋的原装配关系； 5.正确安装，间隙调整正确； 6.合理掌握作业速度； 7.合理调整收割台高度； 8.正确操纵收割机行驶路线； 9.合理调整收割台工作高度，摘穗辊尽可能放低一些
果穗掉地	1.分禾器调整太高： 2.机器行走速度太快或太慢； 3.行距不对或牵引(行走)不对； 4.收割台的挡穗板调节不当或损坏； 5.植株倒伏严重，扶倒器拉扯扶起时，茎秆被拉断，果穗掉地； 6.收割滞后，玉米秸秆枯干； 7.输送器高度调整不当	1.合理调整分禾器高度； 2.合理控制机组作业速度； 3.正确调整牵引梁的位置； 4.合理调整挡穗板的高度； 5.正确操纵收割机行驶路线； 6.尽量做到适期收割： 7.正确调整输送器高度
摘穗辊脱粒咬穗	1.摘穗辊和摘穗板间隙太大； 2.玉米果穗倒挂较多，摘穗辊、板间隙太大； 3.玉米果穗湿度大： 4.玉米果穗大小不一或成熟度不同； 5.拉茎辊和摘穗辊的速度高	1.调小摘穗辊和摘穗板间隙； 2.调整摘穗辊、板间隙； 3.适当掌握收割期： 4.选择良种和合理施肥； 5.降低拉茎辊和摘穗辊的工作速度
剥皮不净	1.剥皮装置技术状态不良； 2.剥皮辊的安装和调整不当； 3.剥皮装置的转动部件转速过低； 4.压制器调整不当； 5.玉米果穗外皮过紧	1.认真检查确保剥皮装置技术状态良好； 2.正确安装和调整； 3.增大剥皮装置转速； 4.根据剥皮装置的工作情况，及时对压制器进行调整； 5.适当掌握收割期

续表 4-13

常见故障	故障原因	排除方法
茎秆切碎不良	1.茎秆切碎装置的机件技术状态不良； 2.茎秆切碎刀片旋转速度过低或工作位置不当； 3.机组未出作业区就将玉米摘穗机升高，使之处于非工作状态	1.认真检查，确保各机件有良好的技术状态； 2.增大刀片旋转速度，经常检查切碎装置传动皮带的张紧度； 3.作业前先打出割道，以便使机组出入作业区时，及时调整玉米摘穗机的高度
果穗混杂物过多	1.剥皮机上的风扇技术状态不良或转速不够； 2.排杂轮技术状态不良或传动皮带打滑； 3.摘穗辊调整不当，间隙太小； 4.茎秆发青或干枯以及虫害	1.作业前认真检查风机技术状态，使之处于良好状态或增大转速； 2.作业前认真检查排杂轮技术状态，使之处于良好状态或调整传动皮带紧度； 3.合理调整摘穗辊间隙； 4.适当掌握收割期
夹持链堵塞	1.夹持链太松或太紧； 2.割刀堵塞： 3.茎秆青嫩、杂草过多	1.正确调整夹持链的张紧度； 2.正确调整割刀的装配间隙； 3.做到适期收获
摘穗辊堵塞	1.摘穗辊间隙过大或过小； 2.摘穗辊线速度小、机组前进速度快； 3.喂入量大	1.正确调整摘穗辊间隙； 2.增大摘穗辊线速度、降低机组前进速度； 3.减少喂入量
拉茎辊堵塞	1.摘穗板与拉茎辊的工作通道中心不正； 2.摘穗板间隙过大或过小； 3.杂草和断茎叶缠绕茎辊	1.正确调整摘穗板与拉茎辊之间的位置； 2.正确调整摘穗板间隙； 3.及时清理
排茎辊堵塞	卡果穗或短茎秆较多	适当缩小排茎辊间隙
升运器堵塞	1.传动皮带太松； 2.升运链过松； 3.升运器链条跳齿把升运器刮板卡住	正确调整传动皮带紧度、升运链紧度

任务5 青储收获机的使用与维护

知识目标

- 了解青储收获机的结构及工作原理。
- 学会正确使用青储收获机。

能力目标

- 能正确调试青储收获机并能进行技术状态检查。
- 能及时排除青储收获机工作中出现的故障。

素质目标

- 培养团队协作意识、责任意识和爱岗敬业精神。
- 培养学生自主学习、归纳总结和语言表达能力。
- 培养学生对"三农"发展的信心。

一、青储收获机的结构及工作原理

青储收获机是一种高效、多功能的农业机械设备,是农业生产中用来收获青储饲料的一种机械,分为悬挂式和自走式两大类。自走式青储收获机是最为常用的一种类型。如图 4-72 所示。

图 4-72　青储收获机

(一)青储收获机的结构与功用

青储收获机主要由收割台、喂入系统、切碎系统等组成。它用于收割、切碎、压实和储藏干湿玉米秆、稻草、麦秸秆等物料,加工后的物料可作为牲畜饲料、生物电厂原料、沼气池制造沼气等。

青储收获机能够以高速且精准的方式切断青贮作物,进而加工成青储饲料需要的状态。在动力方面,青储收获机通常配备大马力的柴油发动机,为整个作业过程提供充足的动力支持。发动机通过复杂的传动系统,将动力精确分配到各个工作部件,实现协同运作。此外,机器还配备了先进的液压系统,用于控制切割台的升降、输送装置的速度调节以及其他部件的动作,以适应不同的作业条件和作物高度。在操控系统方面,青储收获机设有智能化的控制面板,操作人员可以轻松设定各种参数,如切割长度、粉碎粒度和作业速度等,实现精准作业。青储收获机能保证整个收获过程的连续性和高效性,为农业现代化发展提供了强大的技术支持。

(二)青储收获机工作原理

青储收获机的作用过程主要包括以下步骤:工作时,机器前端的切割装置开始工作,将青贮作物如玉米秸秆、牧草等整齐切断,随后,输送装置将切断的作物卷入机器内部。粉碎部件把卷入的作物迅速粉碎成适合青贮的碎段。粉碎后的青贮物料被收集起来,通过传送装置输送至储存仓或装载车辆。

在整个作业过程中,操作人员通过驾驶室内的控制装置,根据农田的实际情况和作物状态，调整机器的行进速度、切割高度、粉碎程度等参数，以确保收获工作的高效和优质。

二、青储收获机作业

(一)安全规范

1. 基本操作规范

(1)在使用青储收获机械设备前，确保已经对设备进行了全面检查，检查各个部位是否有松动、变形、断裂、磨损等异常情况，并及时进行维修处理。

(2)在操作青储收获机械时，应穿戴好防护服、工作帽、工作鞋等安全装备，确保自身的安全。

(3)在青储收获机械操作的过程中，避免穿戴松散的衣物，以免被机器吸入，造成伤害。

(4)在上下车时，应稳步下车或上车，避免急转弯和突然的动作。

(5)在青储收获机械启动之前，应确保操作空间中不存在其他人员或物品，以便保障操作的安全。

(6)单人操作时，应先将机器停止，再进行工具更换，保障工具更换的安全性。

2. 地形适应、天气情况的适应性规范

(1)地形适应。操作人员在操作地形复杂的地区中收获时，应遵循慢速操作原则，同时防止其进入凸起地形或倾斜地形进行作业。

(2)天气条件。雨天收获会使秸秆水分过大，不宜青储，此时应避免操作。

3. 紧急处置规范

在操作的过程中，如果发现机器出现了异常状况，应立即采取紧急处置手段，具体操作如下：

(1)紧急刹车。立即将机器所有控制制动器设为关闭状态，并及时停止机器的所有动作，采取手动刹车措施。

(2)紧急停机。在紧急情况下，应采取紧急停止机器的措施。将电源关闭，或者直接拔下电源插头，以尽可能地降低意外的发生。

(3)紧急维修。如果机器出现了故障或损坏，应及时拆卸机器，完成更换零部件等操作。同时，在更换零部件的过程中，千万不可单独操作，必须由专业人员进行维修处理。在进行操作时，应确保穿戴好安全装备、检查机器状态、操作规范，同时应对紧急情况做好应急处理，保障自身、他人和机器的安全。同时，完成后期维护和保管，并对维修、保养流程进行规范化，以确保机器的长期稳定运行。

(二)作业前

(1)清除油污杂物，应注黄油部位要注满黄油，特别是在新机器或者是长时间闲置的机器上，更应该仔细检查并润滑各回转部位；

(2)检查各紧固部位连接是否牢固；失落和损坏的零件要及时更换；

(3)空载运转5 min，看是否转动灵活；

(4)按青储收获的要求调整。

(三)作业中

1. 操作

(1)启动与预热。在启动青储收获机前，需检查机器各部件的连接和润滑情况，确保无异常。启动发动机后，让机器进行适当的预热，使各部件达到良好的工作状态。

(2)驾驶控制。操作人员坐在驾驶室内，通过操纵杆、踏板和按钮来控制机器的前进、后退、转向和速度。在行驶过程中，要保持平稳，避免急刹车和急转弯，以防止损坏机器或影响收获质量。

(3)切割操作。根据青贮作物的高度和密度，调整切割装置的高度和角度。一般通过操作液压系统或电动调节装置来实现，确保切割干净、整齐，减少作物的遗漏和浪费。

(4)监控与观察。在作业过程中，操作人员要时刻观察机器的工作状态，包括切割效果、输送情况、粉碎质量等。同时，注意周围的环境和人员，确保作业安全。

2. 调整

(1)切割高度调整。根据作物的生长情况和青贮要求，调整收割台的高度。通常，对于较高的作物，适当提高切割高度；对于低矮的作物，则降低切割高度，以保证最大限度地收获有用部分。如图 4-73 所示。

图 4-73 青储收获机切割作物

(2)切割速度调整。根据机器的动力和作物的密度，调整切割装置的旋转速度。在作物密集的区域，适当降低切割速度，以避免堵塞；在稀疏区域，可适当提高切割速度，提高作业效率。

(3)输送速度调整。确保输送装置的速度与切割速度相匹配，以避免物料堆积或输送不畅。如果发现输送过程中有堵塞现象，应及时降低输送速度或停机清理。如图 4-74 所示。

图 4-74 青储收获机输送作物

(4)粉碎粒度调整。通过更换粉碎部件或调整粉碎装置的间距，控制青贮物料的粉碎粒度。根据不同的青贮用途和牲畜饲养要求，调整到合适的粉碎程度。

(5)作业宽度调整。对于大面积的农田作业，可根据田块的宽度和机器的性能，调整作业宽度，以提高作业效率和减少重复作业。

(6)风压和风量调整(如果配备)。部分青储收获机在卸料或输送过程中会用到风送装置，需要根据物料的特性和输送距离，调整风压和风量，确保物料顺利输送。

(四)作业后

1. 清洁工作

彻底清理机器外表的泥土、杂草和青贮残渣，避免腐蚀和堵塞。重点清洁切割装置、输送装置、粉碎装置等内部部件，防止残留物料影响下次作业和滋生细菌。

2. 检查部件

检查刀片、刀具等切割部件的磨损情况，如有严重磨损或损坏及时更换。查看输送带、链条的松紧度和磨损程度，必要时进行调整或更换。检查各连接部位的螺栓、螺母是否松动，如有松动及时紧固。

3. 润滑保养

对需要润滑的部位，如轴承、传动轴等，加注适量的润滑油或润滑脂，确保部件运转灵活。

4. 液压系统维护

检查液压油管是否有渗漏，如有损坏及时更换。清洁液压油箱滤网，更换液压油。

5. 电气系统检查

检查电线是否有破损、接头是否松动，确保电气系统正常工作。清洁电瓶极柱，检查电解液液位。

6. 发动机保养

清理发动机表面的灰尘和油污。更换机油和机油滤清器，根据实际情况进行清洁或更换空气滤清器。

7. 存放环境

将机器存放在干燥、通风良好的库房内，避免阳光直射和雨淋。如果条件不允许存放在室内，应使用防雨布遮盖。

8. 定期调试

即使在非作业期，也应定期启动机器，进行短时间运转，检查各部件的性能。通过以上全面、细致的维护和保养工作，可以让青储收获机始终保持良好的工作状态，为下一次作业做好充分准备。

三、青储收获机常见故障

青储收获机常见故障包括切割装置故障、输送装置堵塞、粉碎效果不佳、发动机故障、液压系统故障、轮胎故障等。故障原因及其排除办法如表 4-14 所列。

注意：在排除故障时，务必先停机，并遵循相关安全操作规程，以确保操作人员的安全。

表 4-14 青储收获机的常见故障及其排除方法

常见故障	故障原因	排除方法
切割装置故障	1. 刀片磨损或损坏； 2. 传动链条松动或断裂； 3. 异物卡住切割部件	1. 更换磨损或损坏的刀片； 2. 调整或更换松动、断裂的传动链条。 3. 停机清理异物
输送装置堵塞	1. 输送速度与切割速度不匹配； 2. 青贮作物湿度大，导致粘连； 3. 输送通道内有杂物堆积	1. 调整输送速度，使其与切割速度相适应； 2. 适当晾晒青贮作物，降低湿度； 3. 停机清理输送通道内的杂物。
粉碎效果不佳	1. 粉碎刀具磨损； 2. 粉碎部件间隙过大	1. 更换磨损的粉碎刀具； 2. 调整粉碎部件的间隙。
发动机故障	1. 燃油不足或质量不佳； 2. 散热不良，导致过热； 3. 电气系统故障	1. 补充优质燃油； 2. 清理散热器，确保良好散热； 3. 检查并修复电气系统故障

续表 4-14

常见故障	故障原因	排除方法
液压系统故障	1.液压油不足或污染； 2.液压管路泄漏； 3.液压泵或阀故障	1.补充或更换清洁的液压油； 2.查找并修复泄漏的管路； 3.检修或更换故障的液压泵、阀
轮胎故障	1.轮胎气压不正确； 2.轮胎磨损严重； 3.轮胎被异物扎破	1.补充轮胎气压至标准值； 2.更换磨损严重的轮胎； 3.取出异物，修补轮胎或更换轮胎

参考文献

[1] 陈海波，郑永江. 工程机械构造与维护[M]. 北京：人民交通出版社，2019.

[2] 杨国平. 现代农业机械使用与维修[M]. 北京：中国农业出版社，2020.

[3] 高焕文，李洪文. 保护性耕作技术与机具[M]. 北京：化学工业出版社，2020.

[4] 中国农业机械化科学研究院. 耕地机械使用与维修[M]. 北京：中国农业科学技术出版社，2018.

[5] 马旭，王瑞丽. 铧式犁耕作阻力仿真分析与结构优化[J]. 农业工程学报，2021，37(5)：42-49.

[6] 刘晓峰，李博. 深松机械减阻增效技术研究进展[J]. 农业机械学报，2022，53(1)：1-12.

[7] 李耀明. 联合收获机原理与设计[M]. 北京：中国农业出版社，2020.